Management-Reihe Corporate Social Responsibility

Herausgegeben von
René Schmidpeter
Dr. Jürgen Meyer Stiftungsprofessur für
Internationale Wirtschaftsethik und CSR
Cologne Business School (CBS)
Köln, Deutschland

Das Thema der gesellschaftlichen Verantwortung gewinnt in der Wirtschaft und Wissenschaft gleichermaßen an Bedeutung. Die Management-Reihe Corporate Social Responsibility geht davon aus, dass die Wettbewerbsfähigkeit eines jeden Unternehmens davon abhängen wird, wie es den gegenwärtigen ökonomischen, sozialen und ökologischen Herausforderungen in allen Geschäftsfeldern begegnet. Unternehmer und Manager sind im eigenen Interesse dazu aufgerufen, ihre Produkte und Märkte weiter zu entwickeln, die Wertschöpfung ihres Unternehmens den neuen Herausforderungen anzupassen sowie ihr Unternehmen strategisch in den neuen Themenfeldern CSR und Nachhaltigkeit zu positionieren. Dazu ist es notwendig, generelles Managementwissen zum Thema CSR mit einzelnen betriebswirtschaftlichen Spezialdisziplinen (z.B. Finanz, HR, PR, Marketing etc.) zu verknüpfen. Die CSR-Reihe möchte genau hier ansetzen und Unternehmenslenker, Manager der verschiedenen Bereiche sowie zukünftige Fach- und Führungskräfte dabei unterstützen, ihr Wissen und ihre Kompetenz im immer wichtiger werdenden Themenfeld CSR zu erweitern. Denn nur, wenn Unternehmen in ihrem gesamten Handeln und allen Bereichen gesellschaftlichen Mehrwert generieren, können sie auch in Zukunft erfolgreich Geschäfte machen. Die Verknüpfung dieser aktuellen Managementdiskussion mit dem breiten Managementwissen der Betriebswirtschaftslehre ist Ziel dieser Reihe. Die Reihe hat somit den Anspruch, die bestehenden Managementansätze durch neue Ideen und Konzepte zu ergänzen, um so durch das Paradigma eines nachhaltigen Managements einen neuen Standard in der Managementliteratur zu setzen.

Weitere Bände in dieser Reihe
http://www.springer.com/series/11764

Christopher Stehr · Franziska Struve
(Hrsg.)

CSR und Marketing

Nachhaltigkeit und Verantwortung richtig
kommunizieren

 Springer Gabler

Herausgeber

Christopher Stehr
German Graduate School of Management
and Law gGmbH
Heilbronn, Deutschland

Franziska Struve
German Graduate School of Management
and Law gGmbH
Heilbronn, Deutschland

ISSN 2197-4322 ISSN 2197-4330 (electronic)
Management-Reihe Corporate Social Responsibility
ISBN 978-3-662-45812-9 ISBN 978-3-662-45813-6 (eBook)
DOI 10.1007/978-3-662-45813-6

Die Deutsche Nationalbibliothek verzeichnet diese Publikation in der Deutschen Nationalbibliografie; detaillier-
te bibliografische Daten sind im Internet über http://dnb.d-nb.de abrufbar.

Vorwort des Reihenherausgebers: Nachhaltiges Marketing definiert ökologische und soziale Bedürfnisse als unternehmerische Chance

Hohe Marktvolatilitäten, begrenzte Ressourcen sowie wirtschaftliche Disruptionen, verursacht durch technische Innovationen, erhöhen derzeit die unternehmerische Unsicherheit. Insbesondere im Marketing stellt sich die Frage: Welche Produkte und Dienstleistungen können wir in Zukunft verkaufen? Was will der Kunde? Gibt es auch in Zukunft einen Bedarf an unseren Produkten und Dienstleistungen? Wie können wir neue Geschäftsmodelle entwickeln, die uns einen Marktvorteil verschaffen?

Bei der Beantwortung dieser Fragen ist es für Unternehmen nicht mehr ausreichend, wahllos Bedürfnisse beim Kunden zu wecken und diese danach bestmöglich zu befriedigen. Vielmehr stellt sich heute vermehrt die Frage: Wie kann es gelingen, die eigenen Ressourcen für die bestehende Gesellschaft sowie die nachfolgenden Generationen bestmöglich zu nutzen? Wie können Bedürfnisse von Kunden und Gesellschaft durch innovative Produkte und Marktstrategien gleichzeitig befriedigt werden?

Innovatives Marketing wird so zum Kristallisationspunkt in der Verknüpfung von wirtschaftlichen, sozialen und ökologischen Kriterien mit menschlichen Bedürfnissen. Das alleinige Ziel der Nutzenmaximierung für den Kunden reicht dabei nicht mehr aus. Vielmehr stellt sich die Frage: Wie gelingt es, neue Marketingstrategien so zu entwickeln, dass auch die Ressourcen der nachfolgenden Generationen nicht nur erhalten, sondern vermehrt werden? Welchen Beitrag liefern die Unternehmensprodukte und -dienstleistungen für die nachhaltige Entwicklung unserer Gesellschaft. Und wie helfen die eigenen Produkte und Dienstleistungen den Kunden bei der Erreichung ihrer Nachhaltigkeitsziele.

Diese „neue" progressive CSR-Diskussion beeinflusst immer stärker die Diskussion um die Grundfragen des Marketings. Erfolgreiche Marketing-Strategen berücksichtigen die neuesten Erkenntnisse aus den Diskussionen rund um „Soziale Innovation", „Positiver Impact" und „Sustainable Entrepreneurship", um den Beitrag des Marketings bei der Lösung drängender gesellschaftlicher Herausforderungen neu zu definieren. Dabei setzt sich die Erkenntnis durch, dass ein progressives CSR-Verständnis im Marketing konkrete Wettbewerbsvorteile und Wachstumsmöglichkeiten für das Unternehmen bietet.

Denn insbesondere in aufstrebenden Märkten sind die Bedürfnisse nach Produkten und Dienstleistungen immens, die zu einer nachhaltigen Befriedigung der zahlreichen menschlichen Bedürfnisse dienen. Wirtschaftswissenschaftler haben diesen Markt am unteren Ende der globalen Wohlstandspyramide auf insgesamt fünf Billionen US-Dollar pro Jahr geschätzt. Dies zeigt auch, welches wirtschaftliche Potenzial in den neuen globalen Märkten liegt. Mit einer veränderten Sichtweise auf die Bedeutung von Nachhaltigkeit, können diese neuen Märkte sowohl zur Armutsbekämpfung, als auch zum Unternehmenswachstum genutzt werden.

Eine ähnliche Logik der Markterweiterung wirkt auch bei der Share Economy. Hier werden insbesondere in gesättigten Gesellschaften durch das Prinzip des Teilens neue Märkte geschaffen. Das Prinzip ist nicht neu. Auch der gute alte Maschinenring – in dem Landwirte gemeinsam auf einen Maschinenpool zugreifen – ist ein bereits lange erfolgreiches Geschäftsmodell.

Neu ist, dass dank des Internets die Transaktionskosten gesunken sind und Teilen dadurch immer rentabler wird und auf immer neue Bereiche ausgeweitet werden kann. Dabei steht nicht das moralische Motiv asketischen Lebens im Vordergrund, sondern die ökonomische Effizienz, die zum Teilen motiviert. Harvard-Ökonom Martin Weitzman zeigte in seinen Arbeiten, dass sich der Wohlstand aller umso stärker erhöht, je mehr die Marktteilnehmer untereinander teilen. Die Share Economy bedeutet nicht eine Verringerung des Wettbewerbs – wie von Sozialromantikern oft gerne dargestellt –, sondern sie weitet die Marktmöglichkeiten auf immer neue gesellschaftliche Bereiche aus. Dies schafft sowohl Mehrwert für die Gesellschaft als auch neue Geschäftsmöglichkeiten.

Dass nachhaltige Produkte und Dienstleistungen boomen, zeigt auch die Diskussion um Sustainable Entrepreneurship. Für Sozialunternehmer steht die Beseitigung eines gesellschaftlichen Problems bzw. die Schaffung von gesellschaftlichen Werten im Vordergrund. Geld zu verdienen ist für sie aber dennoch nicht unsozial, da die ökonomische Dimension genauso wichtig ist wie das angestrebte gesellschaftliche Ziel. Auch hier führt ein Mehr an Nachhaltigkeit zu höherem Nutzen für die Gesellschaft als auch für das Unternehmen.

All diese neuen Diskussionen führen dazu, dass auch das Marketing im Begriff ist, sich neu zu erfinden. Nicht der isolierte Kunde steht im Mittelpunkt, sondern auch die menschlichen Bedürfnisse insgesamt sowie die nachhaltige Entwicklung der Gesellschaft. Nachhaltiger Mehrwert für alle beteiligten Stakeholder wird so zum Differenzierungsmerkmal der eigenen Marketingstrategie. Eine umfassende Integration der neuen Nachhaltigkeitsperspektive in das Marketing erschließt so nicht nur neue Marktchancen, sondern verhindert auch, dass CSR zum Greenwashing degeneriert.

In der Management Reihe Corporate Social Responsibility überwindet die nun vorliegende Publikation mit dem Titel „CSR und Marketing" die einseitige Betrachtung auf den isolierten Kundennutzen: zum einem durch ein neues Verständnis der Wechselwirkung zwischen den Kundenbedürfnissen und einer nachhaltigen gesellschaftlichen Entwicklung, zum anderen durch zahlreiche positive Praxisbeispiele, wie Kunde, Gesellschaft und Unternehmen gleichermaßen von nachhaltigen Produkten und Services profitieren. Alle Leser sind herzlich eingeladen, die in der Reihe dargelegten Gedanken aufzugreifen und für die eigenen beruflichen Herausforderungen zu nutzen sowie mit den Herausgebern, Autoren und Unterstützern dieser Reihe intensiv zu diskutieren. Ich möchte mich last but not least sehr herzlich bei den Herausgebern Prof. Dr. Christopher Stehr und Franziska

Struve für ihr großes Engagement, bei Michael Bursik und Janina Tschech vom Springer Gabler Verlag für die gute Zusammenarbeit sowie bei allen Unterstützern der Reihe aufrichtig bedanken und wünsche Ihnen, werte Leser, nun eine interessante Lektüre.

Prof. Dr. René Schmidpeter

Vorwort

Mit diesem Buch soll das Forschungsgebiet CSR und Marketing um eine Perspektive erweitert werden. Ziel ist es, von übergreifenden Artikeln zu CSR und Marketing zu speziellen Problemstellungen hinzuleiten und diese jeweils in der Kombination aus einem theoriegeleiteten und einem praxisorientierten Artikel zu betrachten und zu diskutieren. Abschließend werden konkrete Handlungsempfehlungen abgeleitet. Die in diesem Buch fokussierten Themenfelder sind: die Verantwortung von Managern und Unternehmen in Bezug auf Marketing und CSR, Differenzierung durch CSR-orientiertes Marketing, CSR und Preispolitik, Kommunikation von CSR sowie die Einbeziehung des Konsumenten in das CSR-Marketing stehen dabei im Mittelpunkt der Betrachtung.

Corporate Social Responsibility und Marketing (*Prof. Dr. Christopher Stehr/ Franziska Struve*)
Der vorliegende Einleitungsartikel erfasst zunächst die Gesamtheit der verschiedenen Ebenen von CSR und Marketing, wobei gleich zu Beginn versucht wird die Dimensionen von den beiden umfassenden Forschungsbereichen CSR und Marketing per Definitionen einzugrenzen. Die Autoren befassen sich anschließend mit dem Satus Quo der Forschung zu den beiden Themenfeldern: bei CSR mit dem Konzept CSR 4.0 und bei Marketing mit den Vertiefungen hin bis zu dem sogenannten Green-Marketing. Der Artikel schließt mit den Grundlagen und Erfolgsfaktoren des sich daraus ergebenden Corporate-Social-Responsibility-Markting ab.

Gesellschaftliche Verantwortung als Anforderung an Manager – Implikationen für Corporate-Social-Responsibility-Marketing (*Prof. Dr. Claudia Kreipl*)
Dieses Kapitel gibt einen Überblick über die verschiedenen möglichen Ausgestaltungen von CSR im Unternehmen aus Sicht der Verantwortung der Manager. Hierbei wird das Spannungsfeld zwischen ökonomischer und ethischer Verantwortung diskutiert, wobei zunächst die Definition des Begriffs „Verantwortung eines Managers" sowie die Einordnung des Diskurses in die Unternehmensethik erfolgt. Die gesellschaftliche Verantwortung der Manager wird aus wirtschaftsethischer Perspektive im Spannungsfeld zwischen Friedman und Drucker diskutiert und um die Perspektive des Aktivitätsgrades aus handlungsorientierter und anreizorientierter Sicht ergänzt (reaktiver und proaktiver Ansatz von CSR). Auf

dieser Basis entwickelt die Autorin ein grundlegendes Drei-Stufen-Konzept von Greenwashing über CSR als Wettbewerbsfaktor bis hin zur Integration von CSR in die Unternehmensführung. Diese drei Stufen werden nachfolgend definiert, intensiv diskutiert und
in Relation zu verschiedenen Marketingverständnissen gestellt.

Die Verknüpfungen und Ausgestaltungen von CSR und Marketing sowie CSR und
Kommunikation werden erläutert und Herausforderungen sowie Chancen (z. B. Reputationsmanagement) aufgezeigt. Herauszustellen ist, dass proaktive Kommunikation als
glaubwürdiger wahrgenommen wird als reaktive Kommunikation und dass die Kommunikation selbst erst auf die Aktion folgen sollte.

Die Ausgestaltungsmöglichkeiten von CSR-Marketing werden anhand des Marketing-
Mixes in Form der Leistungspolitik, der Preispolitik, der Distributionspolitik sowie der
Kommunikationspolitik anhand von Praxisbeispielen dargestellt. Des Weiteren wird auf
ein mögliches CSR-orientiertes Markenmanagement in verschiedenen Ausgestaltungsfor-
men hingewiesen.

Abschließend wird die Stakeholder-Theorie als Ausgangspunkt für die strategische Integration von CSR in das Unternehmen aufgezeigt, um auf diese Weise der ganzheitlichen
Forderung von CSR gerecht zu werden und Win-win-Situationen für Unternehmen und
die Gesellschaft zu schaffen.

Der dargestellte Drei-Stufen-Ansatz wird durch eine Checkliste zur eigenen Positionsbestimmung innerhalb dieses Konzeptes abgerundet und durch die Perspektive von CSR
als sich weiterentwickelnde Denkfigur innerhalb des Unternehmens vervollständigt.

Ehrbarer Kaufmann oder verantwortungsvoller Unternehmer? Mythen,
Spannungen und Interessenkonflikte im Umgang mit Verantwortung im Marketing
(Prof. Dr. Lutz Becker/Amit Ray)

Dient CSR im Marketing dazu, dass der Kunde durch verantwortungsvolle Kaufentscheidungen gesellschaftliche Ziele unterstützen kann? Oder ist CSR nur in aller Experten
Munde, weil es sich als effizientes und schlagkräftiges Marketingtool bewiesen hat? In
diesem Spannungsfeld zwischen der Beeinflussung einer potenziell existierenden Konsu-
mentenverantwortung und der Ausnutzung von CSR als Verkaufsargument bewegt sich
der vorliegende Beitrag. Anhand verschiedener praktischer und theoretischer Beispiele
zeigen Becker/Ray, dass u. a. die Motivation hinter der Kombination aus Marketing und
CSR ist, die einen entscheidenden Einfluss hat.

Auf Basis der ethischen Theorie diskutiert der Beitrag die Beziehung zwischen dem
verantwortungsvollen Unternehmer und dem ehrbaren Kaufmann. Durch das Verständnis von Marketing als Beziehungsmanagement und Ethik als Ausprägung der Qualität
der Beziehungen wird ein Spannungsfeld von Zielerreichungsabwägungen in Relation
zu ethisch-moralischen Faktoren von Marketingentscheidungen aufgezeigt. Dieser Entscheidungsprozess unterliegt zahlreichen Einflussfaktoren, wobei die Gewichtungen stark
schwanken.

Auf Basis der psychologischen Obsoleszenz von z. B. Bekleidungsprodukten im Kon-
trast zu proklamierten ressourcenschonenden Maßnahmen wird das Spannungsfeld zwi-

schen CSR und Marketing beschrieben. Auf diese Weise kann Marketing bei aufgeklärten Kunden nicht die Funktion der Anpreisung des Produktes, sondern vielmehr zur Erteilung einer moralischen Erlaubnis genutzt werden.

Die Betrachtung des sogenannten ehrbaren Kaufmanns wird als Form des Selbstmarketings dargestellt, um ihm Rahmen der Regeln des Wirtschaftens die eigene Legitimität aufrechtzuerhalten, wobei darauf verwiesen wird, dass „gut gemeint nicht immer gut gemacht" ist. Der verantwortungsvolle Unternehmer erweitert seine wirtschaftliche Perspektive um weitere Faktoren wie Anstand und Gemeinwohl. Anhand der Unternehmen Premium-Cola und Virblatt werden verschiedene Möglichkeiten der alternativen Gestaltung eines Unternehmens im Hinblick auf CSR und Marketing aufgezeigt, wobei Marketing beispielsweise nicht als content des Unternehmens, sondern mit seinem Umfeld/seinen Stakeholdern verstanden werden soll.

Weitere Faktoren, die für die Bildung eines guten CSR-Images notwendig sind und wie man dieses erreichen kann wird im folgenden Beitrag genauer untersucht.

Corporate Social Responsibility aus Kundensicht – Können sich Unternehmen ein gutes Image kaufen? (*Helena M. Lischka/Prof. Dr. Peter Kenning*)

Können sich Unternehmen ein gutes (CSR-)Image kaufen? Diese Frage versuchen die Autoren durch die Gegenüberstellung der CSR-Ausgaben und des wahrgenommenen CSR-Images mit Fokus auf die DAX30- und MDA-Unternehmen zu beantworten. Hierbei gehen sie nicht nur auf die Gegenüberstellung von Input und Output ein, sondern untersuchen, ob CSR nur eine kommunikative Relevanz oder auch eine ökonomische Relevanz (z. B. die Beeinflussung der Kaufabsicht) hat.

Die Basis für die Ableitung möglicher Normstrategien bilden die Annahmen, dass grundlegende Faktoren zur Beeinflussung des CSR-Images die zeitliche Stabilität, der Confirmation Bias sowie Übertragungseffekte sind. Darauf aufbauend entwickelten die Autoren eine Vier-Felder-Matrix zur Ableitung von Normstrategien für das strategische Management. Die Dimensionen der Matrix sind die Relation des wahrgenommenen CSR-Images und der tatsächlichen CSR-Ausgaben. Die sich demnach ergebenden Normstrategien werden genauer beschrieben und Handlungsoptionen für die jeweilige Situation aufgezeigt.

Welche Maßnahmen ein Unternehmen praktisch ergreifen kann, um sich durch CSR zu differenzieren, sein CSR-Image zu verbessern und sich dadurch gegenüber dem Wettbewerb zu behaupten, zeigt der nachfolgende praxisorientierte Beitrag der KESSEL AG:

Corporate Social Responsibility als Möglichkeit der Differenzierung Chancen für Vertrieb und Marketing der KESSEL AG (*Florian Holzapfel/Thomas Nimsgern/Reinhard Späth*)

Dieser Beitrag zeigt die praxisorientierte Perspektive von CSR und Marketing am Beispiel der KESSEL AG. Insbesondere die Differenz zwischen vielfältigen theoretischen Erkenntnissen und der mangelnden Umsetzung in der Praxis wird beleuchtet und anhand der Kommunikationspolitik der KESSEL AG werden Handlungsmöglichkeiten für die praktische Umsetzung aufgezeigt. Basierend auf der unternehmenseigenen Reputationsformel orientiert sich das Unternehmen an einer ausgewogenen Stakeholder-Kommunikation wobei laut den Autoren 15 % des so zu beeinflussenden Images auf Nachhaltigkeit entfallen. Die Autoren stellen einen konsequenten CSR-Ansatz als Möglichkeit der Differenzierung innerhalb des Marketings dar, da jedes Unternehmen auf seine Weise bereits CSR-affin sei, dies nur nicht unter der Begrifflichkeit subsummiert würde. Die Herausforderung sei nicht, CSR auszubauen, sondern vorhandene Maßnahmen angemessen über den Marketing-Mix zu kommunizieren. Hierfür finden sich zahlreiche praktische Beispiele innerhalb des vorliegenden Beitrags.

Eine weitere Möglichkeit der Differenzierung im Marketing bietet neben der Kommunikationspolitik die Preispolitik. Diese wird im nachfolgenden Beitrag im Hinblick auf CSR untersucht, wobei anhand verschiedener Preismodelle der unterschiedliche Nachhaltigkeitsgrad bei der Preisgestaltung aufgezeigt wird.

Preispolitik und CSR: Ansätze zu Nachhaltigkeit und sozialer Verantwortung im Pricing (*Prof. Dr. Alessandro Monti*)
Dieser Beitrag befasst sich mit dem Marketingaspekt der Preispolitik und wie diese im Zusammenhang mit der Integration von CSR-Instrumenten gestaltet werden kann. Über eine Betrachtung des „gerechten Preises" bis hin zur Entdeckung des Betriebes als einzelwirtschaftliche Einheit erläutert der Autor die Entwicklung der Preispolitik im historischen Kontext. Nicht nur durch die Einordnung der fairen Preispolitik im Bereich der Marketingethik wird dieser Marketingbereich als eine der schwierigsten ethischen Herausforderungen angesehen. Basierend auf dem Konzept Shared Value fordert der Autor, dass die CSR-Strategie gleichzeitig die Grundlage des Geschäftsmodells sein soll, um auf diese Weise einen Wettbewerbsvorteil zu erzielen. Mögliche Vorteile durch die ganzheitliche Integration von CSR werden anhand des Pricing aufgezeigt. Der Beitrag fokussiert sich auf die Phase der Preissetzung des Pricingprozesses und hierbei speziell auf die Auswahl der Preismetrik sowie die Entwicklung einer Preislogik. Der Autor argumentiert, dass nachhaltige Preise in engem Zusammenhang mit Fairness und Verhaltensforschung stehen und somit auf das sogenannte „Behavioural Pricing" verwiesen werden kann. Hierbei kann insbesondere auf eine Akzeptanz höherer Preise aufgrund sozialer Verantwortungsübernahme (und nicht ausschließlich aufgrund der Profitmaximierung) verwiesen werden. Die Preismetrik als Bemessungsgrundlage steht insbesondere im Zusammenhang mit Nachhaltigkeit unter vielfältigen Einflussfaktoren, wobei die Kundensicht aus Fairnessgesichtspunkten der wichtigste zu sein scheint. Die Unterscheidung von Preismodellen in verbrauchsorientierte- und partizipative Preismodelle sowie Pakete und Flatrates birgt jeweils unterschiedliche Potenziale für nachhaltiges Konsumverhalten und Fairnessempfinden des Preises.

Die hohe Bedeutung der Preisbereitschaft der Kunden für den Erfolg einer Preisstrategie wird nachfolgend exemplarisch anhand der Zahlungsbereitschaft für nachhaltigen Kaffee dargestellt.

Corporate-Social-Responsibility-Produkte und Preisbereitschaft – die Van-Westendorp-Methode am Beispiel von nachhaltigem Kaffee (*Franziska Struve/ Prof. Dr. Christopher Stehr*)

Mit Hilfe der Van-Westendorp-Methode zur Ermittlung der Zahlungsbereitschaft von Kunden zeigen die Autoren am Beispiel von nachhaltig produziertem Kaffee, wie die preisliche Ausgestaltung von nachhaltigen Produkten im Gegensatz zu konventionellen Produkten sein kann. Anhand einer Stichprobe von $n = 141$ Probanden werden die Preisober- und Preisuntergrenze sowie der Indifferenz- und der Penetrationspreis für Kaffee dargestellt. Die Erhebung differenziert zwischen konventionellem Kaffee sowie sozial und/oder ökologisch produziertem Kaffee. Abschließend werden die Möglichkeiten der Preisgestaltung von nachhaltigem Kaffee anhand der Preisspanne sowie der Differenzen des optimalen Preises zwischen nachhaltigem und nicht nachhaltigem Kaffee aufgezeigt.

Neben der Preispolitik bietet die Kommunikationspolitik eine weitere Möglichkeit der Ausgestaltung von CSR und Marketing. Welche Form der CSR-Kommunikation den größten Erfolg für Unternehmen erzeugt, wird im nachfolgenden Beitrag untersucht.

Tue Gutes und rede darüber? (*Dr. Laura Marie Schons*)

Die Autorin beschäftigt sich anhand einer dreistufigen feldexperimentellen Studie in Kooperation mit einem großen internationalen Handelsunternehmen mit der Frage der optimalen Ausgestaltung von CSR. Basierend auf dem CSR-Verständnis der ISO 26000 werden kosmetisches CSR, die Stakeholder-Theorie, Kundenskepsis im Zusammenhang mit sogenannten Greenwashing, Shared Value in die Betrachtung integriert. Diese resultiert in einer geteilten Verantwortung von Kunden und Unternehmen. Die hieraus resultierende Herausforderung nach aus Sicht der Stakeholder ausgewogenen CSR-Maßnahmen und einer angemessenen Kommunikation dieser (um Skepsis und Misstrauen zu vermeiden) bildet die Grundlage der vorliegenden Studie. Das Feldexperiment eins beschäftigt sich mit der Frage nach der Form des Engagements, dem sogenannten CSR-Mix bzw. CSR-Portfolio und der Auswahl der zu kommunizierenden Aktivitäten unter Berücksichtigung von konfliktierenden Stakeholderinteressen. Der Inside-out-Ansatz des CSR-Engagements, im Gegensatz zum weit verbreiteten Ansatz des Corporate Citizen als Grundlage von CSR, stellt hierbei ein erstes Ergebnis dar. Die Involvement-Strategie in den Stufen Information, Response und Involvement stellt das Kernthema des zweiten Feldexperiments ($n = 9000$) dar. Das dritte Feldexperiment ($n = 3000$) befasst sich mit der stark emotionalisierten Kommunikationsmethode des Storytellings. Hierbei gilt es zu hinterfragen, ob die bei CSR-Kommunikation vorherrschende Skepsis durch emotionalisierte Kommunikation verstärkt oder aufgehoben wird, also ob Storytelling eine effektive Methode der CSR-Kommunikation sein kann.

Die praktische Ausgestaltung von CSR-Kommunikation und die Messung des Erfolgs verschiedener Kommunikationsmaßnahmen wird im nachfolgenden Beitrag der BERA GmbH näher beleuchtet.

Wirksamkeit von Corporate Social Responsibility – Kommunikationsmaßnahmen am Beispiel der BERA GmbH (*Jacqueline Kögel/Franziska Struve/ Prof. Dr. Christopher Stehr*)

Wie kann man die Wirkung von CSR-Kommunikationsmaßnahmen auf Kunden und Mitarbeiter erfassen, messen und die Performance des eignen Unternehmens nutzen?, ist die zentrale Frage dieses Beitrages, die hier beantwortet wird. Als konkretes Beispiel dient hier die BERA GmbH, wobei dabei sowohl monolog- als auch diskursorientierte Marketinginstrumente analysiert werden. Anhand eines konkreten und fortlaufenden Projektes, welches zum CSR-Portfolio des Unternehmens zählt und gleichzeitig als CSR sowie als Team-Building-Maßnahme genutzt wird, gibt das Unternehmen Einblicke in die potenzielle Wirkung der Kommunikation von CSR-Maßnahmen. Anhand eines Corporate-Volunteering-Projektes eines Hausbaus in Zusammenarbeit mit Habitat for Humanity erfolgt die Darstellung der Intention des Unternehmens. Außerdem werden Einblicke in die Durchführung und Wirkung dieser Maßnahmen gegeben.

Integration des Cradle-to-Cradle-Ansatzes in die Marketingkonzeption (*Mara Brinkmann/Prof. Dr. Christoph Willers*)

Der Beitrag zeigt auf, wie Marketing zu einem verstärkten Bewusstsein für C2C-CSR-Aktivitäten beim Endverbraucher beitragen kann. Corporate-Social-Responsibility-Aktivitäten zu nutzen, um eine höhere Preisbereitschaft beim Kunden zu erzeugen oder durch CSR Kosten einzusparen und somit eine (wahrgenommen) höhere Leistung zum gleichen Preis anzubieten, stellen zwei mögliche Ansätze von CSR dar. Der Fokus der Autoren liegt auf CSR-Aktivitäten im Cradle-to-Cradle-Ansatz (C2C). Mittels der Definition von vier Konsumtypen anhand der Dimensionen Loyalität und Wissen/Verständnis lassen sich solche klassifizieren, die für eine kommunikative Ansprache mittels des C2C-Ansatzes empfänglich sind.

Die Kommunikation von CSR-Maßnahmen wie nachhaltiger Wertschöpfung im Sinne des C2C-Prinzips kann hierbei eine Chance darstellen, Kundenloyalität durch eine verbesserte Einstellung gegenüber dem Unternehmen zu steigern. Zum einen kann der Konsumententyp B durch den Aufbau von Nachhaltigkeitswissen entsprechend der verbrauchergerechten CSR-Kommunikation von einer falschen zu einer echten Loyalität beeinflusst werden. Zum anderen kann Loyalität durch kognitive, affektive und konative Komponenten erhöht werden. Als zentraler Aspekt bei C2C-CSR-Aktivtäten kann auf die Notwendigkeit von Informationen von Dritten sowie einfach verständlicher Kommunikationsmittel, z. B. Zertifizierungen, verwiesen werden.

Welche Zertifizierungen den Verbraucher in welchem Maß beeinflussen untersucht der nachfolgende Beitrag.

Nachhaltiges Konsumentenverhalten – Welche Nachhaltigkeitssiegel beeinflussen den Verbraucher? (*Benedikt Enders/Prof. Dr. Torsten Weber*)

Die Autoren analysieren basierend auf der steigenden Bedeutung von umweltfreundlichen Produkten den Einfluss von Nachhaltigkeitssiegeln auf Verbraucher. Die Basis des

Diskurses bildet hierbei die Generationengerechtigkeit der Bedürfnisbefriedigungsmöglichkeiten. Transparenz und Glaubwürdigkeit werden als zentrale Aspekte eines guten CSR-Managements und der damit einhergehenden Kommunikation herausgestellt. Des Weiteren wird diskutiert, ob ein gesteigertes Umweltbewusstsein auch zu einem umweltbewussteren Konsumverhalten führt oder ob dieses durch Informationsasymmetrien nicht umgesetzt wird. An dieser Stelle greift die produktbezogene CSR-Kommunikation in Form von Nachhaltigkeitssiegeln. Diese lassen sich in die Kategorien: Öko/Umwelt, Sozial/Fair-Trade sowie Gesundheit/Herkunft unterteilen. Anhand von 13 ausgewählten Nachhaltigkeitssiegeln stellt der Beitrag die Bedeutung dieser Siegel vor.

Inhaltsverzeichnis

AutorInnenverzeichnis

Lutz Becker Fachbereich Wirtschaft & Medien, Hochschule Fresenius, Köln, Deutschland

Mara Brinkmann Köln, Deutschland

Benedikt Enders European University of Applied Sciences, CBS Cologne Business School GmbH, Köln, Deutschland

Florian Holzapfel Marketing/Kommunikation, KESSEL AG, Lenting, Deutschland

Peter Kenning Lehrstuhl für Betriebswirtschaftslehre, insbesondere Marketing, Heinrich-Heine-Universität Düsseldorf, Düsseldorf, Deutschland

Jacqueline Koegel BERA GmbH, Schwäbisch Hall, Deutschland

Claudia Kreipl Fachbereich Wirtschaft, Hochschule Fulda, Fulda, Deutschland

Helena M. Lischka Lehrstuhl für Betriebswirtschaftslehre, insbesondere Marketing, Heinrich-Heine-Universität Düsseldorf, Düsseldorf, Deutschland

Alessandro Monti European University of Applied Sciences, CBS Cologne Business School GmbH, Köln, Deutschland

Thomas Nimsgern KESSEL AG, Lenting, Deutschland

Amit Ray Fachbereich Wirtschaft & Medien, Hochschule Fresenius, Köln, Deutschland

Laura Marie Schons University of Mannheim I Business School I Chair of Corporate Social Responsibility, Mannheim, Deutschland

Reinhard Späth KESSEL AG, Lenting, Deutschland

Christopher Stehr German Graduate School of Management and Law gGmbH, Heilbronn, Deutschland

Franziska Struve German Graduate School of Management and Law gGmbH, Heilbronn, Deutschland

Torsten Weber European University of Applied Sciences, CBS Cologne Business School GmbH, Köln, Deutschland

Christoph Willers European University of Applied Sciences, CBS Cologne Business School GmbH, Köln, Deutschland

Allgemeines

CSR und Marketing

Christopher Stehr und Franziska Struve

1 Einleitung

Das zentrale Konzept von Corporate Social Responsibility (CSR), also die gesellschaftliche Verantwortung von Unternehmen, und die zentrale Idee des Marketings, nämlich die konsequente Ausrichtung des gesamten Unternehmens an den Bedürfnissen des Marktes, scheinen sich auf den ersten Blick grundlegend zu widersprechen. Gesellschaftliche Veränderungen wie die Entstehung neuer Zielgruppen, z. B. die sogenannte Generation Y (u. a. mit Fokus auf einer Work-Life-Balance) oder die so genannten LOHAS (Life style of health and sustainability mit Fokus auf nachhaltig produzierten Produkten), bringen Unternehmen immer mehr dazu, sich über die veränderten Werte dieser Zielgruppen Gedanken zu machen und sie im Rahmen eines integrierten CSR-Marketings anzusprechen. Grundlage bilden dabei nach wie vor die üblichen Marketing-Instrumente, die sogenannten 4Ps: Produkt-/Leistungspolitik (Product), Preispolitik (Price), Kommunikationspolitik (Promotion) und Vertriebspolitik (Place). Dabei sehen sich die Unternehmen zunehmend Kunden, Aktionären oder anderen Anspruchsgruppen (Stakeholdern) gegenüber, die zusätzliche Informationen in Bezug auf das Produkt, z. B. die ökologischen oder sozialen Produktionsbedingungen im Rahmen der internationalen oder gar globalen Wertschöpfungskette, einfordern. Ganz besonders hier ist ein glaubhaftes Marketing, ein authentisches und transparentes Marketing vonnöten, um nicht in den Ruf des sogenannten Greenwashings oder Socialwashings zu geraten. In Zukunft werden sich weitere Schnittmengen der beiden Themenkomplexe CSR und Marketing ergeben. Ganz konkret wird

C. Stehr (✉) · F. Struve
German Graduate School of Management and Law gGmbH
Bildungscampus 2, 74076 Heilbronn, Deutschland
E-Mail: christopher.stehr@ggs.de

F. Struve
E-Mail: franziska.struve@ggs.de

© Springer-Verlag GmbH Deutschland 2017
C. Stehr und F. Struve (Hrsg.), *CSR und Marketing*,
Management-Reihe Corporate Social Responsibility, DOI 10.1007/978-3-662-45813-6_1

diese *Schnittmenge* z. B. im Rahmen der EU-CSR-Berichtspflicht ab 2017 für ausgewählte Unternehmen, wobei die *erstellen* CSR-Berichte auch als Marketinginstrument verwendet werden können.

Im nachfolgenden Beitrag werden zunächst CSR als Begriff und die verschiedenen Konzepte dazu vorgestellt und diskutiert, um anschließend mit den Definitionen von Marketing, den verschiedenen Marketinginstrumenten und -konzepten verglichen zu werden. Daraus abgeleitet schließt der Beitrag mit Handlungsempfehlungen, wie ein erfolgreiches CSR-Marketing aussehen könnte.

2 Corporate Social Responsibility (CSR)

Corporate Social Responsibility ist ein seit Langem viel diskutiertes Konzept mit einer großen Definitionsvielfalt. Die im aktuellen praktischen Gebrauch bekanntesten sind die CSR-Definitionen:

- Kommission der Europäischen Gemeinschaften von 2001 (Kommission der Europäischen Gemeinschaften 2001, S. 3),
- der Europäischen Kommission von 2011 (Europäische Kommission 2011, S. 7),
- der International Organization for Standardization (ISO) (ISO 26000 2010, S. 17).

Die Kommission der Europäischen Gemeinschaften veröffentlichte 2001 die unten stehende Definition zur sozialen Verantwortung von Unternehmen, um zu dem in Lissabon vorgegebenen Ziel, die EU zum „wettbewerbsfähigsten und dynamischsten wissensbasierten Wirtschaftsraum der Welt zu machen" (Kommission der Europäischen Gemeinschaften 2001, S. 3) beizutragen (Kommission der Europäischen Gemeinschaften 2001, S. 3). In den Europäischen Rahmenbedingungen für die soziale Verantwortung der Unternehmen wird soziale Verantwortung als „ein Konzept, das den Unternehmen als Grundlage dient, auf freiwilliger Basis soziale Belange und Umweltbelange in ihre Unternehmenstätigkeit und in die Wechselbeziehungen mit den Stakeholdern zu integrieren" (Kommission der europäischen Gemeinschaften 2001, S. 7) beschrieben. Demnach bedeutet soziale Verantwortung u. a. „nicht nur, die gesetzlichen Bestimmungen einhalten, sondern über die bloße Gesetzeskonformität hinaus ‚mehr' investieren" (Kommission der Europäischen Gemeinschaften 2001, S. 7).

Das 2011 modernisierte Verständnis von CSR soll zur Stärkung der EU-Strategie von 2006 beitragen, den weltweiten Einfluss der EU im Bereich CSR stärken und Unternehmen ermutigen ein langfristiges CSR-Konzept zu entwickeln und zu implementieren (vgl. Europäische Kommission 2011, S. 7 f.).

Corporate Social Responsibility ist demnach: „die Verantwortung von Unternehmen für ihre Auswirkungen auf die Gesellschaft" (Europäische Kommission 2011, S. 7). Diese zeichnet sich durch folgende Eigenschaften aus:

- geltenden Rechtsvorschriften einhalten,
- zwischen Sozialpartnern bestehende Tarifverträge einhalten,
- auf ein Verfahren zur Integration von sozialen, ökologischen, ethischen Belangen und Menschenrechts- und Verbraucherbelangen zurück greifen,
- in die Betriebsführung und in die Kernstrategie integriert sein.

Dieser Prozess soll in enger Interaktion mit den Stakeholdern geschehen. Somit sollen „gemeinsame Werte" für alle beteiligten Anspruchsgruppen geschaffen und negativen Auswirkungen vorgebeugt werden (vgl. Europäische Kommission 2011, S. 7–8).

Die Definition der ISO 26000 bezieht sich nicht auf CSR, sondern auf Social Responsibility (SR), da sich diese an Organisationen jeder Art richtet (vgl. Loew und Rohde 2013, S. 7). Die ISO 26000 dient lediglich als Richtlinie für die Umsetzung von SR und kann nicht zertifiziert werden. Social Responsibility ist demnach die „Verantwortung einer Organisation für die Auswirkungen ihrer Entscheidungen und Aktivitäten auf die Gesellschaft und Umwelt" (ISO 26000 2010, S. 17). Diese ist durch:

- transparentes und ethisches Verhalten,
- Förderung von: nachhaltiger Entwicklung, Gesundheit und Gemeinwohl,
- Einbeziehung der Erwartungen der Stakeholder,
- Einhaltung des geltenden Rechts und internationalen Verhaltensstandards und
- Integration in die gesamte Organisation

gekennzeichnet (vgl. ISO 26000 2010, S. 17).

Weitere Konzepte, die als Grundlagen der heutigen CSR-Forschung gelten, sind die Arbeiten von Carroll (ökonomische Verantwortung, rechtliche Verantwortung, ethische Verantwortung und philanthropische Verantwortung) (Carroll 1991, S. 39), Friedman (Shareholderorientierung) (Friedman 1970) und Freeman (Stakeholderorientierung) (Freeman 2010, S. 46). Diese Aufzählung könnte erheblich ergänzt werden, fokussiert sich aber im Rahmen dieses Artikels auf die wohl bekanntesten und von den Beitragsautoren verwendeten Konzepte.

Die Heterogenität der aktuell bestehenden CSR-Begriffsabgrenzungen sowie „verwandter Konzepte" erschweren besonders in der unternehmerischen Praxis die Auseinandersetzung mit CSR-Themen (vgl. Remisova und Buciova 2012, S. 274). Um den Diskurs zu vereinfachen, wird eine „CSR-Dachdefinition" vorgeschlagen, die alle bestehenden Definitionen umfasst, damit ein einheitliches Konzept verfolgt werden kann, das nicht mit bestehenden Konzepten konkurriert, sondern diese integriert (vgl. Schneider 2012, S. 24; vgl. Remisova und Buciova 2012, S. 274). Eine Basis hierfür bilden die Ausarbeitungen von Schneider (Schneider 2012, S. 28–36) durch das CSR-Reifegradmodell, welches von Stehr und Struve (2017 to be published) u. a. im Rahmen der Veröffentlichung „CSR und Compliance" zum darauf aufbauenden Konzept „CSR 4.0" erweitert wurde.

Das sogenannte Reifegradmodell von Schneider entspricht der Forderung nach einem integrativen übergeordneten CSR-Verständnis am ehesten – nach den bereits oben erwähnten bekannteren CSR-Definitionen. Dieses Konzept umfasst „die wichtigsten Grund-charakteristika von CSR – ohne Anspruch auf Vollständigkeit" und stellt die Stufen von CSR 0.0 hin zu CSR 3.0 aufsteigend nach dem potenziellen Mehrwert für Unternehmen und Gesellschaft dar (vgl. Schneider 2012, S. 28–36). Bei der letzten fortgeschrittenen Form des unternehmerischen CSR 3.0 versteht sich das Unternehmen als global denken-der, lokal agierender und vernetzter Gestalter gesellschaftspolitischer Herausforderungen im Rahmen seiner Einflussmöglichkeiten sowohl in einem Bottom-up als auch einem Top-down (vgl. Schneider 2012, S. 34). Corporate-Social-Responsibility-Maßnahmen, die ausschließlich dem Reputationsmanagement dienen sollen oder die Reaktion auf den öf-fentlichen Druck externer Stakeholder sind, gelten zunehmend dabei als „unstrategische Form" des CSR.

Auf diesen Konzepten aufbauend ist CSR 4.0 ein ganzheitliches Konzept, das letzt-endlich auch den Kunden, die Nachfrager miteinbezieht, zunächst aber ausgehend von dem jeweiligen Unternehmen einen „glokalen" Ansatz berücksichtigt. Corporate Social Responsibility 4.0 folgt dem Verständnis, dass auch ein internationales Unternehmen sich seines lokalen Kontextes im Ausland bewusst sein muss und diesen im Sinne der wech-selseitigen Abhängigkeit zwischen Unternehmen und Gesellschaft (vgl. Erläuterungen zu CSV) fördert. „Think global – act local". Dieser Auffassung logisch folgend bedeutet, dass ein deutsches Unternehmen, das z. B. in China produziert sowohl eine lokale deutsche als auch eine „global lokale" Verantwortung in China hat, der die Unternehmensführung nachkommen kann und möglicherweise in Zukunft juristisch bedingt sogar nachkommen muss. Hier bietet sich eine Kombination von einem tatsächlich gelebten Wertekanon so-wie die systematische Erfassung, Dokumentation und Publikation von CSR-Aktivitäten und den juristischen Erfordernissen und deren Einhaltung z. B. mittels eines Compliance-Managementsystems im Rahmen der unternehmerischen Aktivitäten an.

Bei dem hier verwendeten „CSR-4.0"-Konzept kommt es darüber hinaus darauf an, die Mitarbeiter (und insbesondere die Führungskräfte) auf Basis der angestrebten Unter-nehmenswerte (bei Familienunternehmen durch den Eigentümer als Wunschvorstellung festgelegt/bei größeren, z. B. börsennotierten Unternehmen, durch die Gemeinschaft der Mitarbeiter festzulegen) auszuwählen, da jeder Mitarbeiter die Unternehmenswerte und somit das Handeln des Unternehmens in allen Bereichen (auch in Bezug auf CSR und Compliance) beeinflusst.

> Wer sich mit Nachhaltigkeit in einer sehr persönlichen Weise beschäftigt, wird immer wieder auf diese innere Stimme geführt, die als Bauchgefühl eine Orientierung in einer gemeinsamen (Werte-)Welt darstellt, in der Verstand und Gefühl, Inneres und Äußeres, Sein und Bewusst-sein zusammengehören. Wer das erkennt, ist auch in der Lage, Entscheidungen zu treffen und sich der Folgen seines Handelns bewusst zu sein (Hildebrandt 2014).

Ein entscheidender Faktor, um unternehmerisch erfolgreich CSR zu leben und zu nutzen ist die sog. „Licence to operate" (vgl. Suchanek 2015, S. 62–63). Diese „gesellschaftliche Legitimierung" des Unternehmens basiert nicht nur auf der ökonomischen und rechtlichen Verantwortung des Unternehmens gegenüber der Gesellschaft, sondern drückt viel mehr die Akzeptanz des Unternehmens durch die Gesellschaft aus. Zum Erhalt der Licence to operate ist es essenziell, den bestehenden Erwartungen der Stakeholder gerecht zu werden, aber auch zukünftige mögliche Erwartungen miteinzubeziehen (vgl. Suchanek und Lin-Hi 2006, S. 3). Die Akzeptanz des Unternehmens durch sein Umfeld ist ein entscheidender Faktor für den langfristigen Geschäftserfolg und kann insbesondere durch eine konsistente CSR-Strategie und gleichzeitig ein CSR-Marketing des Unternehmens beeinflusst werden.

3 Marketing

Ähnlich zu CSR wird auch Marketing z. T. sehr unterschiedlich definiert. Das Grundverständnis von Marketing, als die konsequente Ausrichtung des gesamten Unternehmens an den Bedürfnissen des Marktes (vgl. Bruhn 2004) lässt erste Überlegungen in Bezug auf potenzielle Synergien und Spannungsfelder zwischen CSR und Marketing entstehen. Besonders in einer globalisierten Ökonomie mit ihren wettbewerbsintensiven Märkten steht für das Unternehmen der Nachfrager mit den jeweiligen Bedürfnissen und die Befriedigung dieser Bedürfnisse im Vordergrund.

Im Rahmen von gesellschaftlichen Veränderungen und damit einhergehend der Veränderung der Kundenwünsche hat sich diesbezüglich auch die kundenorientierte Marketingdefinition und -ausrichtung hin zu einer holistischeren Betrachtungsweise erweitert. Heutzutage stehen nicht mehr nur die Kunden im Fokus, sondern es gilt auch weitere Anspruchsgruppen sogenannte Stakeholder (Mitarbeiter, gesellschaftliche Gruppen, staatliche Institutionen etc.) mit im Marketing zu berücksichtigen. So weitet sich dann z. T. diese Form des Marketings zu einem Bereich des unternehmerischen Reputationsmanagements aus. Denn wenn sich herausstellt, dass die Marketingkampagne im Auge des betrachtenden Kunden unehrlich ist oder die Angaben nicht den ökologischen und sozialen Tatsachen entsprechen, kann die Reputation des Unternehmens mittel- und langfristigen Schaden nehmen.

Zu den aktuellen und viel zitierten Marketinginstrumente, den 4Ps, gehören: die Produktpolitik (Product), die Preispolitik (Price), die Kommunikationspolitik (Promotion) und Vertriebspolitik (Place). Zur Produktpolitik gehören die Entwicklung, die Analyse, die kontinuierliche Veränderung bei und von Produkten. Zusätzlich spielt die Markenbildung (z. B. über Logos, Farben, Produktnamen, Verpackung) hierbei eine zentrale Rolle. Bei der Preispolitik stehen die Produkte und die dazu erbrachten Konditionen und deren Preise im Vordergrund. Die Kommunikationspolitik beinhaltet die Maßnahmen, die zur Kommunikation primär zwischen Kunden und Unternehmen und dann erweitert zwischen den Anspruchsgruppen und dem Unternehmen getätigt werden. Unter der Vertriebspolitik werden alle Maßnahmen eines Absatzsystems verstanden, das die Entfernung zwischen Produkt und Verbraucher, zwischen Unternehmen und Kunde überwindet.

Die Anzahl derjenigen Kunden, die weitere Informationen in Bezug auf das Produkt, z. B. die ökologischen oder sozialen Produktionsbedingungen im Rahmen der Wertschöpfungskette, wünschen und dann entsprechend ihr Kaufverhalten danach ausrichten, wächst kontinuierlich. Neue Zielgruppen wie die bereits zitieren LOHAS und Vertreter der Generation Y erwarten dabei eine transparente Produktpolitik im Rahmen eines authentischen Marketings im Sinne eines nachfolgend erläuterten CSR-Marketings.

4   Corporate Social Responsibility und Marketing

Nochmals gekürzt zusammengefasst wünschen sich einerseits die politischen Partner auf nationaler und internationaler EU-Ebene von den Unternehmen die Übernahme der Verantwortung für ihre Auswirkungen der jeweiligen Entscheidungen (ISO 26000 2010, S. 17) auf die Gesellschaft unter Einbeziehung von ökologischen, sozialen und ethischen Aspekten unter besonderer Berücksichtigung von Verbraucherinteressen (Europäische Kommission 2011, S. 7) und sonstigen Stakeholdern (vgl. Europäische Kommission 2011, S. 7–8). Gleichzeitig ist gewünscht und gefordert, diese CSR-Dimensionen in die gesamte Organisation, Betriebsführung und Kernstrategie zu integrieren (vgl. Europäische Kommission 2011, S. 7–8). Andererseits wünschen sich wiederum Kunden und Stakeholder konkrete Informationen zur sozialen und ökologischen Umweltverträglichkeit der konsumierten Produkte, um ihr Konsumverhalten entsprechend auszurichten.

Hierbei sind die Schnittmengen und Überschneidungen der jeweiligen Aufgabenfelder und Unternehmensbereiche Marketing und CSR klar ersichtlich. In Abhängigkeit, wo die jeweiligen Abteilungen besonders in großen und multinationalen Unternehmen aufgehängt sind, ergeben sich auch operative Gemeinsamkeiten. Besonders die nationale Gesetzesinitiative zur Umsetzung der CSR-EU-Richtlinie im Jahr 2017 wird diese operativen Überschneidungen nochmals vertiefen.

Letztendlich geht es bei der Integration von CSR und Marketing – auf dem Weg zu einem CSR-Marketing – darum, „Tripple-win-Situationen" zu schaffen. Es gilt, die Shareholder, die Kunden und Verbraucher sowie weitere Anspruchsgruppen (u. a. Mitarbeiter) durch eine authentische, ehrliche Kommunikationspolitik bei gleichzeitiger transparenter Produktpolitik in ihren Bedürfnissen zu befriedigen. Hierzu werden verschiedene Konzepte diskutiert, z. B. ökologisches Marketing, Ökomarketing oder CSR-Marketing, das die soziale Dimension darüber hinaus noch in den Marketing-Mix integriert.

Ökomarketing als Oberbegriff der ökologischen Marketingformen ist dabei ein sogenanntes „Deepening" – eine Vertiefung – des herkömmlichen kommerziellen Marketings. Hierbei werden dem Kunden zusätzliche ökologische und ethische Entscheidungskriterien (ökologische Produktinformationen, Verpackungshinweise, Labeling etc.) für seine Kaufentscheidung zur Verfügung gestellt – zum Abgleich mit seiner persönlichen Wertehaltung. Aus unternehmerischer Sicht sind dabei zwei Aspekte von besonderer Bedeutung, um Wettbewerbsvorteile zu generieren. Zum einen können bei dem Ökomarketing alle Aktivitäten, z. B. Planung und Kontrolle aller marktgerichteten Transaktionen in Bezug auf das Produkt, unter dem Fokus der Verringerung von Umweltschäden getätigt werden. Die Reduktion von Umweltbelastungen steht dabei im Fokus. Hier können z. B. Einsparungen durch die Optimierung bei der Logistik (Anzahl der Fahrten) oder bei der Stapelung der Produkte erzielt werden. Zum anderen können bereits in der Wertschöpfungskette bei der Herstellung des Produktes gezielt ökologische Belange berücksichtigt werden und entsprechend mit Ökolabeln dem Kunden kommuniziert werden. Eine gezielte ökologie-orientierte Positionierung des Produktes würde dann die besondere Umweltverträglichkeit des eigenen Produktes in den Marketing-Vordergrund stellen. Sollte dies allerdings nicht mit den Realitäten übereinstimmen oder auch z. B. von einer Anspruchsgruppe in Frage gestellt werden, kann das Unternehmen mittel- und langfristig z. T. existenzbedrohenden Schaden nehmen, in dem sich das Unternehmen den Vorwürfen von Greenwashing und Socialwashing ausgesetzt sieht (vgl. Spiegel Online 2016).

In Bezug auf Greenwashing und Socialwashing gibt es verschiedene tatsächliche Fälle von intransparenter, fehlerhafter oder irreführender Kommunikations- und Informations-politik im Rahmen von unternehmerischen Marketingmaßnahmen (vgl. Matthes 2012). Die häufigsten Fälle sind dabei: missbräuchliche Verwendung von Ökolabeln, Einführung und Bezeichnung von „Bio"-Produkten ohne Klarstellung des Begriffs „Bio" sowie die besondere Herausstellung von ökologischen Produktkomponenten, die bereits seit Jahren gesetzlich festgelegt sind.

5 Corporate-Social-Responsibility-Marketing

Die zentrale Frage, die sich daraus ergibt: Wie kann ein ganzheitliches CSR-Marketing entwickelt und implementiert werden, das die Absatzziele des Unternehmens erfüllt und gleichzeitig die Anspruchsgruppen und deren ökologischen und sozialen Wertvorstellun-gen zufriedenstellt?

Das CSR-Marketing mit der Basis des hier oben erwähnten CSR-4.0-Ansatzes als Vertiefung des klassischen Marketings hat als zentrales Ziel die gesellschaftliche Legi-timierung des Unternehmens im Blick und versteht sich als Teil u. a. des Reputations-managements. Alle Marketing-Maßnahmen im Bereich der 4P richten sich danach aus, die sogenannte „Licence to operate" (vgl. Suchanek 2015, S. 62 f.) zu bekommen, zu be-wahren oder zu erfüllen. Die unternehmerischen Mehrwerte und weitere Vorteile, die sich daraus generieren lassen sind die Vermeidung von Risiken (u. a. durch Rufschädigung), die Erhöhung der Umsätze, Kostenreduktion und ein verbessertes Image als Marke, Un-ternehmer und potenzieller Arbeitgeber z. B. für die vielzitierte Generation Y.

Ein ganzheitliches CSR-Marketing impliziert verschiedene Erfolgsfaktoren. Zunächst steht die Entwicklung von Vertrauen zwischen dem Unternehmen, den Kunden und wei-teren Stakeholdern im Vordergrund. Das bedeutet, langfristige Investitionen in Kundenbe-ziehungen und kontinuierlicher Dialog mit den Stakeholdern. Das kann mit verschiedenen internen und externen Maßnahmen erzielt werden. Ein extern ausgerichteter Nachhal-tigkeitsbericht oder CSR-Bericht kann dabei ein wichtiger Schritt sein. Einen wichtigen Teilbereich bilden dabei die internen ökologischen und sozialen Stärken und die Schwächenanalyse und deren zielgerichtete Kommunikation. Das kann z. B. in sogenannten Stakeholderdialogforen erfolgen (vgl. University of Copenhagen 2015; Dialog Basis 2016).

Intern erfolgt die Entwicklung und Implementierung eines CSR-Marketings zunächst über konkrete erarbeitete Dokumente, z. B. einen CSR-Codex, einen Nachhaltigkeitskodex, einen Code of Ethics gekoppelt mit Compliance-Managementsystemen, die dann mit verschiedenen internen Prozessen (Workshops, Schulungen, Förderung der Mitarbeitermotivation) lebendig gehalten und tatsächlich gelebt werden. Wichtig ist dabei auch ein kontinuierliches Zusammenspiel von Marketing- und CSR-Abteilung.

Diese von den Kunden gesteigerte Erwartungshaltung mit einhergehender höher eingeforderte Transparenz und Authentizität bleibt daher für die Unternehmen und die Kunden die größte Herausforderung. Sollte dies von Unternehmensseite her nicht gelingen kann dies zum Verlust der gesellschaftlichen Legitimierung des Unternehmens führen.

Literatur

Bruhn (2004) Marketing, 7. Aufl. Gabler Verlag, Wiesbaden

Carroll AB (1991) The pyramid of corporate social responsibility. Toward the moral management of organizational stakeholders. Bus Horiz 34(4):39–48

Dialog Basis (2016) Dialogforum Nano der BASF. http://www.dialogbasis.de/themen/technologien/nanotechnologien/projekte/basf-dialogforum-nano-2012.html. Zugegriffen: 13. Sep. 2016

Europäische Kommission (2011) Eine neue EU-Strategie (2011–14) für die soziale Verantwortung der Unternehmen (CSR), Mitteilung der Kommission an das Europäische Parlament, den Rat, den europäischen Wirtschafts- und Sozialausschuss und den Ausschuss der Regionen, KOM(2011) 681, Brüssel. https://www.csr-in-deutschland.de/fileadmin/user_upload/Downloads/ueber_csr/CSR-Mitteilung/Mitteilung_der_Kommission.pdf. Zugegriffen: 14. Sep. 2016

Freeman RE (2010) Strategic management a stakeholder approach, first published 1984 by Pitman Publishing. Cambridge University Press, New York, S 46 (Reprint)

Friedman M (1970) The New York Times Magazine, September 13, 1970. Copyright © 1970 by The New York Times Company. http://www.colorado.edu/studentgroups/libertarians/issues/friedman-soc-resp-business.html. Zugegriffen: 09. Mai 2016

Hildebrandt A (2014) Warum Compliance für CSR so wichtig ist – von Dr. Alexandra Hildebrandt, 10.10.2014. http://www.umweltdialog.de/de/csr-management/Gastbeitrag/2014/Warum-Compliance-f-r-CSR-so-wichtig-ist-.php

ISO 26000 (2010) Leitfaden zur gesellschaftlichen Verantwortung. (Guidance on social responsibility, Lignes directrices relatives à la responsabilité sociétale)

Kommission der Europäischen Gemeinschaften (2001) Grünbuch Europäische Rahmenbedingungen für die soziale Verantwortung der Unternehmen, Brüssel, den 18.7.2001 KOM(2001) 366 endgültig. http://eur-lex.europa.eu/LexUriServ/LexUriServ.do?uri=COM:2001:0366:FIN:DE:PDF. Zugegriffen: 13. Sep. 2016 (S. 3–7)

Loew T, Rohde F (2013) CSR und Nachhaltigkeitsmanagement Definitionen, Ansätze und organisatorische Umsetzung im Unternehmen, Institute for Sustainability, Berlin. http://www.

4sustainability.de/fileadmin/redakteur/bilder/Publikationen/Loew_Rohde_2013_CSR-und-Nachhaltigkeitsmanagement.pdf

Matthes S (2012) Greenwashing. Eine Spurensuche, erstmals erschienen in Wirtschafts-Woche NR. 43. http://www.wiwo.de/technologie/green/biz/greenwashing-eine-spurensuche/13544712.html (Erstellt: 22. Okt 2012). Zugegriffen: 13. Sep. 2016

Remisova A, Buciova Z (2012) Measuring corporate social responsility towards employees. http://www.hampp-ejournals.de/hampp-verlag-services/get?file=/frei/JEEMS_3_2012_273. Zugegriffen: 30. Okt. 2014 (in: Journal of East European Management Studies, S. 273–275)

Schneider A (2012) Reifegradmodell CSR – eine Begriffsklärung und -abgrenzung. In: Schmidpeter R, Schneider A (Hrsg) Corporate social responsibility. Springer, Berlin Heidelberg, S 17–38

Spiegel Online GmbH (2016) Stiftung Warentest gegen Ritter Sport was wurde aus Aroma Streit. http://www.spiegel.de/wirtschaft/unternehmen/stiftung-warentest-gegen-ritter-sport-was-wurde-aus-aroma-streit-a-985099.html. Zugegriffen: 13. Sep. 2016

Stehr C, Struve F (2017) CSR und Compliance – Die gesellschaftliche Verantwortung von Unternehmen. In: Schulz, Hartung (Hrsg) Compliance-Management im Unternehmen – Strategie und praktische Umsetzung (to be published)

Suchanek A (2015) Vertrauen als Grundlage nachhaltiger unternehmerischer Wertschöpfung. In: Schneider A, Schmidpeter R (Hrsg) Corporate Social Responsibility Verantwortungsvolle Unternehmensführung in Theorie und Praxis. Springer, Berlin Heidelberg, S 59–69

Suchanek A, Lin-Hi N (2006) Eine Konzeption unternehmerischer Verantwortung. Diskussionspapier 2006–7. Wittenberg-Zentrum für globale Ethik e. V., Wittenberg, S 3

University of Copenhagen (2015) Stakeholder Dialogue Forum. http://greensurge.eu/meetings-events/upcomming-events/2015/stakeholder-dialogue-forum/. Zugegriffen: 13. Sep. 2016

Manager oder Unternehmen: Wer ist verantwortlich?

Gesellschaftliche Verantwortung als Anforderung an Manager – Implikationen für Corporate Social Responsibility im Marketing

Claudia Kreipl

Drei Kernfragestellungen

1. Inwieweit haben Unternehmen eine gesellschaftliche Verantwortung? Wird diese reaktiv oder proaktiv wahrgenommen?
2. Welche verschiedenen Stufen von CSR entstehen durch einen differierenden Grad an gesellschaftlicher Verantwortung bei unterschiedlichem Aktivitätsniveau? Wie entwickelt sich eine CSR-Denkhaltung in den CSR-Stufen?
3. Welche Konsequenzen ergeben sich daraus für ein Marketing?

1 Einleitung

Manager treffen Entscheidungen in den Unternehmen. Damit beeinflussen sie die Ausgestaltung der Unternehmen selbst, die Produktqualität, die Art der Produktionsprozesse, die Beziehungen zur Unternehmensumgebung u. v. m. Hierbei übernehmen sie Verantwortung für ihre Entscheidungen. Die ökonomische Verantwortung von Managern ist von jeher unstrittig. Im Kern liegt diese in der Existenzsicherung des Unternehmens ebenso wie in der Vermehrung des eingebrachten Vermögens. Damit nehmen sie eine Verantwortung gegenüber den Anteilseignern, den Mitarbeitern, aber auch gegenüber der Gesellschaft wahr, da beispielsweise Arbeitsplätze und Steuerabgaben dem Allgemeinwohl dienen.

Daher scheint es opportun, sich mit einer möglichen ethischen Verantwortung von Managern gegenüber der Gesellschaft auseinanderzusetzen. Art und Ausmaß einer solchen Verantwortung entscheidet zunächst darüber, ob Corporate Social Responsibility (CSR) eine Randerscheinung oder ein zentrales Element der Unternehmensführung darstellt. Aus

C. Kreipl (✉)
Fachbereich Wirtschaft, Hochschule Fulda
Leipziger Straße 123, 36037 Fulda, Deutschland
E-Mail: claudia.kreipl@w.hs-fulda.de

© Springer-Verlag GmbH Deutschland 2017
C. Stehr und F. Struve (Hrsg.), *CSR und Marketing*,
Management-Reihe Corporate Social Responsibility, DOI 10.1007/978-3-662-45813-6_2

dieser Erkenntnis erwächst die Frage nach der Ausgestaltung des CSR-Ansatzes im Unternehmen und damit nach einer Einbindung in das Marketing.

Letztlich liegt eine Diskussion nahe, ob aus der Verortung einer gesellschaftlichen Verantwortung ein Entwicklungsprozess für den CSR-Ansatz abgeleitet werden kann. Mit wachsender Wahrnehmung gesellschaftlicher Verantwortung von Managern und Unternehmen steigt gleichermaßen die Bedeutung von CSR für eine erfolgreiche Unternehmensführung. Hieraus lassen sich neben wissenschaftlichen Erkenntnissen auch pragmatische Hinweise für die Unternehmenspraxis ableiten.

2   Manager treffen Entscheidungen in Unternehmen

Manager nehmen Führungsaufgaben in Organisationen wahr. Die Komplexität dieser Aufgaben wächst durch eine räumliche und funktionale Ausdehnung von Unternehmensaktivitäten. Hieraus entsteht die Notwendigkeit, die Unternehmenseigner durch entsprechend qualifizierte leitende Angestellte zu unterstützen. Deren Tätigkeiten werden hierarchisch strukturiert und auf die verschiedenen Ebenen des Unternehmens ausgeweitet. Neben den Personen auf der obersten Entscheidungsstufe zählen somit auch jene zu den Managern, welche Entscheidungen für Teilbereiche des Unternehmens treffen (Schreyögg und Koch 2015, S. 7, 40; Steinmann et al. 2013, S. 6 ff.; Wöhe und Döring 2010, S. 55; Staehle et al. 1999, S. 10; Jung et al. 2013, S. 25 f.).

Die Entscheidungsfelder erstrecken sich auf alle Aufgabenbereiche des Managements, welche im Kern das Planen, Organisieren, Anweisen, Koordinieren und Kontrollieren als zielorientiertes Gestaltungs- und Lenkungsverhalten umfassen. Übergeordnetes Ziel der Entscheidungen bildet das ökonomische Prinzip, demzufolge knappe Ressourcen optimal eingesetzt werden sollen. Ökonomisch richtige Entscheidungen sichern damit effizientes und effektives Handeln (Schreyögg und Koch 2015; Thommen und Achleitner 2012; Jung et al. 2013; Steinmann et al. 2013; Bea und Haas 2013; Rühli 1996, S. 64 f.; Rüegg-Stürm 2003, S. 21 ff.; Fayol 1916).

Eine gesellschaftliche Komponente wird bei diesen Entscheidungsfeldern zunächst nicht explizit benannt. Allerdings erkennen Robbins et al. (2014, S. 132) an, dass die Aufgaben und Aktivitäten eines Managers „oft mit ethischer und sozialer Verantwortung verbunden sind. Dieser Verantwortung müssen sich Manager stellen und sie beeinflusst ihre Entscheidungen". Auch Sarges (1990, S. 165 ff.) reiht neben fachlichen, konzeptionellen, methodischen und kommunikativen Fähigkeiten die soziale Verantwortung als Schlüsselqualifikation von Managern ein. Mintzberg (1973) zufolge üben Manager drei grundlegende Funktionen aus. Manager leisten einen Beitrag beim Bilden einer Gruppenidentität, sie übernehmen Aufgaben beim Sammeln, Interpretieren und Verteilen von Informationen und üben Macht durch eine Entscheidungshoheit aus.

Manager verfügen durch ihren Entscheidungsspielraum somit über Macht, die mit Verantwortung einhergeht. Im Kern bedeutet Verantwortung, dass ein Subjekt für ein Objekt eintreten muss (Fetzer 2004, S. 88). Suchanek (2010, S. 38 f.) betrachtet Verantwortung

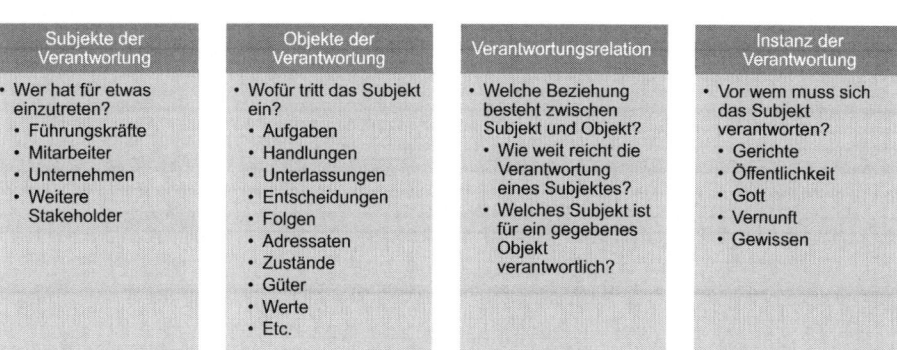

Subjekte der Verantwortung	Objekte der Verantwortung	Verantwortungsrelation	Instanz der Verantwortung
• Wer hat für etwas einzutreten? • Führungskräfte • Mitarbeiter • Unternehmen • Weitere Stakeholder	• Wofür tritt das Subjekt ein? • Aufgaben • Handlungen • Unterlassungen • Entscheidungen • Folgen • Adressaten • Zustände • Güter • Werte • Etc.	• Welche Beziehung besteht zwischen Subjekt und Objekt? • Wie weit reicht die Verantwortung eines Subjektes? • Welches Subjekt ist für ein gegebenes Objekt verantwortlich?	• Vor wem muss sich das Subjekt verantworten? • Gerichte • Öffentlichkeit • Gott • Vernunft • Gewissen

Abb. 1 Verantwortung im Rahmen der Unternehmensethik. (Quelle: in Anlehnung an Göbel 2013, S. 121)

im Zusammenspiel von Handlungen, Handlungsfolgen und Handlungsbedingungen. Der Gebrauch von Verantwortung bildet demzufolge ein Zusammenspiel von drei Faktoren. Verantwortung bezieht sich zunächst auf fest umrissene Aufgaben- oder Handlungsfelder. Weiterhin müssen die handelnden Personen über angemessene Handlungsspielräume verfügen. Letztlich zählt die Zumutbarkeit verantwortlichen Handelns im Sinne einer Vermeidung von Interessenkonflikten als Element von Verantwortung (siehe Abb. 1).

Angewandte Ethik als praktische Philosophie erörtert die Pflichten der Beteiligten sowie ihre Verantwortungsfähigkeit und Verantwortlichkeiten. Konkret fällt die Diskussion von Ausmaß und Ausgestaltung von Verantwortung der Manager in den Bereich der Unternehmens- bzw. Managementethik. Als Ethik der Führungskräfte betrachtet sie, welchen moralischen Werten und Normen Einzelpersonen oder auch Stakeholder eines Unternehmens verpflichtet sind bzw. wie eine Einhaltung der Normen geschehen kann. Dilemmata zwischen unternehmerischem Auftrag und moralischen Ansprüchen der Manager werden in diesem Kontext ebenso betrachtet wie eine interne Verantwortung für die Mitarbeiter sowie eine externe Verantwortung für die Konsequenzen der unternehmerischen Entscheidungen. Dies impliziert eine auch ethische Verantwortung von Managern gegenüber dem Stakeholder „Gesellschaft" (Neuhäuser 2011, S. 120; Göbel 2013, S. 107 ff.; Zimmerli und Aßländer 2005, S. 357 ff.).

3 Die gesellschaftliche Verantwortung von Managern

Entscheidungen von Managern haben damit neben ökonomischen auch gesellschaftliche Aspekte. Es gilt zu diskutieren, wie weit sich die managerseitige Verantwortung für soziale Auswirkungen erstreckt. Mit Milton Friedman und Peter Drucker werden nachfolgend die Sichtweisen zweier namhafter Wissenschaftler beleuchtet, welche beide etwa zeitgleich die Ökonomie nachhaltig geprägt haben. Deren wirtschaftswissenschaftliche Perspektiven sollen exemplarisch das Ausmaß an gesellschaftlicher Verantwortung von

Managern und Management begründen. Eine Einbindung wirtschaftsethischer Positionen kann diese Überlegungen um die Erklärung des Aktivitätsgrades gesellschaftlicher Verantwortung ergänzen.

3.1 Begründung gesellschaftlicher Verantwortung aus wirtschaftswissenschaftlicher Perspektive

Milton Friedman sieht die gesellschaftliche Verantwortung von Unternehmen in der Erzielung von Gewinnen (Weitz 2010, S. 176). Im Kern sieht er die Aufgabe der Manager darin, „to use its resources and engage in activities designed to increase its profits so long as it stays within the rules of the game, which is to say, engages in open and free competition without deception or fraud" (Friedman 1970). Manager sind dabei ausschließlich den Unternehmenseignern verpflichtet und dienen deren Zielen. Lediglich als Individuen nehmen sie eine soziale Verantwortung mit ihren eigenen, persönlichen Ressourcen wahr (Friedman 1970). Eine Vernachlässigung marktbezogener, wettbewerblicher Ziele zugunsten sozialer Ziele gefährdet die Unternehmensexistenz, wodurch nicht nur die Unternehmenseigner, sondern auch die Arbeitnehmer oder auch das Sozialsystem Staat negativ betroffen wären (Leschke 2012, S. 543).

Von den Gewinnen abgeführte Steuern und Abgaben fließen an den Staat als jene Instanz, die über die Verwendung im Rahmen sozialer Aufgaben entscheidet und dadurch soziale Verantwortung übernimmt. Weiterhin wird dort gesellschaftliche Verantwortung über die Ausgestaltung der „rules of the game" wahrgenommen. Dieser Handlungsrahmen baut auf den moralischen Werten einer Gesellschaft auf und kann z. B. über Sozialgesetze, Arbeitsrecht oder auch Umweltrecht ausgestaltet werden. Dem Manager obliegt die Einhaltung dieser extern vorgegebenen Regeln (Friedman 1970).

Gemäß Friedman überlagern die Gesetze des Marktes andere Forderungen oder Ansprüche an Manager. Wirtschaftsethische Forderungen an Unternehmen müssen die Bedingungen des Marktes beachten, um erfolgreich zu sein. Andernfalls richten sie Schaden an und führen zu höheren statt geringeren sozialen Kosten (Leschke 2012, S. 543 f.). Wenngleich an Friedmans Perspektive die einseitige Gewinnfokussierung kombiniert mit der nicht haltbaren Prämisse der Funktionsfähigkeit von Rahmenordnung und Marktwettbewerb kritisch zu bewerten ist, liegt die Stärke dieses vieldiskutierten Ansatzes in seiner Klarheit (vgl. Suchanek 2010, S. 44 ff.).

Aus unternehmerischer Sicht kann gesellschaftliches Engagement lediglich als Instrument der Imagesteigerung eingesetzt werden (Friedman 1970). Ein wahrgenommenes positives Image kann die Kundengewinnung unterstützen sowie die Kundenbindung verstärken. Ebenfalls kann ein positiver Einfluss eines guten Images auf die Mitarbeiterbindung benannt werden. Dies kann in Zeiten gesättigter Absatzmärkte bzw. von Fach- und Führungskräftemangel einen Wettbewerbsfaktor darstellen. Aus Friedmans Perspektive ist Social Responsibility allenfalls als vorökonomischer Faktor mit einem nicht vorhandenen oder niedrigen Ausmaß echter gesellschaftlicher Verantwortung zu verstehen.

Drucker als Zeitgenosse Friedmans und Pionier der modernen Managementlehre vertritt eine andere Sichtweise. Er thematisiert im Rahmen der Managementdiskussion die Beziehungen zwischen Management und Gesellschaft (Krames 2013, S. 11 ff.; Weber 2009) und bezieht dabei eine klare Position:

> Everyone is an organ of society and exists for the sake of society. Business is no exception. Free enterprise cannot be justified as being good for business. It can be justified only as being good for society (Drucker 1986, S. 33).

Als Organe der Gesellschaft existieren Unternehmen nicht um ihrer selbst willen, sondern um einen spezifischen gesellschaftlichen Zweck zu erfüllen. Es gilt, besondere Bedürfnisse der Gemeinschaft oder von einzelnen zu befriedigen. Nur unternehmerische Tätigkeiten, die gesellschaftlichen Nutzen liefern, setzten sich dauerhaft durch und können einen ökonomischen Nutzen für das Unternehmen langfristig sichern (Drucker 1986, S. 32 ff.). Dabei zählt der Umgang mit sozialen Einflüssen und sozialer Verantwortung zu den grundlegenden Managementaufgaben. Management führt neben ökonomischer auch zu sozialer Entwicklung. Diese entsteht aus menschlichen Aktivitäten, die von Managern erzeugt und gesteuert werden müssen. Damit werden Manager zu Motoren von Veränderung, die sich sowohl im Ausdruck von Denkhaltungen und Werten als auch in messbaren Ergebnissen konkretisiert (Drucker 1986, S. 30 ff.).

Jedes Unternehmen hat die Versorgung von Kunden mit Waren oder Dienstleistungen als Auftrag. Die Versorgung von Mitarbeitern mit Arbeitsplätzen oder auch von Aktionären mit Dividenden wird dabei als abgeleiteter Auftrag erachtet. Kein Unternehmen kann folglich außerhalb der Gesellschaft existieren, sondern bildet geografisch, kulturell und psychologisch einen Teil der Gemeinschaft. Außerdem üben Unternehmen sowohl mit den Waren selber, als auch mit dem Erstellungsprozess Einfluss auf die physische und gesellschaftliche Umwelt aus (Drucker 1986, S. 33 f., 1996, S. 88).

Dies verweist auf den hohen Grad an Verantwortung der Manager. Hierbei stellt Drucker die Forderung, Manager müssen ihr Handeln nach ethischen Grundsätzen ausrichten und am Allgemeinwohl orientiert sein (Drucker 1998, S. 453 ff., 1996, S. 80 ff.). Die soziale Verantwortung liegt insbesondere darin, gesellschaftliche Herausforderungen in wirtschaftliche Chancen und wirtschaftliche Vorteile zu überführen (Drucker 1984, S. 62, 1985).

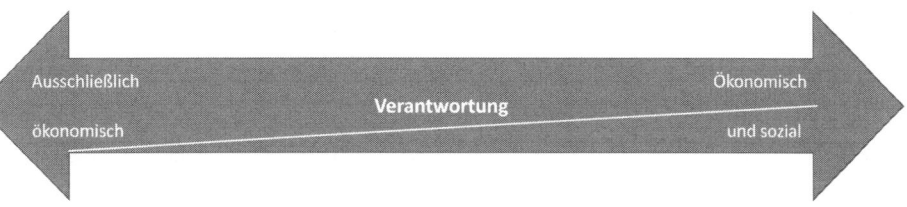

Abb. 2 Spannweite sozialer und ökonomischer Verantwortung. (Quelle: eigene Darstellung)

Diese Überlegungen führen zu einer Spannweite der Betrachtung von Unternehmen mit ausschließlich ökonomischer Verantwortung bis hin zu einer Integration ökonomischer mit sozialer Verantwortung (vgl. Abb. 2).

3.2 Wirtschaftsethische Positionen zur Erklärung des Aktivitätsniveaus

Im Rahmen der Betrachtung wirtschaftsethischer Ansätze werden mit Homann und Ulrich zwei Antipoden dargestellt. Beide integrieren Ethik und Wirtschaft. Dies impliziert bereits, dass die Entscheidungen der Manager sowohl unternehmerische als auch ethische Facetten kombinieren. Die ausgewählten Wirtschaftsethiker wählen dafür zwei unterschiedliche Integrationswege. Während ersterer eine anreizorientierte Vorgehensweise favorisiert, folgt zweiter dem Postulat einer Handlungsorientierung (Priddat 2009, S. 342).

Homann geht von dem Ansatz aus, ökonomische Methoden und Modelle auf Ethik zu übertragen. Er betrachtet Ethik und Ökonomie als zwei Seiten einer Medaille (Homann und Lütge 2013, S. 1). Demzufolge haben Entscheidungen im Wirtschaftsleben jeweils eine ökonomische sowie eine ethische Komponente, welche untrennbar miteinander verwoben sind. Hieraus können Dilemmasituationen erwachsen. Zur Auflösung derartiger Konflikte fordert Homann: „Die Effizienz in den Spielzügen, die Moral in den Spielregeln" (Homann und Blome-Drees 1992, S. 35). Homann geht davon aus, dass ethische Normen von Ökonomen dann akzeptiert werden, wenn sie einen Nutzen stiften und durch Institutionen durchgesetzt werden (Homann 1993, S. 38 f.). Moralisch unerwünschte Handlungen unterbleiben, sobald sie sich ökonomisch nicht auszahlen. Folglich lassen sich moralische Verhaltensweisen nur durch Modifikation der den Wettbewerb bestimmenden Rahmenordnung implementieren (Zimmerli und Aßländer 2005, S. 328 f.).

Manager übernehmen somit Verantwortung, indem sie die zwei Seiten der Medaille wahrnehmen, ihre Spielregeln kennen und einhalten. Im Kern reagieren Manager auf Anreize, die als Rahmenbedingungen gesetzt sind. Der Umgang mit gesellschaftlicher Verantwortung kann folglich als reaktiv bezeichnet werden.

Ulrich hingegen verfolgt das Ziel einer philosophisch-ethischen Erweiterung des ökonomischen Rationalitätskonzeptes. Er folgt einem unbedingten ethischen Anspruch, der Würde und Respekt der Individuen als Grundlage des menschlichen Handelns fordert. Reine Ökonomie stützt sich auf ein Rationalitätspostulat, das in der sozialen Wirklichkeit nicht aufrecht zu erhalten ist (Ulrich 1988, 1986, S. 62; Zimmerli und Aßländer 2005, S. 330).

Der Einsatz knapper Ressourcen ist nicht nur von der wirtschaftlichen Realität bestimmt, sondern darüber hinaus ein integrativer Prozess der Normenentwicklung zum Lösen oder Vermeiden sozialer Konflikte. Dies bezeichnet Ulrich als ein diskursethisches Verfahren, in welchem die ökonomische Rationalität um ein Mitspracherecht der Betroffenen erweitert wird (Zimmerli und Aßländer 2005, S. 330).

Damit dient der wirtschaftsethische Diskurs einer Verständigung über Praxisprobleme vernünftigen Wirtschaftens anstelle eines Vorgebens finaler Lösungen ethischer Fragestel-

Abb. 3 Spannweite des Aktivitätsniveaus sozialer Verantwortung. (Quelle: eigene Darstellung)

lungen (Zimmerli und Aßländer 2005, S. 330). Normen schaffen und anpassen wird als ein argumentationsbasierter Kommunikationsprozess in einer Gruppe oder Gesellschaft angesehen. Dann fundiert die ökonomische Sachlogik auf ethisch legitimen Grundlagen (Ulrich 2008, S. 135, 2009, S. 555 ff.).

Hieraus abgeleitet haben Manager eine ethische Verantwortung in der Gesellschaft, in dem sie im Rahmen des wirtschaftsethischen Diskurses aktiv an der Ausgestaltung der Handlungsnormen mitwirken – um dem Wohl der Gesellschaft zu dienen, aber auch um die Interessen des Unternehmens und der Stakeholder einzubringen. Dieser Umgang mit gesellschaftlicher Verantwortung kann als proaktiv bezeichnet werden.

Die beschriebenen Positionen legitimieren ein Aktivitätsniveau unternehmerischer gesellschaftlicher Aktivitäten, das sich von einer ausschließlich reaktiven Ausrichtung bis hin zu proaktivem Engagement erstreckt (vgl. Abb. 3).

3.3 Konsequenzen für eine Verortung von Corporate Social Responsibility in Unternehmen

Corporate Social Responsibility wird in der verbreitet eingesetzten Definition der Europäischen Kommission (2001, S. 8) als Konzept verstanden, das den Unternehmen als Grundlage dient, auf freiwilliger Basis soziale Belange und Umweltbelange in ihre Unternehmenstätigkeit und in die Wechselbeziehungen mit den Stakeholdern zu integrieren. Dabei wird verantwortliches Handeln über eine Gesetzeskonformität hinaus interpretiert als ein Ansatz zur Investition in Menschen und die Umwelt sowie in die Ausgestaltung von Stakeholderbeziehungen. Aktivitäten können gemäß der Triple-Bottom-Line in den drei Feldern ökonomischer, ökologischer und sozialer Verantwortung verankert werden (Elkington 1997).

Folgt man einem weiten CSR-Verständnis, welches basierend auf Carrolls Verantwortungspyramide auf allen Ebenen erfolgt, so wird bereits Gesetzeskonformität oder auch Gewinnerzielung als unternehmerische Wahrnehmung gesellschaftlicher Verantwortung gedeutet (Carroll 1991; Raupp et al. 2011). Dies deckt sich mit den beschriebenen Ansprüchen Milton Friedmans. Einer engen CSR-Auffassung entsprechend wird Corporate Social Responsibility als Verantwortung der Gesellschaft gegenüber interpretiert, den Geschäftszweck, die Unternehmenswerte und -philosophie und die Unternehmensstrategie mit den ökonomischen, rechtlichen, ethischen und philanthropischen Bedürfnissen der Stakeholder nachhaltig in Einklang zu bringen (Fieseler 2008, S. 38). Dieses Begriffsverständnis steht im Einklang mit den Forderungen Peter Druckers.

Hieraus lassen sich Konsequenzen für eine Verankerung von Corporate Social Responsibility (CSR) in den Unternehmen ableiten. Gemäß Friedman steht die Gewinnerzielungsabsicht unter markt- und rechtskonformem Handeln im Fokus. Corporate-Social-Responsibility-Aktivitäten sind insoweit eingebunden, wie sie vom Markt gefordert werden. Konformes Verhalten kann ohne innere Überzeugung erfolgen, z. B. über ein Greenwashing. Dies entspricht Homanns Gedanke, dass unternehmerisches Verhalten als Reaktion auf Anreize erfolgt, die außerhalb des Unternehmens gesetzt werden.

Darüber hinaus lässt Friedman Raum für soziale Aktivitäten, welche Kunden- bzw. Mitarbeiterbeziehungen stabilisieren sollen. Um letztlich auch ökonomische Vorteile daraus realisieren zu können, ist deren Wahrnehmung durch die Stakeholder notwendig. Dies führt zu einer hervorstechenden Bedeutung von CSR-Kommunikation. Hier lassen sich Hinweise auf erste Schritte einer aktiven Beteiligung an einem ethischen Diskurs nach Ulrich erkennen.

Eine umfassende aktive Beteiligung an der Ausgestaltung und Weiterentwicklung von Handlungsnormen erfolgt letztlich in konsequenter Weise erst bei einer echten Integration des CSR-Gedankens in die gesamte Unternehmensführung. Hier lassen sich die Forderungen Ulrichs und Druckers in Einklang bringen.

Hieraus kann ein dreistufiger Ansatz der Verankerung von CSR im Unternehmen abgeleitet werden (vgl. Abb. 4). Ein niedriges Ausmaß an gesellschaftlicher Verantwortung bei niedrigem Aktivitätsgrad führt über ein Greenwashing bei steigendem Aktivitätsgrad zu einer Fokussierung von CSR als vorökonomischen Faktor zum Erzeugen von Wettbewerbsvorteilen. Ein hohes Ausmaß an gesellschaftlicher Verantwortung gepaart mit hohem Aktivitätsniveau wiederum kann nur konsequent realisiert werden, wenn CSR als integrativer Bestandteil in das strategische Management eingebunden wird.

Abb. 4 Verantwortungsorientiertes Dreistufenkonzept von CSR-Aktivitäten. (Quelle: eigene Darstellung)

4 Die Ausgestaltung von CSR im Unternehmen

Der entwickelte dreistufige Ansatz zeichnet sich durch eine wachsende Wahrnehmung gesellschaftlicher Verantwortung, durch ein steigendes Aktivitätsniveau sowie durch eine stärkere Einbindung von CSR in das bestehende Unternehmen und seine Funktionsbereiche aus. Dies führt zu unterschiedlichen Anforderungen an eine erfolgreiche Ausgestaltung der Ebenen und der jeweiligen Aufgaben für das Marketing.

4.1 Vom Greenwashing zur CSR-Kommunikation

Greenwashing wird als Desinformation verstanden, welche von Organisationen verbreitet wird, um ein positives Image gesellschaftlicher Verantwortung in der Öffentlichkeit zu erzeugen (Ramus und Montiel 2005, S. 377; Gillespie 2009, S. 79; Laufer 2003, S. 253). Hierbei treffen eine schwache gesellschaftliche, ökologische Grundhaltung auf eine irreführende positive Berichterstattung über gesellschaftlich orientierte Leistungen und Leistungskomponenten (Delmas und Burbano 2011, S. 65). Laufer (2003, S. 256) beschreibt mit Confusion, Fronting und Posturing drei Techniken der Irreführung, die im Greenwashing gezielt eingesetzt werden. Das Schaffen von Verwirrung und Unübersichtlichkeit, Angriff durch Anzweifeln von Problemen oder auch künstliche Aktivitäten zählen dazu.

Greenwashing kann im Falle eines Aufdeckens neben rechtlichen Konsequenzen zu nachhaltigen negativen Auswirkungen auf das Vertrauen der Konsumenten in die Produkte wie auch in das Unternehmen führen. Ebenso sinkt das Vertrauen von Investoren und weiteren Stakeholdern. Die Wahrscheinlichkeit eines Aufdeckens irreführender Aussagen darf dabei nicht unterschätzt werden. So enthüllten beispielsweise TerraChoice, dass über 95 % der untersuchten Produkte Aspekte von Greenwashing aufzeigten (Delmas und Burbano 2011, S. 64 f.). Investigativer Journalismus und Pressure Groups machen sich ein Veröffentlichen von Falschaussagen zur Aufgabe. So wurde beispielsweise Honda falscher und irreführender Angaben in Werbekampagnen über die Treibstoffeffizienz von Hybridfahrzeugen überführt (Delmas und Burbano 2011, S. 64 f.). Im Volkswagen-Abgasskandal wurden Manipulationen bei Dieselfahrzeugen aufgedeckt, bei denen illegale Abschalteinrichtungen in der Motorsteuerung die Abgaswerte verbessern sollten. Auch hier wurden in Wirklichkeit nicht existierende Standards kommuniziert (Breitinger 2016).

Greenwashing kann als Einstieg in Corporate Social Responsibility verstanden werden. Corporate Social Responsibility wird aufgrund fehlenden Empfindens echter gesellschaftlicher Verantwortung nicht systematisch betrieben. Es erfolgt lediglich eine Kommunikation ausgewählter gesellschaftlich relevanter Einzelaktivitäten oder Produktqualitäten zum Erzeugen eines positiven Bildes. Langfristiger Erfolg kann dabei nur durch eine authentische Außendarstellung der CSR-relevanten Aktivitäten und Eigenschaften von Produkten und Unternehmen erreicht werden, die die vorhandenen Tätigkeiten und Qualitäten nicht fälschlich überzeichnet. Dies erfordert eine gezielte CSR-Kommunikation und die Ausgestaltung eines CSR-Kommunikationsmixes (vgl. Abb. 5).

Das zugrundeliegende Marketingverständnis kann dabei als instrumentell bezeichnet werden. Marketing wird als einzelnes absatzpolitisches Instrument betrachtet (Meffert et al. 2015, S. 9). Neben guten Produkten, attraktiven Preisen und der Verfügbarkeit für Kunden kommt der Kommunikation von Unternehmensleistungen ein hoher Stellenwert zu. Kommunikation dient der Etablierung von dauerhaften Kundenbeziehungen zur langfristig angelegten Beeinflussung des Käuferverhaltens. Das System zur Marketingkommunikation wird als Kommunikations-Mix bezeichnet und bildet eine spezifische Mischung aus Werbung, Öffentlichkeitsarbeit, Direktmarketing, persönlichem Verkauf und Verkaufsförderung. In einer integrierten Marketingkommunikation werden diese Instrumente aufeinander abgestimmt, um eine klare, einheitliche und attraktive Botschaft über das Unternehmen und seine Leistungen zu vermitteln (Kotler et al. 2011, S. 790 ff.).

Corporate-Social-Responsibility-Kommunikation umfasst auch Formen öffentlicher Kommunikation durch professionelle Akteure, z. B. Journalisten, interne und externe PR. Die Akteure kommunizieren interessengeleitet darüber, ob und welche Verantwortung Unternehmen tragen (Altmeppen 2011). Eine Verankerung von CSR-Kommunikation im Unternehmen kann über die unternehmensinterne PR-Abteilung erfolgen. Corporate Social Responsibility integriert dabei insbesondere Instrumente aus Marketing, PR und Werbung (Schmitt und Röttger 2011). Externe PR-Beratungen können die CSR-Kommunikation als unabhängige Instanzen unterstützen. Sie bieten den Vorteil, das Unternehmen

Abb. 5 CSR-Kommunikationsmix. (Quelle: eigene Darstellung)

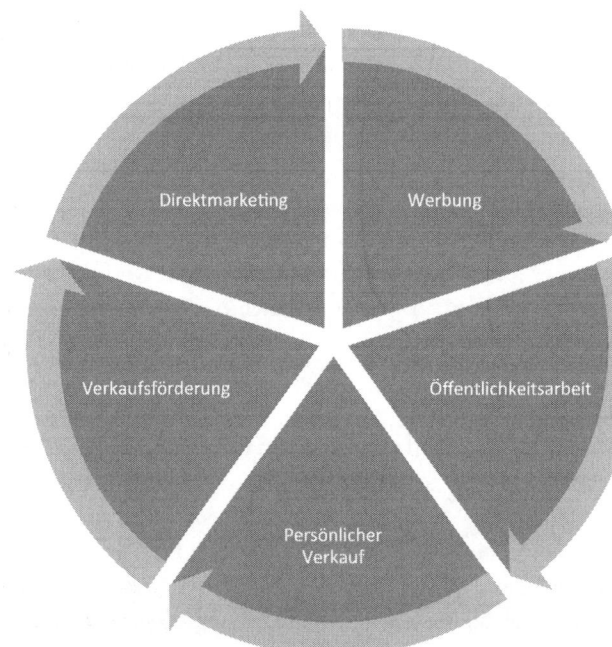

objektiv aus der Umweltperspektive beobachten zu können. Dem steht allerdings der strukturelle Nachteil interner Informationsdefizite, insbesondere im Hinblick auf die gelebte Unternehmenskultur entgegen, weshalb sie eine interne Verortung nicht ersetzen können (Hoffjann 2011).

Der CSR-Kommunikation als Element interner Marketingkommunikation kommen zwei Kernaufgaben zu: die Auswahl von CSR-Kampagnen, d. h. CSR-Aktivitäten sowie Unternehmens- und Produkteigenschaften, über die berichtet werden soll, sowie die Gestaltung von Kommunikationsinhalten und Kommunikationsbeziehungen (vgl. Abb. 6).

Die CSR-Kampagnen vermitteln das unternehmerische gesellschaftliche Engagement mit Fokus auf ausgewählte Stakeholder. Hier kann aus einer Vielzahl an Möglichkeiten geschöpft werden, die hier nur exemplarisch angerissen werden können. Über einzelne Aktivitäten als Corporate Citizen (z. B. Spendenaktionen im Rahmen von Corporate Donation, aber auch Corporate Volunteering oder Corporate Foundations) kann ebenso berichtet werden wie über einzelne Produkt- oder Unternehmenseigenschaften, die gesellschaftliche Verantwortung demonstrieren (z. B. ökologische Produktionstechnologien). Eine umfassendere Kommunikationsform bilden Nachhaltigkeitsberichte oder CSR-Reportings (Schmitt und Röttger 2011). Die Teilnahme an CSR-Foren oder auch ein Abbilden in Rankings als „gutes Unternehmen" kann ebenfalls kommuniziert werden (Gazdar 2006, S. 58).

Die zweite Kernaufgabe der CSR-Kommunikation umfasst die Vermittlung von Kommunikationsinhalten und das Management von Kommunikationsbeziehungen. Ziel sind der Erhalt und die Verbesserung von Reputation und Legitimität einer Organisation (Huck-Sandhu 2011). Reputation kann gemäß Fombrun (1996, S. 78 f.) als Gesamteinschätzung eines Unternehmens durch seine Stakeholder definiert werden, welche durch die affektiven Reaktionen der Stakeholder ausgedrückt wird. Reputation umfasst eine funk-

Abb. 6 Elemente der CSR-Kommunikation. (Quelle: eigene Darstellung)

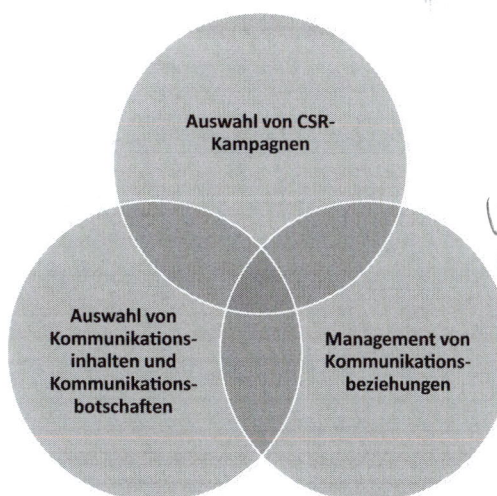

tionale, soziale und expressive Dimension. Normen und Moralvorstellungen werden über die soziale Dimension abgebildet (Eisenegger und Schranz 2011). Das Management von Reputation bildet somit einen Teilbereich von Corporate Social Responsibility (Raupp et al. 2011, S. 13).

Erfolgreiches Reputationsmanagement dient dem Aufbau von Vertrauen und Glaubwürdigkeit und damit der Wahrnehmung als vertrauensvolles Unternehmen. Vertrauen gilt als sozialer Mechanismus zur Reduktion von Komplexität (Luhmann 2000). In komplexen Systemen kann Vertrauen Kontrolle ersetzen. Prozesse der Vertrauensbildung ebenso wie Vertrauensverlust hängen in mediatisierten Gesellschaften wesentlich von Informationen ab, die von etablierten Medien und PR-Agenturen, aber auch über soziale Medien verbreitet werden. Vertrauensfaktoren als Eigenschaften, die den Aufbau oder Abbau von Vertrauen beeinflussen, werden in der direkten Kommunikation wahrgenommen. Vertrauen wird in zeitlich ausgedehnten Prozessen erworben und kann sich als „Vertrauensvorschuss" in Krisenzeiten hilfreich erweisen (Bentele und Nothhaft 2011, S. 53 ff.; Eisenegger und Schranz 2011). Glaubwürdigkeit wird als Teilphänomen von Vertrauen verstanden. Nur glaubwürdige Kommunikation wird als authentisch, d. h. echt und integer, wahrgenommen (Bentele und Nothhaft 2011; Karmasin und Weder 2008, S. 27).

Der positive Einfluss von CSR-Aktivitäten auf die Unternehmensreputation wird oftmals theoretisch postuliert. Empirische Befunde sind widersprüchlich. Positive Effekte von CSR-Aktivitäten auf die Reputation sind entscheidend davon abhängig, ob das Handeln eines Unternehmens als kohärent wahrgenommen wird. Eine positive Reputation ist eine entscheidende Voraussetzung dafür, dass das CSR-Engagement positive Effekte entfalten kann. Unternehmen mit intakter Reputation können ihre Reputation durch CSR-Aktivitäten weiter verbessern. Branchen mit negativer Reputation können nur begrenzt positive Reputationsentwicklungen durch CSR vermelden (Eisenegger und Schranz 2011).

Ergebnisse von PR-Forschung schürften zutage, dass zwei grundlegende Dimensionen die Reputation beeinflussen. Zunächst müssen CSR-Aktivitäten sichtbar werden, da sie nur dann Wirkung entfalten können. Weiterhin zeigte sich eine große Bedeutung von Skepsis der Stakeholder gegenüber den CSR-Aktivtäten und deren Motive. Folglich kommt Kommunikationsstrategien gegen Skeptizismus eine große Bedeutung zu. So kann beispielsweise eine indirekte Kommunikation unter Einbindung von Drittakteuren, z. B. Experten und Opinion Leaders oder auch Stakeholdern, empfohlen werden, um die Glaubwürdigkeit zu erhöhen. Weiterhin wird eine proaktive Kommunikation im Vergleich zur reaktiven Kommunikation als glaubwürdiger empfunden. Insgesamt traten widersprüchliche Resultate im Rahmen der Reputationsforschung auf. Im Kern muss CSR vorrangig durch Tat und erst nachfolgend durch Kommunikation in Erscheinung treten (Eisenegger und Schranz 2011).

Erfolgreiche CSR-Kommunikation soll gesellschaftliche Verantwortung demonstrieren und dadurch Vertrauen und Glaubwürdigkeit aufbauen. Ein reines Greenwashing, welches auf mehr Schein als Sein beruht, kann dies nicht erreichen. Nur eine „echte" CSR-Kommunikation, die gezielt CSR-Ereignisse sucht und in adäquatem Ausmaß darüber berichtet, kann Reputation fördern und Vertrauen erzeugen. Dies schöpft das Potenzial aus

Corporate Social Responsibility letztlich nicht aus. Das Motiv, den Erwartungen der Kunden oder Mitarbeiter zu entsprechen und dadurch Kunden- und Mitarbeiterbeziehungen zu stabilisieren, um Kosten- oder Leistungsvorteile zu erschließen, erfordert mehr Engagement. Das systematische Erzielen eines derartigen Mehrwerts benötigt eine gezielte Steuerung der Aktivitäten. Diese Steuerung bedarf der Kommunikation, geht aber letztlich darüber hinaus.

4.2 Corporate Social Responsibility zum Erreichen von Wettbewerbsvorteilen

An dieser Stelle setzt die Betrachtung von Wettbewerbsvorteilen ein. Diese gelten als der Mehrwert, den ein Unternehmen im Vergleich zu seinen Wettbewerbern für Kunden bietet. Ein Wettbewerbsvorteil stiftet Nutzen, welcher im akzeptablen Verhältnis zum Preis steht (Hungenberg 2014, S. 195 ff.). Dieser Nutzen kann neben objektiven stofflich-technischen Produkteigenschaften auch einen (Zusatz-)Nutzen aus sozialer Sphäre sein, z. B. die Wahrnehmung gesellschaftlicher Verantwortung und somit CSR.

Hier greift eine klassische, ökonomische Interpretation des Marketings. Marketing wird als systematischer Entscheidungs- und Gestaltungsprozess verstanden. In diesem Prozess wird die Berücksichtigung von Kundeninteressen sichergestellt, um dadurch die Unternehmensziele zu erreichen. Kundenorientierung verfolgt somit einen primär ökonomischen Zweck (Meffert et al. 2015, S. 10). Dies kann über ein Marketing als duales Führungskonzept erreicht werden, in dem Marketing als Funktion innerhalb der Unternehmensorganisation spezifische Kompetenzen zur kundenorientierten Prozessgestaltung entwickelt (z. B. Markenführung, Kundenbindung, Ausgestaltung des Marketingmixes). Zudem wird Marketing als Leitkonzept der Unternehmensführung verstanden. Das heißt als marktorientierte Koordination aller betrieblichen Funktionsbereiche gilt es, das gesamte Unternehmen auf die Bedürfnisse der Kunden auszurichten (Meffert et al. 2015, S. 13 f.). Zu den Kernaufgaben des Marketings zählen die Kundengewinnung und -bindung, aber auch das Entwickeln kundenorientierter Leistungsangebote (Meffert et al. 2015, S. 19).

Damit lassen sich Wettbewerbsvorteile zunächst im Produktmanagement erzielen. Produktmanagement, verstanden als Prozess der Planung, Steuerung und Kontrolle eines Produktes von seiner Entstehung bis hin zum Ausscheiden aus dem Markt, gilt als zentrales Element unternehmerischer Aktivitäten. Zu den Hauptaufgaben zählen das Management bereits eingeführter und neuer Produkte sowie ein Markenmanagement (Weber 2015, S. 2 ff.). Der Marketingmix bietet einen systematischen Gestaltungsansatz und bildet die Gesamtheit der eingesetzten Marketingmaßnahmen ab. Der Marketingmix umfasst in seiner klassischen Form die sogenannten 4P: Product als Leistungs- und Programmpolitik, Price als Preis- und Konditionenpolitik, Place als Distributionspolitik sowie Promotion als Kommunikationspolitik (Meffert et al. 2015, S. 22, 780) (vgl. Abb. 7).

Im Rahmen der Leistungspolitik wird zunächst die objektive Produktqualität unter Berücksichtigung von Nachhaltigkeitsaspekten gestaltet, z. B. ökologieorientierte Produkte

- **Leistungspolitik**
  - Alle Maßnahmen, die sich auf die Gestaltung der Leistungen beziehen, die ein Unternehmen im Absatzmarkt anbietet.
  - Leistungen mit Grund- und Zusatznutzen
  - Objektive CSR-Qualitätsstandards der Nachhaltigkeit
  - Darstellung der CSR-Standards über Label (z.B. Fair Trade, Bio)
  - Zusatznutzen für Kunden über soziale Anerkennung durch das Demonstrieren gesellschaftlicher Verantwortung bei der Kaufentscheidung
- **Preispolitik**
  - Regelungen über das Entgelt des Leistungsangebotes, über mögliche Rabatte sowie Lieferungs-, Zahlungs- und Kreditierungsbestimmungen
  - Sozial orientierte Preisdifferenzierung, Sonderkonditionen und Rabatte, Zahlungsweisen und Kreditierung
- **Distributionspolitik**
  - Gesamtheit aller Aktivitäten, welche die Verteilung der Leistungen vom Hersteller zum Konsumenten betreffen.
  - Absatzmittler (z.B. Groß- und Einzelhändler) und Absatzhelfer (z.B. Speditionen) unterstützen diesen Prozess.
  - Ökologie- und sozialorientierte Auswahl von Absatzwegen, Absatzmittlern, Absatzhelfern
- **Kommunikationspolitik**
  - Die systematische Ausgestaltung aller Kommunikationsmaßnahmen des Unternehmens im Hinblick auf relevante Zielgruppen
  - Stakeholderorientierte Kommunikation von CSR
  - Vertrauensmanagement durch CSR

Abb. 7 Ausgewählte CSR-Ausgestaltungsmöglichkeiten des Marketingmixes. (Quelle: eigene Darstellung)

durch umweltfreundliche Einsatzstoffe und Produktionsweisen. Diese Ausrichtung kann über Gütesiegel dem Kunden kommuniziert werden. Neben dem Grundnutzen der Leistungen besteht zudem Raum für Zusatznutzen, z. B. soziale Anerkennung für Kunden durch das Demonstrieren gesellschaftlicher Verantwortung bei der Kaufentscheidung. Im Rahmen der Preispolitik können sozialorientierte Preisdifferenzierungen erfolgen, z. B. ein höherer Preis für Produkte mit einem gesellschaftlichen Zusatznutzen oder ein günstigerer Preis als soziales Engagement des Unternehmens. Dies kann um eine sozialorientierte Rabatt- und Konditionenpolitik sowie Zahlungs- und Kreditierungspolitik ergänzt werden. Die Distributionspolitik kann z. B. soziale Einrichtungen als Absatzmittler einbinden bzw. eine Ökologieorientierung durch regionale Beschaffung und kurze Distributionswege zeigen. Die Kommunikationspolitik dient der Verbreitung der Nachhaltigkeitsaspekte. Die subjektive Wahrnehmung von verantwortungsorientierten Produktversprechen fällt ebenso in ihr Aufgabenfeld wie die Ausgestaltung eines Vertrauensmanagements und der Stakeholderkommunikation.

So schafft beispielsweise Patagonia als Hersteller von Outdoorbekleidung über Kommunikation Transparenz über die in der Herstellung verwendeten Materialien (Naturfasern, Bio-Baumwolle und eine Vielzahl an Recyclingmaterialien) sowie über die Lieferkette einschließlich der Rücknahme der Waren nach Gebrauch (Patagonia 2016).

Eine weiterer Weg, um sich über die Ausgestaltung des Produktmanagements von Wettbewerbern abzugrenzen, bildet das Entwickeln starker Marken (Schmidt 2015, S. 3). Gemäß Bruhn (2004) werden Leistungen als Marke bezeichnet, welche sich neben einer unterscheidungsfähigen Markierung durch ein systematisches Absatzkonzept im Markt ein Qualitätsversprechen geben, das eine dauerhaft werthaltige, nutzenstiftende Wirkung erzielt und bei der relevanten Zielgruppe in der Erfüllung der Erwartungen einen nachhaltigen Erfolg im Markt realisiert bzw. realisieren kann (siehe Abb. 8). Starke Marken

Abb. 8 Anknüpfungspunkte
für CSR bei der Produkt-
gestaltung. (Quelle: eigene
Darstellung)

Marketing-Mix	Markenmanagement
• Produktpolitik	• Product Branding
• Preispolitik	• Employer Branding
• Distributionspolitik	• Corporate Branding
• Kommunikationspolitik	

unterscheiden sich von schwachen Marken nur durch positive Emotionen (Esch und Möll 2009, S. 29). Marken müssen daher neben dem objektiven Qualitätsversprechen auch emotionale Versprechen einlösen. Die Einzigartigkeit einer Marke kann folglich durch ein Einbinden gesellschaftlicher Verantwortung als Versprechen unterstützt werden.

Markenführung bzw. Brandmanagement hat die Aufgabe, Marken mit einer unverwechselbaren Identität zu schaffen (Schmidt 2015, S. 23 ff.; Meffert 2005). So entwickelt z. B. Patagonia eine konsequente CSR-Marke für Outdoorbekleidung (Patagonia 2016). Baumgarth und Binckebanck (2011, S. 202 f.) entwickelten ein CSR-Markenmanagementmodell. Hierbei wird die CSR-Markenidentität in Übereinstimmung mit der Markenpositionierung, der Unternehmenskultur und dem tatsächlichen Verhalten gestaltet. Corporate-Social-Responsibility-Marken entstehen dabei durch Kommunikation mit internen und externen Stakeholdern. Starke (CSR-)Marken bieten die Chance, Krisen und Skandale schneller und mit geringerem Schaden zu überwinden. So hat offensichtlich Uli Hoeneß eine derart starke Marke aufgebaut, dass er bereits während seiner Haftstrafe als Freigänger für die Jugendarbeit des FC Bayern München engagiert wurde. Eine möglicherweise fehlende Vorbildfunktion für Jugendliche wurde von der Marke Hoeneß überlagert (Rosner 2015).

Ein Aufbau von Marken erfolgt im Hinblick auf einzelne Stakeholder. So zielt ein Employer Branding auf aktuelle und potenzielle Mitarbeiter ab, während Produktmarken aktuelle und potenzielle Kunden fokussieren. Unternehmensmarken nehmen eine übergeordnete Position ein, welche von Kunden, Mitarbeiter, aber auch von Shareholdern wahrgenommen werden.

Employer Branding zwischen Personalmarketing und CSR kann als Teil integrierter Unternehmenskommunikation verstanden werden. Es dient dazu, sich durch Aufbau eines attraktiven Images als Arbeitgeber gezielt zu vermarkten. Eine Positionierung der Employer Brand soll vorgelagerten Marketingentscheidungen folgen, um letztlich ein einheitliches Bild von einem Unternehmen an verschiedene Stakeholder zu vermitteln. Die Kommunikation von Images erfolgt durch den Einsatz von Marketinginstrumenten, z. B. Werbung, PR, Events, Sponsoring, Internet und persönliche Kommunikation. Inhaltlich können u. a. Informationen zur Organisation, Tätigkeit, Unternehmenskultur und -klima vermittelt werden. Als Ansätze für ein verantwortungsvolles und effektives Employer Branding bietet sich ein Austausch mit gegenwärtigen Mitarbeitern ebenso wie eine Partizipation auf Zeit, z. B. im Rahmen von Praktika. Ein Realistic Job Preview, der die tatsächlichen Anforderungen der Tätigkeit beschreibt, ergänzt dies (von Walter et al. 2011, S. 329 ff.).

Kunden honorieren die Wahrnehmung gesellschaftlicher Verantwortung z. B. mit Markenloyalität und Wiederkauf. Corporate Social Responsibility bildet einen wettbewerbsentscheidenden Faktor, in dem Unternehmen in Feldern mit hoher öffentlicher Aufmerksamkeit ihre gesellschaftliche Verantwortung wahrnehmen. Corporate-Social-Responsibility-Marken versprechen Produkte, die mit umweltfreundlichen Materialien und Produktionstechnologien unter Berücksichtigung sozialer Nachhaltigkeit hergestellt wurden. Dies betrifft beispielsweise ethische Standards für Zulieferer, ökologische Aspekte der Produktion, soziale Aspekte der Arbeitssituationen (Etter und Fieseler 2011). Auch im Hinblick auf Shareholder lassen sich derartige gesellschaftliche Aspekte nutzen. Socially Responsible Investments stellen eine zunehmend wichtige Anlageform dar, die sowohl finanzielle als auch ethische Kriterien berücksichtigt (Etter und Fieseler 2011). Ebenso wie bei den Produktmarken umfasst dies eine Einbindung ethischer Ansprüche auf verschiedenen Unternehmensbereichen.

Eine Verankerung im Unternehmen erfolgt beim Ausgestalten des Marketingmixes zunächst im Produktmarketing. Eine CSR-Markenführung muss im Hinblick auf die relevanten Stakeholder betrachtet werden. Während sich ein Employer Branding im Personalmarketing organisatorisch einbinden lässt, kann eine Produktmarke im Produktmarketing entwickelt werden. Eine Verankerung gesellschaftlicher Verantwortung als Produkt- oder Unternehmenseigenschaft geht dann über eine Marketingaufgabe hinaus und erstreckt sich auf viele, wenn nicht alle Unternehmensbereiche, z. B. Beschaffung, Produktion oder auch Produktentwicklung. So kann dies dazu führen, dass Innovationen bei der Lösung sozialer Probleme vorangetrieben werden, wodurch sich wiederum neue Geschäftsfelder für die Unternehmen eröffnen (Borger und Kruglianskas 2006). Wenngleich auch ein Corporate Branding zunächst als Kommunikationsprozess verstanden werden kann, so umfasst gesellschaftsorientierte organisationale Markenbildung ein Ausbalancieren von Strategie, organisationaler Identität sowie den Vorstellungswelten der Stakeholder (Liebl 2011, S. 321 f.).

4.3 Corporate Social Responsibility als integraler Bestandteil des strategischen Managements

Dieses Ausbalancieren von Elementen der Unternehmensführung sowie die Ausweitung auf weitere Funktionsbereiche im Unternehmen erfordert eine umfassende Betrachtungsweise. Strategisches Management als ganzheitlicher Ansatz der Unternehmensführung leistet dies. Letztlich kann ein Unternehmen erst auf dieser Ebene der Forderung von CSR gerecht werden, als weitreichende Investition und Instrument der Unternehmenssteuerung zu wirken, wodurch das Erreichen nachhaltigen Erfolges und einer Win-win-Situation für Unternehmen und Gesellschaft möglich wird (Grewe und Löffler 2006, S. 4). Die steigende Bedeutung der Stakeholdertheorie kann als Startpunkt für die Etablierung von gesellschaftlicher Verantwortung in das strategische Management betrachtet werden. Es gilt, die einzelnen Stakeholderbeziehungen auszugestalten und dabei auch die gesellschaftlichen Bedürfnisse und Ansprüche der Interessengruppen zu berücksichtigen (Etter und Fieseler 2011).

Hier greift die generische Interpretation des Marketings. Marketing wird als universelles Konzept zur Beeinflussung und als Sozialtechnik verstanden, die sich auf alle Austauschprozesse zwischen Individuen und Gruppen anwenden lässt. Transaktionen umfassen den Austausch von materiellen und auch ideellen Werten. Marketing kann als Beeinflussungstechnik dazu eingesetzt werden, Ideen zu verbreiten, die einen gesellschaftlichen Nutzen verfolgen. Marketing wird als funktionsübergreifende, marktorientierte Führungskonzeption gelebt (Kotler 1972; Meffert et al. 2015, S. 10 ff.).

Liebl nutzt den Begriff der „Strategischen CSR", worunter er eine Einbettung von CSR in die Unternehmensstrategie versteht. Dies schlägt sich über eine Einbindung ethischen Verhaltens bei der Gestaltung von Marken zunächst in den Marketingstrategien nieder. Um Authentizität zu gewährleisten, stellt er zudem die Forderung nach interner Konsistenz zum bisherigen Verhalten des Unternehmens, um Glaubwürdigkeit zu sichern. Darüber hinaus fordert er externe Konsistenz zu den Vorstellungs- und Lebenswelten der Konsumenten im Umgang mit dem Unternehmen und seinen Produkten. Liebl (2011, S. 309 f.) benennt einen strategischen Fit zwischen diesen Elementen als Erfolgsfaktor. Dies mündet in der Einbettung gesellschaftlichen Engagements in die Triade Unternehmenskommunikation, Produkt- bzw. Markenprofil sowie Corporate Mission (Liebl 2011). Diese Konfiguration erscheint aus zwei Gründen unzureichend. Zunächst wird der Ansatz mit einer Fokussierung auf Kunden dem Stakeholdergedanken nicht umfassend gerecht. Zudem bildet die Corporate Mission nur einen einzelnen Bestandteil des normativen Anteils eines strategischen Managements, was die weiteren Bestandteile ebenso vernachlässigt wie die ganzheitliche Betrachtung der drei Ebenen des strategischen Managements.

Strategisches Management umfasst alle Entscheidungen, die die grundsätzliche Unternehmensentwicklung prägen. Der Unternehmenserfolg soll über den Aufbau und die Sicherung von Wettbewerbsvorteilen durch eine adäquate Gestaltung der internen und externen Ausrichtung eines Unternehmens langfristig gesichert werden. Zu diesem Zweck erstreckt sich das strategische Management über die drei Ebenen des normativen, strategischen und operativen Managements. Auf der normativen Ebene wird das Selbstverständnis eines Unternehmens definiert. Dies findet seinen Ausdruck in der Unternehmensphilosophie, der Kultur, in Vision, Mission und Unternehmenszielen. Thommen und Achleitner binden bereits auf Unternehmensebene gesellschaftsbezogene bzw. CSR-Ziele ein (Thommen und Achleitner 2012, S. 111 ff.). Werte und Normen eines Unternehmens werden in der Unternehmensphilosophie sowie der -verfassung niedergeschrieben und in der Unternehmenskultur zum Leben erweckt. Auf der strategischen Ebene werden die gesellschaftsorientierten Ziele in die Unternehmens- bzw. Geschäftsfeldstrategien integriert und auf der operativen Ebene dann in Maßnahmen überführt (Hungenberg 2014, S. 4, 23 ff.). Gesellschaftliche Verantwortung findet somit Raum auf allen Ebenen (siehe Abb. 9).

Als Beispiel für eine Umsetzung dieser Stufe kann Patagonia angeführt werden. Dieses Unternehmen nimmt gesellschaftliche Verantwortung wahr und hat diese in ihr Geschäfts-

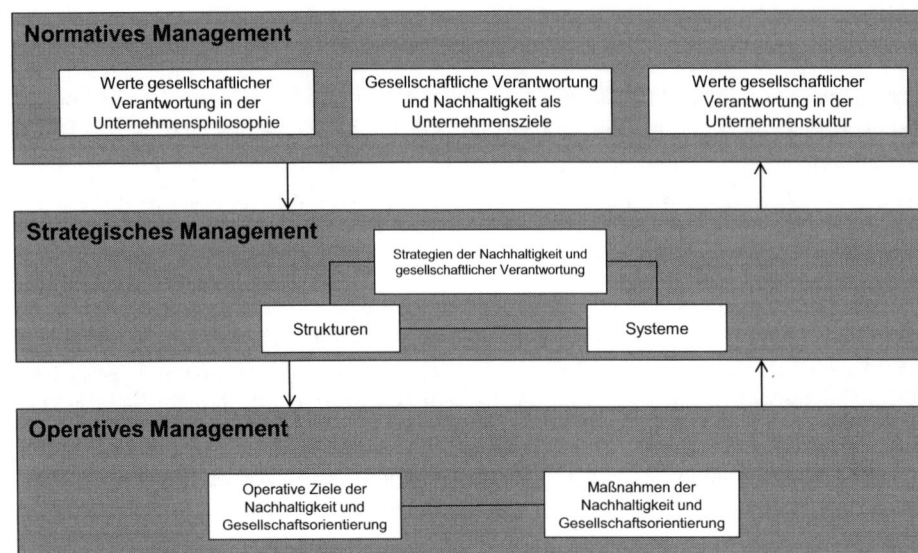

Abb. 9 Strategisches CSR-Management. (Quelle: eigene Darstellung in Anlehnung an Hungenberg 2014, S. 24)

modell integriert. Die Philosophie einer verantwortungsvollen Unternehmensführung wird offengelegt: Stelle das beste Produkt her, belaste die Umwelt dabei so wenig wie möglich, inspiriere andere Firmen, diesem Beispiel zu folgen und Lösungen zur aktuellen Umweltkrise zu finden. Daraus lässt sich eine Strategie der Qualitätsorientierung gepaart mit einer Umweltorientierung ableiten. Dies wird z. B. operativ umgesetzt in der Forderung, Kleidung lange zu tragen und zu reparieren. Reparatur- und Pflegeanleitungen werden bereitgestellt. Ebenso wird der Weiterverkauf getragener Kleidung ermöglicht. Die zurückgegebenen Patagoniaprodukte werden durch Marktpartner weiterverwertet. Im Rahmen der Stakeholderorientierung wird Sozialverantwortung entlang der Lieferkette gelebt (z. B. Fair Trade, Schutz von Wanderarbeitern, existenzsichernde Entlohnung). Als Corporate Citizen werden Förderprogramme für Umweltschutzgruppen unterstützt (mindestens 1 % des Umsatzes) und Mitarbeitern von Patagonia werden Praktika in sozialen Organisationen ermöglicht (Patagonia 2016). Damit wird die Philosophie auf alle Ebenen des strategischen Managements übertragen.

Eine derartige umfassende Betrachtung bietet die Möglichkeit einer komplexen, individuellen Einbindung von CSR in die Unternehmensführung. Dies wirkt einer einfachen Kopierbarkeit entgegen und unterstützt das Schaffen nachhaltiger Wettbewerbsvorteile. Nidumolu et al. (2009) sprechen in diesem Kontext von Raum für eine Innovation des Geschäftsmodells zum Wohl der Gesellschaft und einem Nutzen für das Unternehmen. Voraussetzung dafür wird eine Betrachtung von CSR als Denkfigur (Liebl 2011, S. 316 f.) (siehe Abb. 10).

Stufe 1: Kaum Wahrnehmung gesellschaftlicher Verantwortung	Falls zutreffend, bitte ankreuzen
Profit ist unser hauptsächlicher Unternehmenszweck.	☐
Die soziale Verantwortung liegt hauptsächlich bei anderen Institutionen, z. B. bei der Sozialgesetzgebung und sozialen Organisationen.	☐
Wir führen CSR-Kampagnen (z. B. Spendenaktionen) durch, weil alle das machen.	☐
Wir führen CSR-Kampagnen (z. B. Spendenaktionen) durch, weil andere das von uns erwarten.	☐
CSR-Kampagnen werden eher als Einzelaktionen durchgeführt.	☐
Die Kommunikation der Kampagnen ist uns wichtiger als die Kampagne selbst.	☐
Stufe 2: Gesellschaftliche Verantwortung als Wettbewerbsvorteil	Falls zutreffend, bitte ankreuzen
Wir empfinden eine gewisse Verantwortung für die Gesellschaft, die über die gesetzlichen Pflichten hinausgeht.	☐
Wir empfinden eine gesellschaftliche Verantwortung für unsere Produkte und unsere Produktionsweisen, die über die gesetzlichen Pflichten hinausgeht.	☐
Wir empfinden eine soziale Verantwortung für unsere Mitarbeiter, die über die gesetzlichen Pflichten hinausgeht.	☐
Wir binden gezielt Nachhaltigkeit und Gesellschaftsorientierung in unsere Produktgestaltung ein, z. B. bei Materialien und Produktionsweisen.	☐
Wir versuchen, über das Zeigen von Nachhaltigkeit und Gesellschaftsorientierung gezielt Kunden oder Mitarbeiter zu gewinnen und zu halten.	☐
Wir versuchen systematisch unsere CSR-Aktivitäten zu zeigen und daraus Wettbewerbsvorteile zu entwickeln (z. B. über Label oder Zertifikate).	☐
Stufe 3: Gesellschaftliche Verantwortung als integrativer Bestandteil des Unternehmens	Falls zutreffend, bitte ankreuzen
Gesellschaftliche Verantwortung ist das Fundament unseres unternehmerischen Handelns.	☐
Wir verstehen uns als Corporate Citizen, als Teil unserer Gesellschaft.	☐
Gesellschaftliche Verantwortung ist fester Bestandteil unserer Unternehmensphilosophie und wird gelebt.	☐
Gesellschaftliche Verantwortung und Nachhaltigkeit sind in unseren Unternehmenszielen integriert.	☐
Gesellschaftliche Verantwortung und Nachhaltigkeit werden über unser Stakeholdermanagement gelebt.	☐
Wir möchten unsere gesellschaftlichen Werte weitergeben und beteiligen uns aktiv, z. B. in CSR-Foren, CSR-Tagungen.	☐

Abb. 10 Positionsbestimmung der CSR-Denkhaltung. (Quelle: eigene Darstellung)

Schwer kopierbar und gleichzeitig weniger risikobehaftet wird die strategische Nutzung dann, wenn die instrumentelle Verselbständigung aufhört und CSR ihre Natur als Denkfigur wiedergewinnt (Liebl 2011, S. 323).

Die Denkfigur muss authentisch sowie glaubwürdig gestaltet sein und auf allen Ebenen gelebt werden. Dies erfordert eine Klarheit über die grundlegende Positionierung zu gesellschaftlicher Verantwortung seitens des Unternehmens und seitens der Manager. Wenn die Entscheider im Unternehmen eine reaktive Grundhaltung einnehmen und sich keiner sozialen Verantwortung bewusst sind, wird es kaum gelingen, eine konsequente Verankerung im Unternehmen umzusetzen.

Hieraus erwächst die Forderung, die erforderliche Denkhaltung der jeweiligen Stufe zu sichern. Eine derartige Standortbestimmung geht über die Gestaltung von gesellschaftsorientierten Werten, Normen und Zielen und deren Übertragung auf die strategische und operative Ebene hinaus. Die Position des Unternehmens muss mit der Denkhaltung der Manager auf allen Unternehmensebenen abgeglichen werden. Manager haben persönliche Werte und eine individuelle Sichtweise über das Ausmaß ihrer gesellschaftlichen Verantwortung. Bei Diskrepanzen zwischen Unternehmens- und Manager-Perspektive, insbesondere einem geringeren Ausmaß managerseitig wahrgenommener Verantwortung, kann ein Vorleben von Verantwortung und damit Authentizität und Glaubwürdigkeit problematisch werden. Abweichungen zwischen der Unternehmens- und Managerdenkhaltung können ebenso auftreten wie Differenzen zwischen den gesellschaftsorientierten Ansprüchen auf der normativen Ebene und deren Ausgestaltung auf der strategischen und operativen Ebene.

Abb. 10 zeigt ein Modell zur Einschätzung der Denkstruktur. Hierbei kann die Denkhaltung von Unternehmen und auch einzelnen Managern auf allen Ebenen des Unternehmens betrachtet werden. Nur wenn die Fragen der Stufe drei mehrheitlich bejaht werden, kann von einer echten Integration von CSR in das Unternehmen ausgegangen werden.

Das Entwickeln der CSR-Denkfigur auf Unternehmensebene ist ebenso wie die Ergründung und Einordnung der Managerdenkhaltung ein kommunikativer Prozess im Sinne Ulrichs (2009). Eine Weiterentwicklung des Selbstverständnisses gesellschaftlicher Verantwortung sowohl auf Unternehmens- als auch auf Managerebene wird insbesondere bei erfolgreichen CSR-Aktivitäten möglich. In einem Lernprozess können die Erfolgspotenziale der einzelnen CSR-Stufen ebenso wie der Zusammenhang zwischen dem gleichzeitigen Erzielen gesellschaftlichen wie ökonomischen Nutzens erkannt werden. Die Denkfigur entwickelt sich mit der Wahrnehmung erfolgreicher CSR-Beiträge. Hier kann interne Kommunikation durch Verbreitung von Informationen über die intendierte Denkhaltung einen Beitrag leisten. Damit fällt das (Weiter-)Entwickeln der Denkfigur als Kernaufgabe im Sinne eines Managements von Austauschprozessen dem internen Marketing zu.

5   Erfolgreich im CSR-Entwicklungsprozess

Der dreistufige Ansatz des CSR-Status spiegelt das Ausmaß an wahrgenommener gesellschaftlicher Verantwortung sowie deren reaktive bzw. proaktive Wahrnehmung durch die Unternehmen sowie die Manager wider. Der Weg von einer kaum wahrgenommenen echten Verantwortung über eine wettbewerbsorientierte, ökonomisch begleitete Verantwortung bis hin zum Integrieren von gesellschaftlicher Verantwortung in das gesamte Unternehmen wurde auf theoretischer Basis entwickelt. Jede Phase zeichnet sich durch eine spezifische Denkhaltung aus.

Dieser dreistufige Entwicklungsprozess ermöglicht einen Implementierungsgrad von CSR, welcher der jeweiligen Denkhaltung entspricht. Auf einer ersten Stufe dient CSR zunächst lediglich der Erfüllung von externen Erwartungen. Im Rahmen eines Greenwashings kann sich in ein Erzielen von Vertrauen und Glaubwürdigkeit zur Imagesteigerung des Unternehmens weiterentwickeln. Das Erzeugen von Wettbewerbsvorteilen durch CSR steht im Fokus der zweiten Stufe. Letztlich zeichnet sich erst die dritte Stufe durch eine umfassende Einbindung von CSR im gesamten Unternehmen und damit ein echtes Leben von gesellschaftlicher Verantwortung aus.

Je nach CSR-Denkhaltung und damit CSR-Stufe werden spezifische Marketingkonzepte und -instrumente benötigt. Corporate-Social-Responsibility-Kommunikation dient zunächst zum Aufbau von Vertrauen und Glaubwürdigkeit über ein Reputationsmanagement. Beim Erschließen von Wettbewerbsvorteilen kann CSR Bestandteil eines Produktmanagement werden und über einen Marketingmix oder ein Markenmanagement gestaltet werden. Die Einbindung in die strategische Unternehmensführung erfordert wiederum eine systematische Integration in die normative, strategische und operative Ebene des Managements sowie ein Relationship-Marketing mit den Stakeholdern. Somit ist die erfolgreiche Umsetzung von CSR stark von erfolgreichen und zur Stufe passenden Marketingkonzepten abhängig.

Bei wachsenden Erfahrungen mit dem Erfolgspotenzial von CSR kann sich die Denkhaltung weiterentwickeln. Eine Weiterentwicklung wird zudem von sich ändernden Rahmenbedingungen und äußerem kulturellem Wandel ausgelöst. Dies führt zu Veränderungen in der Akzeptanz, Verständnis und Integration von CSR in das Geschäftsmodell (Maon et al. 2010). Der Status quo der Denkhaltung – sowohl der unternehmensseitig intendierten Denkhaltung als auch der tatsächlichen Einschätzung durch die einzelnen Manager auf allen Unternehmensebenen – kann über das Instrument in Abb. 10 auf pragmatische Weise erfolgen. Ein erfolgreiches Beschreiten der nächsten CSR-Stufe muss von Marketingkonzepten und -maßnahmen begleitet werden. Jeder neue Schritt erfordert interne und externe Kommunikation. Interne wie externe Stakeholder müssen die Veränderungen in der CSR-Denkfigur kennenlernen und mittragen. Dies dient der Orientierung, Legitimation und der Steuerung von Erwartungen. So kann CSR authentisch gelebt und weiterentwickelt werden.

Auch die Marketingforschung kann in diesem Kontext profitieren. Die empirischen Analysen des Zusammenhangs zwischen der Wahrnehmung gesellschaftlicher Verantwortung und ökonomischem Unternehmenserfolg sind bislang widersprüchlich. In Metaanalysen konnte ein überwiegend positiver Zusammenhang aufgezeigt werden. Es zeigt sich, dass insbesondere vorökonomische Faktoren eine Erfolgswirkung entfalten (Etter und Fieseler 2011). Die mangelnde Eindeutigkeit der empirischen Befunde wird neben der problematischen Operationalisierbarkeit der Konstrukte auf eine Vielzahl möglicher Kontextfaktoren gepaart mit komplexen zeitlichen Wirkstrukturen zurückgeführt (Liebl 2011). Liebl (2011) empfiehlt bei der Entwicklung von Erfolgsparametern die Berücksichtigung von situativen und unternehmensspezifischen Kontextfaktoren. Somit kann die Einbindung der aktuellen CSR-Denkhaltung von Unternehmen und Managern sowie die Implementierung im Marketing als Variablenbündel in zukünftigen Forschungsprojekten ein stärker differenziertes Bild des Zusammenhangs zwischen Erfolg und CSR ermöglichen.

Folglich nimmt Marketing in der Umsetzung und Entwicklung von Corporate Social Responsibility sowohl in der Unternehmenspraxis als auch in der Forschung einen wichtigen Stellenwert ein. Auf allen Stufen muss das Marketing spezifisch ausgestaltet sein, ebenso wie es bei der Weiterentwicklung auf eine nächste CSR-Stufe wertvolle Beiträge leistet. Durch den Einsatz von geeigneten Marketingkonzepten und -instrumenten kann der Weg von CSR zu einem Erfolgskonzept gesellschaftlich verantwortungsvoller Unternehmen geebnet werden.

Literatur

Altmeppen K-D (2011) Journalistische Berichterstattung und Media Social Responsibility: Über die doppelte Verantwortung von Medienunternehmen. In: Raupp J, Jarolimek S, Schultz F (Hrsg) Handbuch CSR, Kommunikationswissenschaftliche Grundlagen, disziplinäre Zugänge und methodische Herausforderungen. VS, Wiesbaden, S 247–266

Baumgarth C, Binckebanck L (2011) Glaubwürdige CSR-Kommunikation durch eine identitätsbasierte CSR-Markenführung: Forschungsstand und konzeptionelles Modell. Umweltwirtschaftsforum 19(3):199–205

Bea FX, Haas J (2013) Strategisches Management. UVK, Konstanz, München

Bentele G, Nothhaft H (2011) Vertrauen und Glaubwürdigkeit als Grundlage von Corporate Social Responsibility: Die (massen-)mediale Konstruktion von Verantwortung und Verantwortlichkeit. In: Raupp J, Jarolimek S, Schultz F (Hrsg) Handbuch CSR, Kommunikationswissenschaftliche Grundlagen, disziplinäre Zugänge und methodische Herausforderungen. VS, Wiesbaden, S 45–70

Borger F, Kruglianskas I (2006) Corporate social responsibility and environmental and technical innovation performance: case studies of brazilian companies. Int J Technol Policy Manag 4(6):399–412

Breitinger M (2016) Der Abgasskandal, In: Zeit Online. http://www.zeit.de/wirtschaft/diesel-skandal-volkswagen-abgase. Zugegriffen: 12. Jun. 2016

Bruhn M (2004) Was ist eine Marke? Aktualisierung der Definition der Marke. Jahrbuch der Absatz- und Verbrauchsforschung, Bd. 50, Nr. 1., S 4–30

Carroll AB (1991) The pyramid of social responsibility: toward the moral management of organizational stakeholders. Bus Horiz 34(4):39–48

Delmas MA, Burbano VC (2011) The drivers of greenwashing. Calif Manage Rev 54(1):64–87

Drucker P (1984) The new meaning of corporate social responsibility. Calif Manage Rev 26:53–63

Drucker P (1985) Innovations-Management für Wirtschaft und Politik. ECON, Düsseldorf

Drucker P (1986) Management: tasks, responsibilities, practices. Truman Talley Books, New York

Drucker P (1996) Umbruch im Management, Was kommt nach dem Reengineering? ECON, Düsseldorf

Drucker P (1998) Die Praxis des Managements, ein Leitfaden für die Führungsaufgaben in der modernen Wirtschaft, 6. Aufl. ECON, Düsseldorf

Eisenegger M, Schranz M (2011) CSR – Moralisierung des Reputationsmanagements. In: Raupp J, Jarolimek S, Schultz F (Hrsg) Handbuch CSR, Kommunikationswissenschaftliche Grundlagen, disziplinäre Zugänge und methodische Herausforderungen. VS, Wiesbaden, S 71–96

Elkington J (1997) Cannibals with forks: the triple bottom line of 21st century. John Wiley, New Jersey

Esch FR, Möll T (2009) Marken im Gehirn = Emotion pur. Konsequenzen für die Markenführung. In: Esch FR, Armbrecht W (Hrsg) Best Practice der Markenführung. Gabler, Wiesbaden, S 22–35

Etter M, Fieseler C (2011) Die Ökonomie der Verantwortung – eine wirtschaftswissenschaftliche Perspektive auf CSR. In: Raupp J, Jarolimek S, Schultz F (Hrsg) Handbuch CSR, Kommunikationswissenschaftliche Grundlagen, disziplinäre Zugänge und methodische Herausforderungen. VS, Wiesbaden, S 269–280

Europäische Kommission, Generaldirektion Beschäftigung und Soziales (2001) Grünbuch Europäische Rahmenbedingungen für die soziale Verantwortung der Wirtschaft. Europäische Kommission, Generaldirektion Beschäftigung und Soziales, Luxemburg

Fayol H (1916) Administration industrielle et générale. Dunod, Paris

Fetzer J (2004) Die Verantwortung der Unternehmung. Gütersloher Verlagshaus, Gütersloh

Fieseler C (2008) Die Kommunikation von Nachhaltigkeit: Gesellschaftliche Verantwortung als Inhalt der Kapitalmarktkommunikation. VS, Wiesbaden

Fombrun CJ (1996) Reputation, realizing value from the corporate image. Harvard Business School Press, Boston

Friedman M (1970) The Social Responsibility of Business is to Increase its Profit. The New York Times magazine, Sept 13, S 122–126

Gazdar K (2006) Das Good Company Ranking im internationalen Vergleich. In: Gazdar K, Habisch A, Kichhoff KR, Vaseghi S (Hrsg) Erfolgsfaktor Verantwortung. Springer, Berlin, S 51-58

Gillespie E (2009) Stemming the tide of "greenwash". Consum Policy Rev 18(3):79–83

Göbel E (2013) Unternehmensethik. UVK, Konstanz, München

Grewe W, Löffler J (2006) Aspekte der CSR aus Wirtschaftsprüfersicht. In: Gazdar K, Habisch A, Kirchhoff KR, Vaseghi S (Hrsg) Erfolgsfaktor Verantwortung. Springer, Berlin, S 3–11

Hoffjann O (2011) PR-Beratung und Corporate Social Responsibility. In: Raupp J, Jarolimek S, Schultz F (Hrsg) Handbuch CSR, Kommunikationswissenschaftliche Grundlagen, disziplinäre Zugänge und methodische Herausforderungen. VS, Wiesbaden, S 229–246

Homann K (1993) Wirtschaftsethik – Die Funktion der Moral in der modernen Wirtschaft. In: Wieland J (Hrsg) Wirtschaftsethik und die Theorie der Gesellschaft. Suhrkamp, Frankfurt am Main, S 32–34

Homann K, Blome-Drees F (1992) Wirtschafts- und Unternehmensethik. Vandenhoeck & Ruprecht, Göttingen

Homann K, Lütge C (2013) Einführung in die Wirtschaftsethik, 3. Aufl. LIT, Berlin

Huck-Sandhu S (2011) Corporate Social Responsibility und internationale Public Relations. In: Raupp J, Jarolimek S, Schultz F (Hrsg) Handbuch CSR, Kommunikationswissenschaftliche Grundlagen, disziplinäre Zugänge und methodische Herausforderungen. VS, Wiesbaden, S 205–228

Hungenberg H (2014) Strategisches Management in Unternehmen, Ziele – Prozesse – Verfahren, 8. Aufl. Springer Gabler, Berlin

Jung RH, Bruck J, Quarg S (2013) Allgemeine Managementlehre, Lehrbuch für die angewandte Unternehmens- und Personalführung, 5. Aufl. Schmidt, Berlin

Karmasin M, Weder F (2008) Organisationskommunikation und CSR, Neue Herausforderungen an Kommunikationsmanagement und PR. LIT, Wien, Münster

Kirchhoff KR (2006) CSR als strategische Herausforderung. In: Gazdar K, Habisch A, Kirchhoff KR, Vaseghi S (Hrsg) Erfolgsfaktor Verantwortung. Springer, Berlin, S 13–33

Kotler P (1972) A generic concept of marketing. J Mark 36:46–54

Kotler P, Armstrong G, Wong V, Saunders J (2011) Grundlagen des Marketing, 5. Aufl. Pearson, München

Krames JA (2013) Peter Druckers kleines Weißbuch, Quintessenzen aus dem Leben eines außergewöhnlichen Denkers. Redline Verlag, München

Laufer WS (2003) Social accountability and social greenwashing. J Bus Ethics 43:253–261

Leschke M (2012) Milton Friedman: Nicht nur ein Monetarist. Wirtschaftsdienst 92(8):541–546

Liebl F (2011) Corporate Social Responsibility aus Sicht des strategischen Managements. In: Raupp J, Jarolimek S, Schultz F (Hrsg) Handbuch CSR, Kommunikationswissenschaftliche Grundlagen, disziplinäre Zugänge und methodische Herausforderungen. VS, Wiesbaden, S 305–326

Luhmann N (2000) Vertrauen: Ein Mechanismus zur Reduktion sozialer Komplexität. Lucius & Lucius, Stuttgart

Maon F, Lindgreen A, Swaen V (2010) Organizational stages and cultural phases: a critical review and a consolidative model of corporate social responsibility development. Int J Manag Rev 12(1):20–38

Meffert H (2005) Markenmanagement: identitätsorientierte Markenführung und praktische Umsetzung, 2. Aufl. Gabler, Wiesbaden

Meffert H, Burmann C, Kirchgeorg M (2015) Marketing, Grundlagen marktorientierter Unternehmensführung, Konzepte – Instrumente – Praxisbeispiele, 12. Aufl. Springer Gabler, Wiesbaden

Mintzberg H (1973) The nature of managerial work. Harper & Row, New York

Neuhäuser C (2011) Verantwortung. In: Stoecker R, Neuhäuser C, Raters M-L (Hrsg) Handbuch Angewandte Ethik. J.B. Metzler, Stuttgart, S 120–125

Nidumolu R, Prahalad CK, Rangaswami MR (2009) Why sustainability is now the key driver of innovation. Harv Bus Rev 87(9):56–64

Patagonia (2016) Unternehmensphilosophie und Technologie, Unternehmenshomepage. http://eu.patagonia.com/deDE/home. Zugegriffen: 15. Jun. 2016

Priddat BP (2009) Kann es ‚Wirtschaftsethik' geben? – ein Zustandsberichtsversuch. Z Wirtschaft Unternehmensethik 10(3):341–357

Ramus CA, Montiel I (2005) When are corporate environmental policies a form of greenwashing? Bus Soc 44(4):377–414

Raupp J, Jarolimek S, Schultz F (2011) Corporate Social Responsibility als Gegenstand der Kommunikationsforschung. In: Raupp J, Jarolimek S, Schultz F (Hrsg) Handbuch CSR, Kommunikationswissenschaftliche Grundlagen, disziplinäre Zugänge und methodische Herausforderungen. VS, Wiesbaden, S 9–18

Robbins SP, Coulter M, Fischer I (2014) Management, Grundlagen der Unternehmensführung, 12. Aufl. Pearson, Hallbergmoos

Rosner M (2015) Neue Aufgabe für Uli Hoeneß, FC Bayern will auch in der Jugendarbeit Spitze werden. Berliner Zeitung, 5.1.15

Rüegg-Stürm J (2003) Das neue St. Galler Management-Modell, 2. Aufl. Haupt, Bern u.a.

Rühli E (1996) Unternehmensführung und Unternehmenspolitik, 3. Aufl. Bd. 1. UTB, Bern

Sarges W (1990) Management-Diagnostik. Hogrefe, Göttingen, Toronto, Zürich

Schmidt HJ (2015) Markenführung. Gabler, Wiesbaden

Schmitt J, Röttger U (2011) Corporate Responsibility-Kampagnen als integriertes Kommunikationsmanagement. In: Raupp J, Jarolimek S, Schultz F (Hrsg) Handbuch CSR, Kommunikationswissenschaftliche Grundlagen, disziplinäre Zugänge und methodische Herausforderungen. VS, Wiesbaden, S 173–187

Schreyögg G, Koch J (2015) Grundlagen des Managements, 3. Aufl. Springer Gabler, Wiesbaden

Staehle WH, Conrad P, Sydow J (1999) Management – eine verhaltenswissenschaftliche Perspektive, 8. Aufl. Vahlen, München

Steinmann H, Schreyögg G, Koch J (2013) Management, Grundlagen der Unternehmensführung, 7. Aufl. Springer Gabler, Berlin

Suchanek A (2010) Die Verantwortung von Unternehmen in der Gesellschaft. In: Braun S (Hrsg) Gesellschaftliches Engagement von Unternehmen, Der deutsche Weg im internationalen Kontext. VS, Wiesbaden, S 37–49

Thommen J-P, Achleitner A-K (2012) Allgemeine Betriebswirtschaftslehre, 7. Aufl. Springer Gabler, Wiesbaden

Ulrich P (1986) Transformation der ökonomischen Vernunft. Haupt, Bern

Ulrich P (1988) Wirtschaftsethik als Wirtschaftswissenschaft, Beiträge und Berichte des Instituts für Wirtschaftsethik. ohne Verlag, St. Gallen

Ulrich P (2008) Integrative Wirtschaftsethik. Haupt, Bern

Ulrich P (2009) Integrative Wirtschaftsethik: Grundlagenreflexion der ökonomischen Vernunft. Ethik Sozialwiss 11(4):555–555

Von Walter B, Tomczak T, Wentzel D (2011) Wege zu einem effektiven und verantwortungsvollen Employer Branding. In: Raupp J, Jarolimek S, Schultz F (Hrsg) Handbuch CSR, Kommunikationswissenschaftliche Grundlagen, disziplinäre Zugänge und methodische Herausforderungen. VS, Wiesbaden, S 327–343

Weber T (2015) Das Spannungsfeld von CSR und Produktmanagement. In: Weber T (Hrsg) CSR und Produktmanagement, Langfristige Wettbewerbsvorteile durch nachhaltige Produkte. Springer Gabler, Berlin, Heidelberg, S 1–25

Weber WW (2009) Peter Drucker – der Mann, der das Management geprägt hat. Sordon, Göttingen

Weitz B-O (2010) Bedeutende Ökonomen. De Gruyter Oldenbourg, München

Wöhe G, Döring U (2010) Einführung in die Allgemeine Betriebswirtschaft, 24. Aufl. Vahlen, München

Zimmerli WC, Aßländer MS (2005) Wirtschaftsethik. In: Nida-Rümelin J (Hrsg) Angwandte Ethik – Die Bereichsethiken und ihre theoretische Fundierung, 2. Aufl. Alfred Kröner Verlag, Stuttgart, S 302–384

Ehrbarer Kaufmann oder verantwortungsvoller Unternehmer? Mythen, Spannungen und Interessenkonflikte im Umgang mit Verantwortung im Marketing

Lutz Becker und Amit Ray

> *Krieg, Handel und Piraterie – dreieinig sind sie, nicht zu trennen!*
> *(Mephisto in Goethes „Faust")*
> *There is no alternative (Margaret Thatcher)*

1 Einleitung

Als diese Zeilen entstehen, ist ein feucht-heißer Sommertag, der dazu einlädt, nach dem Gang zur Mensa noch ein Eis auf die Hand zu nehmen. Leider ist uns der Appetit dabei gründlich vergangen. Auf dem Cornetto Hörnchen von Unilever Langnese prangt unübersehbar direkt unter dem roten Langnese Herz ein vergleichbar großes Siegel „Rainforest Alliance Certified". Auf den ersten Blick sieht das Siegel mit dem grünen Frosch gut aus – der Hersteller scheint sich Gedanken zu machen. Auf den zweiten Blick wird aber deutlich, dass damit allein der Kakaoanteil gemeint ist. Beim dritten Blick auf die Zutatenliste entdecken wir weit oben Kokosfett und Palmöl – offenkundig keines Siegels würdig. Wenn denn nur ein kleiner Inhaltsteil des Gesamtproduktes zertifiziert ist, und dann noch mit einem Siegel, das die Organisation Oxfam als Etikettenschwindel anprangert (Zeit Online 2016), ist es dann legitim, so prominent damit zu werben? Wird da nicht die Grenze zu Greenwashing im Spagat überschritten? Oder noch schlimmer: Werden wir als Kunde eigentlich nicht ernst genommen?

Ist nicht ein bisschen verantwortungsvoll, wie ein bisschen schwanger? Wer solche und weitere kritische Beispiele in der Verbraucherkommunikation sucht, wird auf dem

L. Becker (✉) · A. Ray
Fachbereich Wirtschaft & Medien, Hochschule Fresenius
Im MediaPark 4c, 50670 Köln, Deutschland
E-Mail: lutz.becker@hs-fresenius.de

A. Ray
E-Mail: amit.ray@hs-fresenius.de

© Springer-Verlag GmbH Deutschland 2017
C. Stehr und F. Struve (Hrsg.), *CSR und Marketing*,
Management-Reihe Corporate Social Responsibility, DOI 10.1007/978-3-662-45813-6_3

Portal lebensmittelklarheit.de des Bundesverbandes der Verbraucherzentralen und Verbraucherverbände – Verbraucherzentrale Bundesverband e. V. (vzbv 2016) leider auch viel zu schnell fündig.

2   Nun sag, wie hast du's mit der Verantwortung?

Im Aufeinandertreffen von CSR und Marketing – im Folgenden nicht als betriebliche Funktion verstanden, sondern als marktorientierte Unternehmensführung im Sinne einer Ausrichtung der Unternehmensaktivitäten auf den Markt (Becker 1994) respektive auf die Kundenbeziehung – entsteht ein spannungsgeladenes Feld, da das Thema Corporate Social Responsibility in den vergangenen Jahren eindeutig ex negativo zu dem geworden ist, was es heute ist (Lautermann und Pfriem 2011). Deutsche und europäische Unternehmen machen, wenn es um CSR geht, weit weniger mit überzeugenden Zukunftsstrategien auf sich aufmerksam als mit der bunt-schrillen Verpackung längst überholter Konzepte; Volkswagen und RWE sollten uns da eine Mahnung sein.

Bei der Betrachtung real existierender CSR-Strategien und deren Umsetzung am Markt stellt sich immer die Gretchenfrage, in welchem Bezug Marketing und CSR überhaupt stehen. Einmal abgesehen von einem möglichen Generalverdacht, dass Nebelkerzen geworfen und Greenwashing betrieben wird: Sind Marketing und CSR tatsächlich ebenbürtige Partner, bei denen die Ziele der einen Seite von denen der anderen Seite gestützt werden? Oder ist nur die eine der beiden Seiten die treibende Kraft in dieser spannungsgeladenen Beziehung? Dient CSR im Marketing dazu, dass der Kunde durch verantwortungsvolle Kaufentscheidungen gesellschaftliche Ziele unterstützen kann? Oder ist CSR nur in aller Experten Munde, weil es sich als effizientes und schlagkräftiges Marketingtool bewiesen hat?

Sollte diese Liaison CSR-Marketing – aus welchen Gründen auch immer – goutiert werden oder nicht? Der genaue Beweggrund hinter CSR-Marketing ist aus zwei Gründen von Bedeutung: Erstens, er beeinflusst die Auswahl von CSR-Themen und dadurch die Wirkung, zweitens, der ethische Konsument, den das Unternehmen damit adressieren möchte, bringt genau diese Frage möglicherweise mit und sucht nach Antworten und Authentizität.

Welche Dilemmata damit verbunden sein können, zeigt Andreas Schneider in seinen Reifegradmodell CSR. Die gleiche Aktion (in seinem Beispiel ein Obstkorb für Mitarbeiter) kann höchst unterschiedlich bewertet werden, abhängig von der tatsächlichen Motivation, die hinter dem Handeln steht: Kostenloses Obst damit Mitarbeiter weniger Pausen machen, um Knabbereien von der Cafeteria zu holen, ist völlig anders zu bewerten als der Korb, der nach einem ausführlichen Dialog über Arbeitsbedingungen und Mitarbeitergesundheit zustande kommt und gleichzeitig lokale Bauern unterstützt (Schneider 2012). Im gleichen Sinne werden CSR-Aktivtäten von Konsumenten anders bewertet, wenn sie unter dem Verdacht stehen, als reines Marketing-Tool zu dienen.

3　Der Versuch eines theoretischen Zugangs

Nach Elisabet Garriga und Domènec Melé (2004) kann man die zahlreichen CSR-Theorien nach ihren Ansätzen in vier Gruppen kategorisieren: instrumental, political, integrative und ethical. Die erste und die letzte Kategorie scheinen uns im Rahmen unserer Analyse besonders interessant zu sein. Die instrumentellen Theorien betrachten CSR als „a strategic tool to achieve economic objectives and, ultimately, wealth creation" (Garriga und Melé 2004, S. 53), die sich im Wesentlichen auf Adam Smith's Lehre vom Ausgleich der Interessen beruft, aber im Grunde in einem rein machiavellistischen Sinne als Mittel zum Zweck dienen, wie etwa Milton Friedman, der CSR aus anderen Perspektiven als aus einem wirtschaftlichen Eigeninteresse kategorisch ablehnte, deutlich machte (Friedman 2007).

Problematisch scheint bei diesem Zugang, dass das Interesse nicht immer deutlich in den Vordergrund treten muss, sondern auf vielfältige Weise verschleiert sein kann. Ähnlich sind Aussagen zu interpretieren, dass CSR von Bedeutung sei, weil moderne Kunden bestimmte Erwartungen an das unternehmerisches Handeln haben und die CSR als eine reaktive Maßnahme positionieren, die nur wegen Konsumentensouveränität einen Platz in der Unternehmensstrategie besitzt. „Der Kunde will das so" wird dann leicht als Killerargument gegen substanziellen Fortschritt in den Ring geworfen (Friedmann 2007).

Dem gegenüber steht die Kategorie der „Ethical Theories", die Ansätze wie die Stakeholder normative Theorie (Freeman 1984), Universalrechte, z. B. der UN Global Compact (United Nations 2016), und nachhaltige Entwicklung (United Nations 2016b) umfasst. Sie sieht verantwortliches Handeln in der Qualität der Beziehung zwischen dem Unternehmen und der Gesellschaft und in den zugrunde liegenden ethischen Prinzipien, die eine positive Wirkung auf die soziale und ökologische Umwelt ermöglichen.

Bei der folgenden Analyse des Spannungsfeldes aus Marketing und der Verantwortung der Unternehmung (im Sinne des letztgenannten Ansatzes), die wir in einem ökonomischen, ökologischen, sozialen, kulturellen und rechtlichen Sinne verstehen, aber insbesondere aus dem Blickwinkel der Ethik betrachten wollen, gehen wir zunächst von der Fiktion und Prämisse aus, dass der Markt zugleich eine Arena, ein Prozessbündel und kollektiver Akteur ist, der über Angebot und Nachfrage die Allokation von Ressourcen und Leistungen so regelt, das im Idealfall ein Wohlfahrtsoptimum für alle Beteiligten entsteht. Schauen wir uns diesen Markt einmal genauer an, so kann man zwischen Akteuren und deren Beziehungen, Treibern und Regulativen unterscheiden.

Als Akteure wollen wir vor allem den „ehrbaren Kaufmann" und den schumpeterschen Unternehmer als individuelle Akteure in den Mittelpunkt unserer Analyse stellen. Die Unternehmung als kollektiver Akteur und zugleich Inkorporation und Abstraktion des Kaufmannsprinzips werden wir aufgrund der organisationalen Komplexität ausblenden, insbesondere, da wir die Frage, ob die Unternehmung als abstrakter kollektiver Akteur überhaupt Prämissen für ethisches Handeln setzen kann oder ob diese Aufgabe nicht dann doch wieder den individuellen Akteuren zufällt, in diesem Rahmen nicht in hinreichender Tiefe diskutieren können. Zudem wollen wir die Unternehmung als kollektiven Akteur auch deshalb bei unseren Betrachtungen ausblenden, weil das spezifisch Organisationale, man denke an Gruppenrationalität, Organisationskultur, vordefinierte Prozesslandschaften und damit vorstrukturierte Entscheidungen eine zusätzliche Komplexität in unsere Betrachtungen einbringen würde, die hier zunächst den Blick auf das Wesentliche verschleiert.

Deshalb werden wir uns aber den folgenden Betrachtungen auf die Beziehung zwischen dem verantwortungsvollen Unternehmer, wobei wir Verantwortung zunächst im Sinne Max Webers (1919) als Maxime, für die Folgen des eigenen Handelns aufzukommen, verstehen wollen und dem ehrbaren Kaufmann auf der einen sowie deren Beziehungsverhältnis zu den Akteuren am Markt auf der anderen Seite kaprizieren.

Als Treiber werden wir im Folgenden vor allem das ökonomische Prinzip und das Interesse beleuchten.

Als Regulative betrachten wir im Folgenden Ethik, Moral und Recht. Wir wollen dabei insbesondere den ehrbaren Kaufmann als vermeintliche Personifizierung ökonomischer Ethik und Moral und damit dieses Regulativs sowie die regulative Funktion Invisible Hand von Adam Smith beleuchten.

4 Das Spannungsfeld aus Moral, Ethik und Verantwortung

Wenn wir an dieser Stelle von Moral oder Ethik sprechen, so geht es konkret um Regulative der Gestaltung von Beziehungen zwischen verschiedenen Akteuren, aber auch die Beziehungen zwischen Akteuren auf der einen sowie Wesen und Dingen (z. B. Eigentum, Um- oder Tierwelt) auf der anderen Seite. Ethik stellt nach unserem Verständnis vor allem die Frage nach dem Dazwischen: „Wenn immer wir von etwas sprechen, das mit Ethik zu tun hat, ist der Andere beteiligt". Abseits von Gesellschaft, ihren Transaktionen und ihren Beziehungen, im Urwald oder der Wüste, so von Foerster, existiert das Problem nicht. „Es existiert erst dadurch, dass wir zusammen sind" (von Foerster und Bröcker 2007, S. 24) und genau hier finden wir die Schnittstelle von Marketing und Ethik, denn „Marketing ist immer schon als Beziehungsmanagement begriffen worden" (Bergmann 2006, S. 217). Ethik stellt in unserem Verständnis die stets neu zu stellenden Frage nach der Qualität von Beziehung, unter anderem nach den Interessen der Akteuren, nach Bewertung zwischen Gut und Böse oder nach der Gestaltung institutioneller Arrangements, Herrschaftsbeziehungen, Macht- und Informationsasymmetrien und so weiter, aber auch Verantwortung im Sinne einer Treuhänderschaft für Dritte, etwa für schwächere (Marktteilnehmer), für Umwelt oder nachfolgende Generationen. Das unterscheidet Ethik von Moral, die wir im Sinne von Heinz von Foerster als ein festes kulturell geprägtes Gerüst an Regeln und Ritualen verstehen. „In der Ethik musst Du die Freiheit haben; in der Moral ist die Dir genommen" (von Foerster und Bröcker 2007, S. 99). Während wir Moral, Recht und Religion als einen kulturell geprägten Eigensinn verfolgende Institutionen betrachten, geht es bei unseren Betrachtungen der Ethik um Freiheit und den Grenzen derselben, nämlich die reflektierte Freiheit, im Sinne der Qualität der Beziehung etwas zu tun oder etwas zu unterlassen.[1]

Ein detailliertes Model für das Verständnis des Wechselspiels von Ethik und Marketing liefert das Hunt-Vitell(H-V)-Modell (Hunt und Vitell 1986, 2006), das normative teleologische und deontologische Ansätze in einem deskriptiven Modell zusammenbringt. Demnach gehen Marketingfachleute unbewusst durch zwei interne Prozesse gleichzeitig, wenn sie sich mit einem ethischen Dilemmata konfrontiert sehen. Im einem (teleologischen) Prozess werden die Folgen aller möglichen Handlungen, die Erwünschtheit der Folgen, die Wichtigkeit der Betroffenen und die Wahrscheinlichkeit jeder Auswirkung abgewogen; eine utilitaristische Rechnung, die dazu dient, das optimale Ergebnis zu erzielen. In einem parallelen (deontologischen) Prozess vergleichen sie alle möglichen Aktionen mit ihrer internen ethisch-moralische Richtschnur oder von extern geprägter Moral.

Eine Stärke dieses Modells liegt darin, dass es verdeutlicht, dass eine reine teleologische oder deontologische Auswertung einer Situation extrem selten ist und die Beziehung zwischen Marketing und Verantwortung deshalb fast immer beide Elemente beinhalten wird, wenngleich das Verhältnis zwischen beiden sehr stark schwanken kann. Deshalb werden wir hier auch keine explizite Trennung zwischen einem deontologischen und teleologischen Zugang versuchen.

Darüber hinaus beschreibt das Modell, wie diese teleologischen und deontologischen Prozesse durch vier Faktoren beeinflusst werden: (1) die individuelle Persönlichkeit und der Charakter, (2) Verhaltensnormen in der Organisation, (3) Verhaltensnormen in der Branche und (4) kulturelle Verhaltensnormen. Hier sehen wir auch den Einfluss des wirtschaftsethischen Umfelds auf das Unternehmen, der dazu führen kann, die Ausgangssituation in Sinne von Albert Z. Carr zu verstehen, der argumentierte, dass Unternehmen in einem Kontext agieren, dessen ethische Regeln eher denen eines Pokerspiels ähneln, wo Täuschungsversuche erwartet und nicht als unethischer betrachtet werden als die der Gesellschaft (Carr 1968).

5 Das ökonomische Prinzip als Treiber

Beginnen wir mit der Frage, ob ein tradiertes dogmatisches Verständnis von (Betriebs-)Wirtschaft als „Inbegriff aller planvollen menschlichen Tätigkeiten, sie unter Beachtung des ökonomischen Prinzips (Rationalprinzip) mit dem Zweck erfolgen, die – an den Bedürfnissen der Menschen gemessen – bestehende Knappheit der Güter zu verringern" (Wöhe 1981, S. 3) und dem erwerbswirtschaftlichen Prinzip als „Triebfeder" und leitendes Interesse des unternehmerischen Handelns, mit dem Bestreben, bei Leistungserstellung und -verwertung stets eine „Gewinnmaximum" zu realisieren (Wöhe 1981, S. 6), den gesellschaftlichen Realitäten nicht zuwiderläuft.

---

[1] Zur Kritik des Moralbegriffes im unternehmerischen Kontext, auch Becker (2012)

Schon 1957 beschrieb Vance Packard Marketingfachleute als die „geheimen Verführer" und erklärte mit großer Besorgnis, wie Marketing vermehrt die Erkenntnisse aus dem Bereich der Psychologie einsetzt, um Käufer zu Kaufentscheidungen zu bewegen, die sie mit vollem Bewusstsein und vollen Informationen nicht treffen würden (Packard 1983). Marketingmaßnahmen sind deshalb auch Treiber von psychologischer Obsoleszenz, die Kunden überzeugen will, dass ihre völlig funktionierende Produkte wegen falscher Farbe, Schnitt, Design, Bildschirmgröße etc. zu ersetzen sei; oft während das Unternehmen sich gleichzeitig als ressourcenschonend und umweltfreundlich darstellt.

Obwohl dieses Handeln von den Kunden größtenteils irrelevant oder akzeptiert scheint, bleibt die Frage, inwiefern sie in einem Unternehmen Platz haben, das nicht nur Wert auf Vertrauenswürdigkeit und Offenheit legt, sondern auch ernsthafte Bemühungen macht, seinen ökologischen oder sozialen Fußabdruck zu verringern.

Auch für den aufgeklärten Kunden, der sich bewusst ist, zu welchen sozialen und ökologischen Umständen er mit seinem Kauf beiträgt und ethische Bedenken hat, hat Marketing eine Lösung: „Bei diesem Konflikt zwischen Genuss und Schuld liegt die Hauptaufgabe des Werbetreibenden weniger darin, das Produkt anzupreisen als die moralische Erlaubnis zu einem Vergnügen ohne Schuld zu erteilen" (Dichter in Packard 1983, S. 44).

Wie weit die Verführung noch gehen mag, zeigt eines der größten sozialpsychologischen Experimente der Geschichte. Mit ihrem 2014 publizierten Experiment machten die Autoren Adam D. I. Kramer, James I. Guillory und Jeffrey T. Hancock auf eine neue Dimension der Verführbarkeit aufmerksam (Kramer et al. 2014). Mit ihrem Massive-scale-Experiment mit $N = 689.003$ Teilnehmern, nämlich Facebookkunden beziehungsweise Usern, die sich dieser Manipulation nicht bewusst waren oder ihr gar zugestimmt hätten, zeigen sie, dass man in sozialen Medien das manipulativ erzeugen kann, was Max Scheler „Gefühlsansteckung" (Emotional Contagion) nannte (Scheler 1923).

Ein Experiment, das zeigt, wie nahe Marketing – man denke an Facebook als Marketingmaschine – an die Grenze von Manipulation, Bedürfnisproduktion und Herrschaftstechnik – sprich: der Ausbeutung von Beziehungen – herangerückt ist.

In der Konsequenz endet ein Denken nach rein wertfunktionaler Logik gemäß des ökonomischen Prinzips notwendigerweise im Anlegen kognitiver Programme, die bestimmte Verhaltensweisen programmieren und bestimmte Realitäten suggerieren, kurz in der Produktion von Bedürfnissen (Rock und Rosenthal 1986, S. 209 f.) und Scheinrealitäten (Augmented Reality, man denke an PokemonGo). Man denke etwa an die zunehmende ökonomische Vereinnahmung bis dato nicht-ökonomischer Nischen durch die ökonomische Zweckrationalität, wie etwa Freizeitgestaltung (Personal Training) und insbesondere Plattformen der private Kommunikation (WhatsApp und Facebook) oder die Besetzung des öffentlichen Raumes (von der Privatisierung, also vermarktbar machen, von Autobahnen bis das erwähnte PokemonGo). Das stützt eine alte These von Werner Kroeber-Riel, dem Spiritus Rector der deutschen Konsumentenforschung:

Der Spielraum für ein selbständiges Entscheiden, das der Verwirklichung der eigenen Wertvorstellungen dient, wird eingeengt oder die Wertvorstellungen werden kommerziell erfolgversprechenden Wertvorstellungen angepaßt. Nun ist die Freiheit des Menschen stets nur eine manipulierte Freiheit des durch seine Mitmenschen konditionieren (abgerichteten) Menschen (Kroeber-Riel 1972, S. 127).

Daraus resultiert eine Vielzahl von Fragen: ob überhaupt hinreichend Teilhabemöglichkeit besteht, ob Einkommen und Vermögen hinreichend verteilt sind, um neu geschaffene Bedürfnisse zu befriedigen, oder ob unsere ökologischen Optionen nicht längst erschöpft sind, wenn man sich die düstere Vision vor Augen führt, dass eine aufstrebende Mittelklasse in Asien, Afrika oder Südamerika die gleichen Konsummuster an den Tag legt wie ihre westlichen „Vorbilder." Die zweite hieraus resultierende Frage ist, ob nicht längst die Seiteneffekte wirtschaftlichen Handelns ein Ausmaß angenommen haben, die genau diese Paradigmen ad absurdum führen. „Warum darf Marketing Bedarfe wecken, wo vorher gar keine waren und damit den Konsum ankurbeln der unsere Umwelt schädigt?" fragt Uwe Lübbermann, Gründer von Premium Cola.

Warum darf Marketing zum Beispiel Geschlechterrollen prägen – starker Mann, schöne Frau –, die man so vielleicht gesellschaftlich gar nicht mehr haben will? Warum darf Marketing immer noch für Produkte werben, die dafür entwickelt wurden, abhängig zu machen? Zum Beispiel Zigaretten. Das sind alles Dinge, die nur möglich sind, weil sie von unverantwortlichen Unternehmen allein entschieden werden – in zu schwachen rechtlichen Grenzen (Lübbermann 2016).

6 Die Invisible Hand und der ehrbare Kaufmann als Regulative?

Wenn sich hier ökonomische, ökologische oder soziale Dysfunktionalitäten ergeben, stellt sich die Frage nach den oben genannten Regulativen.

Kann es so etwas wie einen ehrbaren Kaufmann geben? Der Blick in die Wirtschaftsgeschichte lässt Skepsis aufkommen. Zeigt sie doch, dass am Anfang des Aufstieges manch ehrbarer Kaufmannsdynastie gar nicht so ehrbare Verhaltensmuster stehen. Man denke etwa an Freeridermanöver, vielleicht an Krupp, der seinen wirtschaftlichen Erfolg unter anderem darauf aufbaute, dass er Waffen in aller Welt verkaufte, sodass in der Schlacht am Skagerrak 1916 beide Kriegsparteien mit Krupp-Zündern aufeinander schossen, an Ausbeutung, etwa das Trucksystem oder den Einsatz von Kriegsgefangenen im Dritten Reich, oder das System des Kaufmanns Anton Schlecker, das, zumindest aus Gewerkschaftssicht,

exemplarisch für die voranschreitende Spaltung am Arbeitsmarkt, für Prekarisierung, Mangel an Planbarkeit des eigenen Lebens, für Unsicherheit in Form von Leiharbeit, sachgrundlose Befristungen, sozialversicherungsfreie Minijobs, Armutslöhne heute und Altersarmut morgen stand (Bsirske 2014, S. 142).

Auf der anderen Seite ist da der Kaufmann als Stifter und Mäzen. Die Augsburger Fuggerei als älteste bekannte Sozialsiedlung, die Geschichte des Milka-Erfinders Carl Russ-Suchard als großzügiger Stifter oder die Bill & Melissa Gates Stiftung scheinen zumindest vordergründig wieder ein anderes Bild zu zeichnen. Oder ist eine historisch immer mal wieder aufblühende Philanthropie nur eine Ausgleichsbewegung in Bezug auf höhere Kapitalakkumulation und daraus resultierende Machtkonzentration (Jansen 2016)? Ein genauerer Blick auf den Mythos des ehrbaren Kaufmanns und vermeintliche Realitäten schadet deshalb nicht.

Der ehrbare Kaufmann ist seit der Hanse derjenige, der sich in seiner Kaufmannsmoral an geschriebene und ungeschriebene Spielregeln, an „ehr ind geloven", hält. Das Ehrbare wird also gerne auf die Praktiken und Transaktionen zwischen zwei Parteien „auf Augenhöhe" bezogen. Der ehrbare Kaufmann kommt so als Alter Ego von Adam Smith „Invisible Hand" daher, die im Zusammenspiel der jeweils eigennützigen Interesse, wie im Märchen und in Hollywood, am Ende dafür sorgen, dass immer das scheinbar Gute bleibt. Es geht aber immer darum, die moralisierten Spielregeln der eigenen Zunft („der Kaufmannschaft", „des Handwerks" oder „der Industrie") zu befolgen. Und der Erfolgreiche und Tüchtige hebt sich dadurch hervor, dass er diese Spielregeln am besten zu seinem Nutzen auslegt (ein Schelm mag dabei an Steuervermeidungsprogramme von IKEA oder Beschäftigungspraktiken von Ryanair denken). Die Regeln sind zugleich die Institutionalisierung erfolgreicher Praktiken und, das ist entscheidend, deren Legitimation – man denke noch mal an das Pokerspiel von Carr. Die ausgleichenden Interessen der hart aber fair kämpfenden Parteien, so der gemeinsame Mythos, stiften letztlich Nutzen für alle. Dies geht einher mit der verbreiteten Fehlinterpretation des Zitats von dem damaligen CEO von GM, Charles Erwin Wilson, aus dem Jahr 1953: „What's good for General Motors is good for America" (Elfenbein 2009). Das tatsächliche Zitat von Wilson „...for years I thought what was good for the country was good for General Motors, and vice versa" (Elfenbein 2009) stellt ein synergetischeres Verhältnis zwischen dem Unternehmen und dem Allgemeinwohl dar, das das Unternehmen nicht als Hauptakteur versteht.

Gerne übersehen wir dabei, dass der ehrbare Kaufmann dazu dient, die abstrakten Organisationen zu personifizieren, ihnen ein menschliches Antlitz zu geben. Zudem wird übersehen, dass in der Welt des ehrbaren Kaufmanns nach wie vor ökologische, volkswirtschaftliche und gesellschaftliche Seiteneffekte (Externalitäten), z. B. Marktschranken, Konzentration, Renten und Privilegien, entstehen und nicht zuletzt auch betroffene Dritte außen vor bleiben. Ähnlich wie Smith in seinen modellhaften Annahmen vom Interesse des Metzgers, des Brauers und des Bäckers spricht, aber nicht von IKEA oder Ryan Air, nicht von Volkswagen oder RWE und nicht von Lehmann Brothers oder der Deutschen Bank, und schon gar nicht spricht er von den unzähligen Konsumenten. Kann man nicht in diesem Sinne ehrbarer Kaufmann sein und trotzdem widrige Externalitäten erzeugen?

Schon Friedrich Albert Lange kritisierte 1866, dass die Wirtschaft unter dem Einfluss eines ungeheuren „Vorwaltens der materiellen Interessen" (Lange 2008a, S. 460) erfolge:

Ist doch die Tendenz derselben [der Wirtschaft, Anmerkung der Autoren] von Haus aus auf die Förderung des materiellen Volkswohls gerichtet, und da liegt es so nahe, anzunehmen, daß der Fortschritt der Gesamtheit einfach die Summe aller Fortschritte der Individuen ist; das Individuum aber – so viel schien die kaufmännische Erfahrung aller Zeiten unbestreitbar zu ergeben – das Individuum kann zu materiellem Wohlstand nur durch rücksichtslose Verfolgung seiner eignen Interessen gelangen; mag dann die Tugend auf andern Gebieten geübt werden, soweit die Mittel es erlauben! (Lange 2008a, S. 462).

Das Vorwalten der materiellen Interessen gegenüber der Verantwortung führt nicht zuletzt zu Kapitalbildung und -akkumulation und dadurch zu Marktsymmetrien, insbesondere, wenn diese mit Übernahme der Verfügungsgewalt über Infrastrukturen, nämlich Produktionsmittel und Kommunikationsmedien (Heinen 1973, S. 124) zu einer Akkumulation von Macht führen.

Wenn sich Ehrbarkeit zu dem Begriff der Verantwortung impliziert, so ist auch sorgfältig abzuwägen, welche Verantwortung, nämlich für was oder für wen übernommen wird. Verantwortung für jemanden (außer sich selbst) zu übernehmen, impliziert immer eine Patronatserklärung und damit notwendigerweise die Einschränkung von Freiheiten Dritter. Vordergründig ehrbares Verhalten schützt also nicht vor den unehrbaren Folgen dieses Verhaltens. Gut gemeint ist nicht immer gut gemacht.

Der ehrbare Kaufmann war also, genau wie die Invisible Hand, von Anfang an eine Chimäre, ein geschickter Schachzug des Selbstmarketings, der heute vermutlich unter die Kategorie Personal Branding fallen würde. So konnte man sich über den Plebs erheben und sich die Legitimität und Privilegien verschaffen, um als Bürgerlicher auf Augenhöhe mit den Großen dieser Welt, den Herrschenden und den Adeligen, zu verhandeln. „Der ehrbare Kaufmann betrügt nicht und täuscht nicht. Auf sein Wort ist Verlass", lautet sein Markenkern. Wer aber mit dem Begriff für sich wirbt, hat sich schon als nicht ehrbarer Kaufmann offenbart. Der Ehrbare braucht sich nicht über andere zu erheben. Er steigt auch nicht zu jenen auf, die sich schon über andere erhoben haben (Wozniewski 2015).

7 Atypisch-verantwortungsvolle Unternehmer als neue Akteure

Bleibt uns noch, die Unterscheidung zwischen der ökonomischen Rolle des Kaufmanns (im Sinne des Schumpeterschen Routineunternehmens) oder „Wirtes" vorzunehmen, dessen Antrieb wir in der Wertrationalisierung des Austausches nach dem ökonomischen Prinzip sehen und dem innovativen Unternehmer, der im Schumpeterschen Sinne „Neukombinationen" im Wirtschaftsleben durchsetzt und damit erst Entwicklung ermöglicht (Röpke und Stiller 2006, S. V–XLIII, XVf.). Offensichtlich gibt es Unternehmer, die den Fokus von rein ökonomischer Rationalität und betriebswirtschaftlichen Routinen abwenden und einen offenen multiparadigmatische Zugang zur Lebenswirklichkeit wagen, die Anstand und Gemeinwohl als mindestens genauso wichtig erachten wie Gewinn- und Verlustrechnung. Unternehmer, die mit den Regeln des Marktes, die sie unanständig finden, brechen – wie etwa Viva con Agua, eine sich als Social Business verstehende

Mineralwassermarke, die sich der Sicherung der Trinkwasserversorgung in den sogenannten Entwicklungsländern verschrieben hat: „Wir zahlen keine Listinggebühren und keine Werbekostenzuschüsse, wir verschenken keine Freiware und treten nicht als Sponsor auf. Unsere Mittel fließen lieber in die Gemeinnützigkeit" (Viva con Agua 2016).

Anfang der 2000er-Jahre gründete der Hamburger Uwe Lübbermann Premium Cola als alternative Getränkemarke. Premium grenzt sich von der Mainstream-Wirtschaft davon ab, dass bestimmte marktgängige Prozesse und Gepflogenheiten hinterfragt und teils auf den Kopf gestellt werden. Zentrales Element des „Premium Betriebssystems" ist die Steuerung der Unternehmung durch ein Internetkollektiv nach konsensdemokratischen Grundsätzen. Weitere Elemente des Betriebssystems, das als Open-source-Geschäftsmodell verstanden wird, sind Transparenz, z. B. in der Kalkulation und durch Antimengenrabatte, die strukturelle Nachteile kleiner Akteure ausgleichen und die Konzentration im Kundenportfolio vermeiden sollen, oder z. B. feste Umsatzanteile für die Alkoholismusvorsorge und ein CO_2-Ausgleich (Premium Cola 2016). Premium Cola verzichtet darüber hinaus auf Logos auf den Flaschen und Kästen, was den Marketinggedanken vordergründig ad absurdum zu führen scheint.

Einen anderen Zugang verfolgt Virblatt. Das Unternehmen mit Standorten in Baden-Württemberg und in Chiang Mai, Nordthailand, vertreibt alternative Kleidung aus reinen Naturmaterialien. Wichtig für die vier Gründer um Johannes Müller sind nicht nur die Verbindung von Handarbeit und Tradition sowie hochwertigen Materialien und fairen Arbeitsbedingungen in den familienbetriebenen Firmen. Für die Gründer bedeutet Virblatt weitaus mehr, als einfach nur Produkte zu verkaufen; für sie spielt die Wahrnehmung der kultureller Verantwortungs- und Nachhaltigkeitsperspektive eine zentrale Rolle. Zur Diskussion mit den Kunden regen dabei vor allem das Neue, das Unbekannte und das Andere an, wie Müller betont. Es geht den Gründern im Gegensatz zum unfreiwilligen Eintrichtern von Werbebotschaften um Interesse und Eigeninitiative. „Hier haben wir natürlich interessanten Zündstoff anzubieten" sagt Johannes Müller:

> Europäische Geschichte ist eurozentristisch geschrieben. Bevor wir nach Thailand gekommen sind, wussten wir vergleichsweise wenig über Asien, obwohl heute fast die gesamte Textilproduktion hier stattfindet. Ein ähnliches Wissensvakuum – geradezu ein schwarzes Loch – besteht bezüglich alternativer Materialen, Herstellungsweisen und Wirkungen institutioneller Arrangements in der Textilindustrie. Genau da setzen wir mit unseren Narrativen an. Das sind handgefertigte Webereien der Bergvölker aus der Region unter anderem Hmong, Karen, Tai Lue und so weiter, deren Geschichte und kulturelle Bedeutung; die Fertigung in Familienbetrieben, alternative Materialien und Upcycling aus Stoffresten der Produktion zu Patchworkstoffen; und nicht zuletzt Transparenz (Müller 2016).

Auf die Frage, ob man verantwortlich und fair Marketing betreiben könne, antwortet Premium Gründer Uwe Lübbermann:

> Aber ja. Zumindest dann, wenn man Marketing anders denkt als es normale Unternehmen typischerweise tun, nämlich nicht von ihnen gesteuert und mit Inhalten gefüttert, sondern gemeinsam mit Lieferanten, Kundinnen und Mitarbeitenden (Lübbermann 2016).

Daraus, so Lübbermann, ergäbe sich eine relativ weitreichende Transparenz von Informationen, die ihre Grenzen nur im persönlichen Datenschutz findet, in dem Nichtoffenlegen von Schwächen gegenüber aggressiven Mitbewerbern, im Nichtoffenlegen rechtlicher Grauzonen und Grenzen bei der Zeit, die man zum Aufbereiten von Informationen, z. B. aus der Buchhaltung, braucht. „Das war es aber", so der Gründer von Premium Cola. Ab dem Punkt könne und sollte man dann nur noch Pull-Marketing machen, das heißt nur solche Kommunikation, die von den Empfangenden rein freiwillig angenommen wird.

> Eine Webseite anbieten, auf die Menschen freiwillig gehen? Okay. Banner anderswo schalten? Nicht okay. Ein Infoblatt anbieten, das Menschen freiwillig lesen? Okay … Plakate, Kühlschränke mit Logo. Leuchtschilder … und … und? Nicht okay. Vorträge und Workshops bei denen die Teilnehmenden freiwillig sind? Okay. Pflichtveranstaltungen an Hochschulen? Nicht okay. Das ist die Logik, und zu der kommt man sehr schnell, wenn man über Marketing gemeinsam mit allen entscheidet (Lübbermann 2016).

Für Uwe Lübbermannn bedeutet Verantwortung gegenüber dem Kunden, ihn nicht mit „Belästigungskommunikation" zu gängeln: „Wer will schon mehr zahlen, als für die Summe an Zutaten und Arbeit nötig, um dann mit einem Werbebudget belästigt zu werden? Das ist aber leider der Standard".

Auf die Frage, welche Regeln er dem Marketing (allgemein) auflegen würde, damit die Welt ein wenig besser wird, spricht sich der Premium-Cola-Gründer für einen intensiveren Dialog aus: „Entscheide dein Marketing gemeinsam, idealerweise im Konsens, mit allen, die es betrifft. Das heißt mit allen Lieferanten, Mitarbeitenden und Kund_innen. Dann werden die dir schon Grenzen aufzeigen".

„Dafür", so Uwe Lübbermann weiter,

> „kriegst du aber so zufriedene Partner zurück, die sind unschlagbar in ihrer Verbreitungswirkung". Das ein solcher Ansatz im Konflikt mit allzu kurzfristigen Zielsetzungen und Return-on-Investment-Erwartungen steht, ist klar: „So ein Ansatz dauert nur länger, also solltest du keinen Businessplan mit Dreijahres-Zeitfenster zum Break-even haben, sondern möglichst ohne diesen externen Druck dein Unternehmen aufbauen. Wenn das erstmal stabil ist, musst du dich und das Marketing nur noch schrittweise inhaltlich weiter entwickeln, um regelmäßig neue inhaltliche Botschaften zum freiwilligen Kommunizieren zu haben. Das war's eigentlich"

fügt er hinzu, „es ist doch gar nicht so kompliziert".

Die Frage, ob der Erfolg nicht die Verantwortung gibt, verwundert ihn:

> Warum denn? Mit dem Erfolg wird doch alles leichter. Vorher hatten wir schon Druck und öfter mal überlegt, doch etwas Werbung zu machen. Das haben wir zum Glück nie gemacht. Und jetzt ist die Ablehnung viel leichter, weil es läuft (Lübbermann 2016).

Johannes Müller, einer der vier Virblatt-Gründer, sieht das etwas anders:

> Wege gibt es grob gesagt zwei im Onlinemarketing: Monolog – z. B. Werbeanzeigen, Retargetingkampagnen, also pay per click und als zweites dialog-, bzw. diskursorientiertes Marketing. Als verantwortungsvolleres oder faires Marketing würde ich eher die zweite Variante bezeichnen, da hier im Idealfall alle diversen Akteure miteinbezogen werden und diskutiert wird, anstatt auf die pure Monologleier von „kauf hier", „kauf mehr" und „kauf günstiger" der ersten Variante abzustellen. Dennoch sind solche Maßnahmen aus unserer Sicht wichtig, um eine initiale Aufmerksamkeit und Sichtbarkeit zu erlangen (Müller 2016).

In der Umsetzung setzt Virblatt, das im Gegensatz zu dem lokal agierenden Premium-Kollektiv, in seiner Nische auf allen wichtigen Weltmärkten vertreten ist, fast ausschließlich auf soziale Medien und ihren Shop. „Unser Dialog geht über alle sozialen Medien sowie Blogs, z. B. www.denk-drueber-nach.de" (Virblatt 2016b). Den Vorteil sieht Johannes Müller vor allem darin, dass im Gegensatz zu Pay-per-click-Kampagnen man direktes Feedback erhält und gleichzeitig sehr gute Effekte auf das SERP-Ergebnis (Search Engine Result Page) hat. Im Jahr

> 2017 gehen 90 % des Marketingaufwands – gemessen an Geld und Zeit – in die Erstellung eines unabhängigen Blogs über alternative Kleidung, www.alternative-bekleidung.de (in Planung, Anm. d. Verf), in dem wir das oben genannte schwarze Loch in verschiedenen Sprachen füllen wollen. Dazu gehört die Etablierung einer Kategorie im Onlineshop „Wo kommt dein Produkt her", in der wir mit Interviews, Videos und weiterem Material alle Akteure, die bei uns an der Werterstellung mitwirken, vorstellen werden.

Dabei geht es Müller und seinen drei Mitgründern vor allem um Transparenz und die Deanonymisierung des Herstellungsprozesses in Asien.

8   Fazit: Dilemmata und Zielkonflikte müssen gelebt und nicht ausgeblendet werden

Unternehmungen sehen sich in Bezug auf ihre Verantwortung zunehmend in eine Sandwich-Position (Becker 2016) gedrängt. Von oben bestimmen in zunehmendem Maße internationale Initiativen (z. B. Laudation Si), Abkommen und Vertragswerke (z. B. die Pariser Klimabeschlüsse), Gesetzgebungen (z. B. die EU Umwelt- und Verbrauchergesetzgebung), Standards und Normen (z. B. GRI4, ISO 26000) die Handlungsmöglichkeiten. Auf der unteren Seite des Sandwiches finden sich Rulebreaker (Jánszky 2010), die Widersprüche erzeugen und Regeln und Paradigmen außer Kraft setzen sowie Konsumenten, die im Rahmen einer zunehmenden Moralisierung der Märkte (Jansen 2016) tradierte Marktregeln auf den Kopf stellen können (siehe Tab. 1).

Friedrich Albert Lange wies bereits 1866 die Irrungen der Lehre des Ausgleichs der Interessen, der Invisible Hand nach:

Tab. 1 (Quelle: eigene Tabelle in Anlehnung an Becker 1994, S. 263; Röpke und Stiller 2006, S. V–XLIII, XXVII)

Kategorie	Ehrbarer Kaufmann	Atypisch verantwortungsvoller Unternehmer
Wachstumsquelle	Output	Neukombination
Unternehmertypus	Routineunternehmer, Wirt	Schumpeterscher Entrepreneur (Innovator)
Fokus	Efizienz („Die Dinge richtig tun")	Effektivität („Die richtigen Dinge tun")
Motiv	Hedonismus	Ethos Ganzer Systeme
Rationalisierungmuster	Tayloristisch, systemisch (Wer optimiert gewinnt)	Kommunikativ (Wer optimiert verliert)
Philosophischer Rahmen	Moral i. S. v. Spielregeln	Handlungsethik als reflektierter Prozess
Verantwortungsebene	Transaktion auf Augenhöhe („ehr ind geloven")	Multi-perpektivisch
Kommunikation	Inside-out	Bi-direktional, diskursiv
Handlungsmuster	Reaktion auf Datenänderung	Partizipative Gestaltung
Handlungsspektrum	Begrenzt (There is no alternative)	Offen (kollaborativ, iterative Suchprozesse)
Strategische Maxime	Status Quo verteidigen	Status Quo infragestellen
Wertschöpfungsmaxime	Output und Wachstum (Shareholder Value)	Entwicklung (Stakeholder Value)
Umgang mit Spielregeln	Best practices (z. B. „Siegel") und Change	Subversion (handlungsorientiert)
CSR	Mittel zum Zweck	Wert an sich
Governance	Alles was nicht verboten ist, ist erlaubt	Soziale und ökologische Externalitäten sind zu vermeiden
Marketing	Push	Pull

Da die Lehre von der Harmonie der Interessen falsch ist, da das Prinzip des Egoismus das soziale Gleichgewicht und damit die Basis aller Sittlichkeit vernichtet, so kann es auch für die Volkswirtschaft nur eine vorübergehende Bedeutung haben, deren Zeit vielleicht schon jetzt vorüber ist (Lange 2008b).

Darüber hinaus kritisiert Schumpeter die Tendenz, sich in den gegebenen Umständen einzurichten, was einer Entwicklung im Sinne von Fortschritt zuwider läuft (Röpke und Stiller 2006).

Auch die Argumentation, dass alles, was nicht verboten ist, erlaubt sei, ist in einer komplexen Welt schlicht zu simpel und unter dem Gesichtspunkt der Verantwortung ohnehin nicht akzeptabel. Diese Logik legitimiert den „Freerider" und zwingt so den Gesetzgeber auf Dauer, nachzuziehen, und das wegen scheinbarer Freiheiten, die sich einzelne herausgenommen haben. Das damit auch der Nerv der Verbraucher getroffen wurde, darauf mag der Zusammenbruch, den das Lebensmittelportal lebensmittelklarheit.de kurz nach der

Inbetriebnahme aufgrund unerwartet vieler Anfragen (Focus Money Online 2011) erfuhr, hindeuten.

Zum Unternehmertum gehört eben nicht, sich und seine Kunden einem simplizistischen ökonomischen Kalkül zu unterwerfen. Wie wir anhand der Beispiele atypischer Unternehmer sehen, geht es ihnen um eine Haltung, die konsequent gelebt wird und nicht als „Cut & paste"-Leitbild, das wohlmöglich von einer Werbeagentur erstellt wurde und nur totes Papier füllt. Auf dieser Basis wird bei Premium Cola und Virblatt nicht nur die Qualität der Kundenbeziehung, sondern jedes Element der Wertschöpfungskette konsequent hinterfragt. Ebenso kennzeichnend für diese Kategorie von Unternehmertum ist konsequentes Offenlegen von Zielkonflikte und Lösungsalternativen. Dazu Johannes Müller:

> Wenn du überzeugt bist, von dem was du tust, wie du es angehst als Unternehmen und mit wem, dann ist Transparenz und deren Kommunikation kein Problem. An der Transparenz in der Textilindustrie kann man ja in einem negativen Sinne ablesen was dort der Status quo ist. Aber,

so Johannes Müller weiter,

> statt Regeln, geht es eher um die Reziprozität von Unternehmen und Gesellschaft beziehungsweise Kunden. Einer muss anfangen, etwas zu ändern und der andere entwickelt sich mit. Wir erwarten und hoffen, dass eine steigende Nachfrage nach umwelt- und sozialverträglicheren Textilien eine entsprechende Herstellung nach sich zieht.

Weiterhin ist Johannes Müller davon überzeugt, dass der Verbreitungseffekt der oben skizzierten Maßnahmen weitaus größer und – nicht zuletzt in zeitlicher Perspektive – nachhaltiger ist.

> Der Diskurs und die inhaltliche Weiterentwicklung ergeben sich dann ganz von selbst aus dem Interesse der Kunden und dem Wechselspiel mit uns. Hier gibt es auch nicht den einen richtigen Weg, der durch irgendwelche Regeln und Siegelvorgaben festgelegt wird, sondern er ergibt sich im Diskurs und das Internet ist die perfekte Plattform für Diversität (Müller 2016).

Scheinbar wird das Handeln dieser atypisch-verantwortungsvollen Unternehmer einerseits durch einen Weber'schen Verantwortungsethos und anderseits von einer holistischen (gesellschaftlichen) Perspektive im Sinne eines Ethos ganzer Systeme (Ulrich und Fluri 1995; Becker 2011), geprägt. Das steht im Gegensatz zu der regulativen Funktion vom ehrbaren Kaufmann und Invisible Hand, gewissermaßen als Anti-Disruptiva. Aus dieser Perspektive lassen sich die jeweiligen paradigmatische Rahmen, in denen die Kundenbeziehung im Sinne von CSR und Marketing stattfindet, lesen. Geht es im zweiten Fall darum, bestehende Wertschöpfungszusammenhänge, sei es durch Verführung oder Bedürfnisproduktion, aufrecht zu erhalten, geht es im ersten Fall darum, diskursiv und unter einer holistischen Verantwortungsperspektive neue Wertschöpfungszusammenhänge zu gestalten.

Die „Wasch mich, aber mach mich nicht nass"-Mentalität, die in unserem Eingangs-
beispiel deutlich wurde, ist aus unserer Sicht allenfalls eine Scheinlösung. Im Gegenteil,
verschleiert sie sowohl den Blick auf die tatsächliche Wertschöpfungs- und Verantwor-
tungszusammenhänge aber vor allem auch auf viable Lösungsmöglichen. Unser nächstes
Eis werden wir jedenfalls beim Eiskonditor um die Ecke kaufen. Er macht wenigsten keine
leeren Versprechen.

Literatur

Becker L (1994) Integrales Informationsmanagement als Funktion einer marktorientierten Unternehmensführung. Peter Lang, Bergisch Gladbach, Köln

Becker L (2011) Occupy verstehen. http://blog.karlshochschule.de/2011/10/18/occupy-verstehen/.
Zugegriffen: 17. Jul. 2016

Becker L (2012) Warum Manager sich keine Gedanken über Moral machen sollten. In: Becker L,
Hakensohn H, Witt F (Hrsg) Unternehmen nachhaltig führen – Führung, Verantwortung und
Nachhaltigkeit im Management. Symposion, Düsseldorf, S 19–45

Becker L (2016) Nachhaltiges Business Development. In: Becker L, Gora W, Michalski T (Hrsg)
Nachhaltiges Business Development (Arbeitstitel). Symposion, Düsseldorf (in press)

Bergmann G (2006) Systematisches Marketing Management – Wege zu einem zukunftsfähigen Be-
zugsrahmen. In: Rusch G (Hrsg) Konstruktivistische Ökonomik. Metropolis, Marburg, S 213–
250

Bsirske F (2014) Nachwort. In: Neumann A (Hrsg) Der Fall Schlecker – Über Knausern, Knüppeln
und Kontrollen sowie den Kampf um Respekt & Würde. VSA, Hamburg, S 141–142

Bundesverbandes der Verbraucherzentralen und Verbraucherverbände – Verbraucherzentrale Bundesverband e. V. (vzbv) (2016) Lebensmittelklarheit. http://www.lebensmittelklarheit.de/. Zugegriffen: 17. Jul. 2016

Carr AZ (1968) Is business bluffing ethical? Harvard Business Review. https://hbr.org/1968/01/is-
business-bluffing-ethical. Zugegriffen: 06. Aug. 2016

Elfenbein E (2009) What's good for General Motors is good for America. http://www.
crossingwallstreet.com/archives/2009/06/whats-good-for-general-motors-is-good-for-
america.html. Zugegriffen: 09. Aug. 2016

Focus Money Online (2011) Online-Pranger für Lebensmittel kollabiert. http://www.focus.
de/finanzen/recht/lebensmittelklarheit-de-online-pranger-fuer-lebensmittel-kollabiert_aid_
647774.html. Zugegriffen: 17. Jul. 2016

von Foerster H, Bröcker M (2007) Teil der Welt. Fraktale einer Ethik – oder Heinz von Foersters
Tanz mit der Welt, 2. Aufl. Carl Auer, Heidelberg

Freeman RE (1984) Strategic management: a stakeholder approach. Pitman, Boston

Friedman M (2007) The social responsibility of business is to increase its profits, New York Times Magazine (1970). In: Zimmerli W, Richter K, Holzinger M (Hrsg) Corporate ethics and
corporate governance. Springer, Berlin, Heidelberg, S 173–178

Garriga E, Melé D (2004) Corporate social responsibility theories: mapping the territory. J Bus
Ethics 53:51–71

Heinen E (1973) Determinanten des Konsumentenverhaltens – Zur Problematik der Konsumenten-souveränität. In: Koch H (Hrsg) Zur Theorie des Absatzes. Festschrift zum 75.Geburtstag von Erich Gutenberg. Gabler, Wiesbaden

Hunt SD, Vitell S (1986) A general theory of marketing ethics. J Macromark 6:5–16

Hunt SD, Vitell S (2006) The general theory of marketing ethics: a revision and three questions. J Macromark 26(2):143–153

Jansen SA (2016) Die Weltverbesserer. brand eins 05/2016. https://www.brandeins.de/archiv/2016/wir/die-weltverbesserer/. Zugegriffen: 08. Aug. 2015

Jánszky SG (2010) Rulebreaker: Wie die Menschen denken, deren Ideen die Welt verändern. Gol-degg, Berlin, Wien

Kramer ADI, Guillory JI, Hancock JT (2014) Experimental evidence of massive-sale emotional contagion through social networks. Proc Natl Acad Sci. doi:10.1073/pnas.1320040111

Kroeber-Riel W (1972) Über die Schönfärberei in der Werbelehre – faktische und normative Aspek-te der menschlichen Verhaltenssteuerung. Wirtschaftswissenschaftliches Stud 127–129

Lange FA (2008a) Geschichte des Materialismus. http://www.zeno.org/Philosophie/M/Lange, +Friedrich+Albert/Geschichte+des+Materialismus. Zugegriffen: 06. Aug. 2016

Lange FA (2008b) Die Volkswirtschaft und die Dogmatik des Egoismus. http://www.zeno.org/Philosophie/M/Lange,+Friedrich+Albert/Geschichte+des+Materialismus/Zweites+Buch. +Geschichte+des+Materialismus+seit+Kant/Vierter+Abschnitt. +Der+ethische+Materialismus+und+die+Religion/I. +Die+Volkswirtschaft+und+die+Dogmatik+des+Egoismus. Zugegriffen: 08. Aug. 2016

Lautermann C, Pfriem R (2011) Corporate Social Responsibility in wirtschaftsethischen Perspek-tiven. In: Raupp J, Jarolimek S, Schulz F (Hrsg) Handbuch CSR: Kommunikationswissen-schaftliche Grundlagen, disziplinäre Zugänge und methodische Herausforderungen. Springer VS, Wiesbaden, S 281–304

Lübbermann U (2016) Korrespondenz mit Lutz Becker. 14. Juli 2016, redigiert

Müller J (2016) Korrespondenz mit Lutz Becker: 17. Juli 2016, redigiert

Packard V (1983) Die geheimen Verführer. Ullstein, Düsseldorf

Pfriem R (Hrsg) (2004) Eine neue Theorie der Unternehmung für eine neue Gesellschaft. Metropo-lis, Marburg

Premium Cola (2016) http://www.premium-cola.de/. Zugegriffen: 17. Jul. 2016

Rock R, Rosenthal K (1986) Marketing=Philosophie. Peter Lang, Frankfurt am Main, Bern, New York

Röpke J, Stiller O (2006) Einführung zum Nachdruck der 1. Auflage Josef A. Schumpeters „Theorie der wirtschaftlichen Entwicklung" V–XLIII. Duncker & Humblot, Berlin

Scheler M (1923) Wesen und Formen der Sympathie. Der „Phänomenologie d. Sympathiegefühle", 2. Aufl. F. Cohen, Bonn

Schneider A (2012) Reifegradmodell CSR – eine Begriffserklärung und -abgrenzung. In: Schneider A, Schmidpeter R (Hrsg) Corporate social responsibility. Springer, Berlin, Heidelberg, S 17–38

Smith A (1937) An inquiry into the nature and causes of the wealth of nations. Modern Library, New York

Ulrich P, Fluri E (1995) Management, 7. Aufl. Haupt, Bern, Stuttgart, Wien

United Nations (2016) UN Global Compact. https://www.unglobalcompact.org. Zugegriffen: 29. Jul. 2016

United Nations (2016b) Sustainable development goals. https://www.un.org/
    sustainabledevelopment/. Zugegriffen: 29. Jul. 2016

Virblatt (2016) www.virblatt.de. Zugegriffen: 17. Jul. 2016

Virblatt (2016b) http://www.denk-drueber-nach.de/. Zugegriffen: 17. Jul. 2016

Viva con Agua de Sankt Pauli e. V. (2016) https://www.vivaconagua.org. Zugegriffen: 17. Jul. 2016

Weber M (1992) Politik als Beruf. Reclam, Stuttgart

Wöhe G (1981) Einführung in die Allgemeine Betriebswirtschaftslehre, 14. Aufl. Vahlen, München

Wozniewski H (2015) Korrespondenz mit Lutz Becker. 02. Januar 2015

Zeit Online (2016) Oxfam kritisiert Etikettenschwindel in Supermärkten. http://www.zeit.de/
    wirtschaft/2016-05/menschenrechte-verstoss-plantagen-suedfruechte-aldi-lidl-oxfam-bericht.
    Zugegriffen: 15. Jun. 2016

Differenzierung durch CSR

Corporate Social Responsibility aus Kundensicht – Können sich Unternehmen ein gutes Image kaufen?

Helena M. Lischka und Peter Kenning

1 Einleitung

Unternehmungen sehen sich heute in steigendem Ausmaß den Erwartungen, der Prüfung und dem Druck der Stakeholder ausgesetzt, gesellschaftlich verantwortungsvoll zu handeln. Entsprechen sie diesen Erwartungen nicht, riskieren sie (öffentliche) Kritik, insbesondere von Seiten der Kunden, die sich zunehmend ihrer sozialen und ökologischen Rolle bewusst werden (Lauritsen und Perks 2013, S. 178 f.; Goebel und Weißenberger 2015, S. 6). In der Folge darf die Bedeutung der Fähigkeit einer Unternehmung, inwieweit sie ihr Handeln im Kontext gesellschaftlicher Verantwortung darzustellen und legitimieren vermag, nicht unterschätzt werden. Die mit dieser Feststellung einhergehenden Implikationen für das Marketing sind gravierend (Kenning 2014, S. 4). Dies manifestiert sich auch in der Tatsache, dass Corporate Social Responsibility (CSR) zunehmend zur Differenzierung und Positionierung herangezogen wird, z. B. indem es als Instrument zur Stärkung des (Marken-)Images und der Reputation dient. CSR-Leitbilder sollen Kunden darin unterstützen, eine Bewertung und Unterscheidung von Marken vorzunehmen (Wang und Anderson 2011, S. 51). Der CSR-Kontext verändert sich somit von einem Ansatz der Mittelverwendung zu einem betrieblichen Instrument der Mittelentstehung. So ist das CSR-Image in nahezu allen großen deutschen Unternehmungen mindestens als vorökonomisches Ziel verankert und regelmäßig Gegenstand des Reportings. Damit einhergehend sehen sich die Verantwortlichen jedoch zunehmend mit in betrieblichen Kontexten üblichen Effizienzanforderungen konfrontiert. Daher stellt sich für das Ma-

Die Autoren danken Frau Phyllis Gilch, M.Sc. für ihre Unterstützung bei der Datenerhebung.

H. M. Lischka (✉) · P. Kenning
Lehrstuhl für Betriebswirtschaftslehre, insbesondere Marketing, Heinrich-Heine-Universität Düsseldorf
Universitätsstr. 1, 40225 Düsseldorf, Deutschland
E-Mail: helena.lischka@hhu.de

nagement zwangsläufig die Frage nach dem Ziel-Mittel-Einsatz oder – genauer – nach den Input/Output-Relationen des CSR-Instruments bzw. Ansatzes.

Vor diesem Hintergrund adressiert der vorliegende Beitrag die folgenden drei Fragestellungen:

1) Ist CSR lediglich ein kommunikatives Thema oder für Unternehmungen ökonomisch relevant?
2) Gibt es einen Zusammenhang zwischen den CSR-Ausgaben (Input) und dem CSR-Image einer Unternehmung (Output)?
3) Welche Implikationen ergeben sich aus der Beantwortung dieser beiden Fragen für das strategische Management?

2 Theoretischer Hintergrund

Das Verständnis von CSR im Rahmen dieses Beitrags fokussiert im Wesentlichen den Stakeholderansatz. Es folgt damit der weitgehend akzeptierten CSR-Definition der Europäischen Kommission (2001) als „Konzept, das den Unternehmungen als Grundlage dient, auf freiwilliger Basis soziale Belange und Umweltbelange in ihre Unternehmenstätigkeit und in die Wechselbeziehungen zu den Stakeholdern zu integrieren" (Europäische Kommission 2001, S. 7; Kenning 2014, S. 4; Meffert et al. 2011, S. 893; Hansen und Schrader 2005, S. 375; Allen und Peloza 2015, S. 636).

Obwohl das CSR-Image jedes relevanten Stakeholders sorgfältig überwacht werden sollte (Fiedler und Kirchgeorg 2007, S. 178), ist der Kunde letztlich in der Regel der einzige Stakeholder, durch den die Unternehmung nachhaltig Cashflow generiert. Die Bedeutung des CSR-Images in den Köpfen der Kunden wird auch durch die bestehende Forschung betont, indem unter anderem ein direkter Einfluss auf das Konsumentenverhalten (Wagner et al. 2008, S. 126), die Einstellung gegenüber der Unternehmung (Brunk 2010, S. 260), die Unternehmensreputation, das -vertrauen und die -loyalität (Stanaland et al. 2011, S. 48 ff.), die Identifikation mit der Unternehmung (Peloza und Papania 2008, S. 173), die Kaufabsicht (Sen und Bhattacharya 2001, S. 227 ff.) sowie die Weiterempfehlungsabsicht (Vlachos et al. 2009, S. 171 ff.) festgestellt werden konnten. Aus diesem Grund ist es für Unternehmungen nicht nur bedeutsam, den Umfang der wahrgenommenen CSR-Aktivitäten zu kennen (Costa und Menchini 2013, S. 150), sondern auch zu wissen, inwiefern deren Wahrnehmung zu einer entsprechenden CSR-Imagebildung führt.

Vor diesem Hintergrund stellt sich die Frage nach den spezifischen Input-/Output-Verhältnissen zwischen den unternehmensseitigen CSR-Ausgaben sowie dem damit verbundenen CSR-Image in den Köpfen der Kunden. Wie eingangs bereits erläutert, ist CSR primär im Kontext der Mittelverwendung zu verorten (Kang et al. 2015, S. 59, 73) und sollte demnach eher im Bereich der Gewinnverwendung, denn betriebswirtschaftlich als Aufwand verstanden werden. Diese gedankliche Trennung lässt sich jedoch im Unternehmensreporting (Geschäfts- und Nachhaltigkeitsberichte) kaum nachvollziehen, sodass zum einen die Vergleichbarkeit des Umfangs der CSR-Maßnahmen als monetäre Inputvariable von vornerein einer wesentlichen Limitation unterliegt, zum anderen die Aufrechterhaltung dieser engen Definition grundsätzlich in Frage gestellt werden muss. Demzufolge werden im Rahmen des vorliegenden Beitrags zunächst die Inputdimensionen auf Basis der unternehmensindividuellen CSR-Ausgaben operationalisiert. Diese werden definiert als CSR-spezifische Verminderung des Geldvermögens der jeweiligen Unternehmen.

Trotz der in absoluten Größen nennenswerten Höhe der CSR-Ausgaben, sind die relativen Größen gering und zum Teil rückläufig (vgl. Kenning 2014, S. 12 ff.). Tab. 1 lässt sich entnehmen, dass diese – in Relation zum EBIT – im unteren einstelligen Prozentbereich liegen. Auch wenn dies vermutlich aus einer weder einheitlichen noch konsequenten Zuordnung und Dokumentation der CSR-Aktivitäten resultiert, ist vor diesem Hintergrund zunächst einmal eine Lücke zwischen der rhetorisch-medialen Bedeutung des Themas (Kang et al. 2015, S. 73) und den tatsächlichen Ausgaben zur Diskussion zu stellen, die bereits an anderer Stelle berichtet wurde (vgl. Kenning 2014, S. 15). Dies zeigt sich auch in dem konkreten Fall der RWE AG, die in ihrem CSR-Bericht „Investitionen und Aufwendungen für Umweltschutz" in Höhe von 2,4 Mrd. € (RWE 2015, S. 3) angibt. Dies entspräche zwei Drittel ihres EBIT in 2014. Zum Vergleich beziffert der Energieversorger E.ON SE Rückstellungen in Höhe von 871 Mio. € für „Umweltschutzmaßnahmen und ähnliche *Verpflichtungen*" (E.ON 2015, S. 168). Die gemäß oben stehender CSR-Definition vorausgesetzte Freiwilligkeit der Investitionen und Aufwendungen für Umweltschutz ist daher zumindest in Zweifel zu ziehen. Da keine weitere Ausdifferenzierung der genannten Summe im Bericht der RWE AG erfolgt, wird diese Summe in den u. a. CSR-Ausgaben nicht berücksichtigt (siehe Tab. 1).

Von besonderer Bedeutung für das strategische Management ist die Verankerung einer positiven CSR-Einstellung im Unternehmens- oder Produktimage. Das Image stellt dabei das Gesamtbild des Kunden dar, das er sich von der Unternehmung macht und kann als mehrdimensionales Einstellungskonstrukt verstanden werden. Nach Kroeber-Riel und Gröppel-Klein handelt es sich dabei eher um eine „gefühlsmäßige Auseinandersetzung" (Kroeber-Riel und Gröppel-Klein 2013, S. 233), die durch eine zeitliche Stabilisierung gekennzeichnet ist. Diese subjektiven Ursache-Wirkungs-Wahrnehmungen werden regelmäßig attributionstheoretisch begründet und betreffen bspw. die Entkoppelung kognitiver Beurteilungen durch den Kunden und dessen tatsächlichem Verhalten oder Einstellung. Diese Entkoppelungen bilden dann die Grundlage für entsprechende Diskrepanzen. Da diese Zusammenhänge grundlegend sind und nahezu regelmäßig beobachtet werden können, ist ihre Existenz auch im spezifischen Fall der Bildung eines CSR-Images zu vermuten. Ergänzend ist davon auszugehen, dass gemäß dem Bestätigungsirrtum (Confirmation Bias) eine vorgefasste Meinung gegenüber einer Unternehmung dazu führt, dass Informationen über die CSR-Aktivitäten der Unternehmung als Fakten im Sinne der bestehenden Meinung interpretiert werden (Beck 2014, S. 47). Im konkreten Fall wird in diesem Beitrag daher unterstellt, dass in der Bewertung einzelne CSR-Aktivitäten untergewichtet werden, sofern sie nicht konform mit dem bereits bestehenden Image einer Unternehmung sind. Umgekehrt lässt sich eine Tendenz feststellen, nach der die Kunden

Tab. 1 CSR-Angaben aus Geschäfts- und Nachhaltigkeitsberichten

	Umsatz (in Mio. €)	EBIT (in Mio. €)	CSR Ausgaben (in Mio. €)	CSR/Umsatz (in %)	CSR/EBIT (in %)
Allianz SE (2014)	103.161	8848	20,90	0,02	0,24
Audi AG (2014)	53.787	5150	20,66	0,04	0,40
Bayer AG (2014)	42.239	5506	49,10	0,12	0,89
Beiersdorf AG (2014)	6285	796	10,18	0,02	1,28
BMW (2014)	80.401	9118	44,72	0,06	0,49
Commerzbank AG (2014)	7610	623	2,44	0,03	0,39
Daimler AG (2014)	129.872	10.285	56,20	0,04	0,55
Deutsche Bahn AG (2014)	41.000[a]	2200[a]	3,00	0,01	0,14
Deutsche Bank AG (2014)	30.815	3116	93,00	0,03	2,98
Deutsche Telekom AG (2014)	62.658	7247	48,90	0,08	0,67
E.ON SE (2014)	113.053	−585	23,00	0,02	n. a.
Henkel AG & Co. KGaA (2014)	16.428	2244	8,24	0,05	0,37
Metro AG (2014)	63.035	1273	7,53	0,01	0,59
Porsche AG (2014)	17.205[b]	2719[b]	44,30	0,26	1,63
RWE AG (2014)	48.468	3550	5,40	0,01	0,15
Siemens AG (2014)	71.920	7310	26,30	0,04	0,36
Volkswagen Pkw (2014)	99.764	2476	19,00	0,12	1,93

Die Auswahl der aufgeführten Unternehmungen basiert im Wesentlichen auf DAX 30 oder MDAX-Unternehmungen, bei denen sowohl eine Sichtbarkeit und Relevanz aus Kundenperspektive als auch das Reporting von CSR-Ausgaben gegeben ist. Besondere Berücksichtigung fand dabei die Volkswagen AG, da eine Differenzierung zwischen der VW Gruppe mit ihren zwölf Marken (darunter Audi und Porsche) und der Volkswagen-Pkw-Marke in der Befragung zu Schwierigkeiten führen könnte. Als weitere Unternehmung wurde die Deutsche Bahn AG als Mobilitätsanbieter aus inhaltlichen Gründen aufgenommen.
Jahresabschlussdaten basierend auf: wallstreet-online.de/aktien, Abrufdatum 05.08.2016; CSR-Ausgaben basierend auf Angaben in Geschäfts- und Nachhaltigkeitsberichten
[a] http://www1.deutschebahn.com/gb2013-de/klb_2013/prognosebericht/Voraussichtliche_Entwicklung_des_DB-Konzerns/ertragslage.html
[b] https://newsroom.porsche.com/de/geschaeftsbericht/de.html

die gesellschaftliche Verantwortung der Unternehmungen inakkurat besser bewerten, insbesondere wenn sie generell ein positives Image von der Unternehmung haben oder sich mit dieser identifizieren (Peloza et al. 2012; Peloza und Papania 2008). In der Folge lässt sich aus der Wahrnehmung der einzelnen CSR-Aktivitäten einer Unternehmung durch die Kunden nicht auf dessen CSR-Image schließen.

Die zentralen Fragestellungen des Beitrags aufgreifend, werden daher die folgenden Thesen formuliert:

1) Das CSR-Image hat einen Einfluss auf weitere vorökonomische und kaufverhaltensrelevante Zielgrößen.
2) Es existiert kein linearer Zusammenhang zwischen den CSR-Ausgaben und dem CSR-Image einer Unternehmung.
3) Zwischen der Wahrnehmung des CSR-Engagements in Einzelbereichen (z. B. im Hinblick auf gesellschaftliches Engagement) und dem CSR-Image einer Unternehmung besteht kein Zusammenhang.

Während auf Basis vorangegangener Studien im Hinblick auf die erste These davon auszugehen ist, dass die ökonomische Relevanz des CSR-Images einer Unternehmung indirekt über kaufverhaltensrelevante Zielgrößen gegeben ist, lautet die der zweiten These zugrunde liegende Vermutung, dass aus den genannten psychologischen Gründen eine Diskrepanz in den Input-/Output-Relationen vorliegt. Darüber hinaus ist mit Blick auf die dritte These zu vermuten, dass die Bildung eines CSR-Images nicht additiv durch einzelne, oft schwache Maßnahmen erfolgt, sondern vielmehr durch andere Faktoren geprägt wird.

Je nachdem, wie diese Fragen beantwortet werden können, ergeben sich unterschiedliche Implikationen für das strategische Management.

3 Methodischer Überblick und Resultate

Um die oben formulierten Thesen zu prüfen, wurde im Sommer 2015 eine empirische Studie durchgeführt. Im Rahmen der Hauptstudie ($N = 219$; 121 männlich, Alter: $\mu =$ 33,69 Jahre) wurde jeder Proband zu zwei Unternehmen befragt. Hierdurch wurden nach Bereinigung 397 Datensätze zu ursprünglich 21 ausgewählten Unternehmungen (siehe Fragebogen im Anhang) gewonnen und unter Verwendung von IBM SPSS v.22 ausgewertet. Um das Konstrukt „wahrgenommene CSR-Aktivitäten" zu messen, wurde zunächst auf Basis einer Literaturrecherche die Verwendbarkeit verschiedener Skalen geprüft. Die Consumers' Perception of CSR(CPCSR)-Skala von Öberseder et al. (2014) entsprach durch die konsequente Integration des Stakeholderkonzeptes weitestgehend der von den Autoren verwendeten CSR-Definition. In einem ersten Pretest konnten die Ergebnisse von Öberseder et al. (2014) jedoch nicht repliziert werden, u. a. da die Probanden mehrheitlich nicht zum verantwortungsvollen Umgang der Unternehmung gegenüber allen Stakeholdern (z. B. Eigentümer, Geschäftsführung) Auskunft geben konnten. Die Skala wurde daher wesentlich überarbeitet und angepasst. Die Onlineumfrage umfasste in der Folge Items zu den Faktoren *Lieferanten, Kunden, Konkurrenz* und *Arbeitnehmer* innerhalb der Kategorie *einzelwirtschaftliches Engagement* sowie *Gesellschaft, Gemeinschaft vor Ort* und *Umwelt* in der Kategorie *überbetriebliches Engagement*.

Die abhängige Variable CSR-Image wurde als Mittelwert aus der affektiven Bewertung zu Beginn der Befragung und der kognitiven Bewertung nach der detaillierten Auseinandersetzung mit den wahrgenommenen CSR-Aktivitäten der Unternehmung operationalisiert. Um die erste These zur (bekundeten) Kaufverhaltensrelevanz des CSR-Images zu prüfen, wurde darüber hinaus getestet, inwiefern das CSR-Image einen Einfluss auf die Einstellung gegenüber dem Unternehmen, die Bereitschaft zur Honorierung sowie die Kaufabsicht hat.

Die randomisierte Auswahl der Unternehmen erfolgte nach individueller Vorselektion (Bekanntheit) durch die Probanden. Um die Validität und Reliabilität des Messmodells zu beurteilen, wurden Standardkriterien (Cronbachs α, Durchschnittliche Varianzaufklärung [DEV]) herangezogen (siehe untenstehende Tab. 2). Über die gesamte Studie wurden 7-Punkt-Likert-Skalen (7 = sehr viel; 1 = sehr wenig / 7 = sehr verantwortungsvoll; 1 = nicht verantwortungsvoll) verwendet.

Die Ergebnisse der einfachen linearen Regressionen konnten einen Zusammenhang zwischen dem CSR-Image einer Unternehmung und den abhängigen Variablen Einstellung ($R^2 = 0{,}618$, $\beta = 0{,}786$, $p < 0{,}001$), der Bereitschaft zur Honorierung ($R^2 = 0{,}469$, $\beta = 0{,}686$, $p < 0{,}001$) sowie der Kaufabsicht ($R^2 = 0{,}390$, $\beta = 0{,}624$, $p < 0{,}001$) nachweisen. Damit kann die erste These zur (bekundeten) Kaufverhaltensrelevanz des CSR-Images bestätigt werden.

Die zweite These bringt die Vermutung zum Ausdruck, dass zwischen den faktischen CSR-Ausgaben einer Unternehmung und ihrem CSR-Image kein linearer Zusammenhang besteht. Abb. 1 stellt die Ergebnisse der Relation der zu betrachtenden Dimensionen CSR-Ausgaben und CSR-Image überblicksartig dar. Auf der Abszisse sind in aufsteigender Reihenfolge nach Höhe der CSR-Ausgaben die ausgewählten Unternehmungen

Tab. 2 Skalenreliabilität und Faktorenanalyse. (Eigene Darstellung)

Faktor	Anzahl Items	Cronbachs α	Durchschnittliche Varianzaufklärung (DEV) [in %]
Einstellung gegenüber der Unternehmung	4	0,950	86,974
Bereitschaft zur Honorierung	5	0,899	71,414
Kaufabsicht	3	0,913	85,383
CSR-Image	2	0,867	88,246
Lieferanten	4	0,929	82,633
Kunden	3	0,885	81,317
Konkurrenz	3	0,840	75,948
Arbeitnehmer	3	0,879	80,595
Gesellschaft	4	0,853	69,629
Gemeinschaft vor Ort	4	0,913	79,417
Umwelt	4	0,918	80,328

abgetragen (siehe hierzu Tab. 1).[1] Die Ordinate bildet die durch die Befragung ermittelten Imagewerte ab. Basierend auf der 7-Punkt-Skalierung der abhängigen Variable CSR-Image wurde eine Trennlinie entlang der Skalenstufe 4 gezogen, um eine Unterteilung in hohe und niedrige Imagewerte vorzunehmen. Die Kategorisierung der ausgewählten Unternehmungen nach hohen und niedrigen CSR-Ausgaben erfolgte mittels einer Clusteranalyse, auf deren Basis fünf Unternehmungen mit höheren und 11 Unternehmungen mit geringeren CSR-Ausgaben identifiziert wurden.[2] Die vertikale gestrichelte Linie dient der optischen Trennung dieser beiden Cluster (siehe Abb. 1).

Abb. 1 ist zu entnehmen, dass gemäß der zweiten These die CSR-Ausgaben als objektiv feststellbare Inputgröße keine Erklärung für die Varianz der abhängigen Variable CSR-Image liefern. Vielmehr streuen die Daten in der Art, dass sich auch Unternehmen mit niedrigen (hohen) CSR-Ausgaben und hohen (niedrigen) CSR-Imagewerten darstellen lassen. Basierend auf dem Ergebnis der Regressionsanalyse ($R^2 = 0,059$, $\beta = 0,243$, p = 0,347) bestätigt sich die Annahme insgesamt, dass kein linearer Zusammenhang zwischen den CSR-Ausgaben und der Imagedimension besteht. Vielmehr scheint die Funktion einem umgekehrten U-Verlauf zu folgen.

Vor dem Hintergrund der thematisierten Ziel-Mittel-Relation wurde darauf aufbauend geprüft, ob sich die festgestellte Input-/Output-Divergenz nur darauf zurückführen lässt, dass Kunden die entsprechenden Input-Größen nicht wahrnehmen oder ob grund-

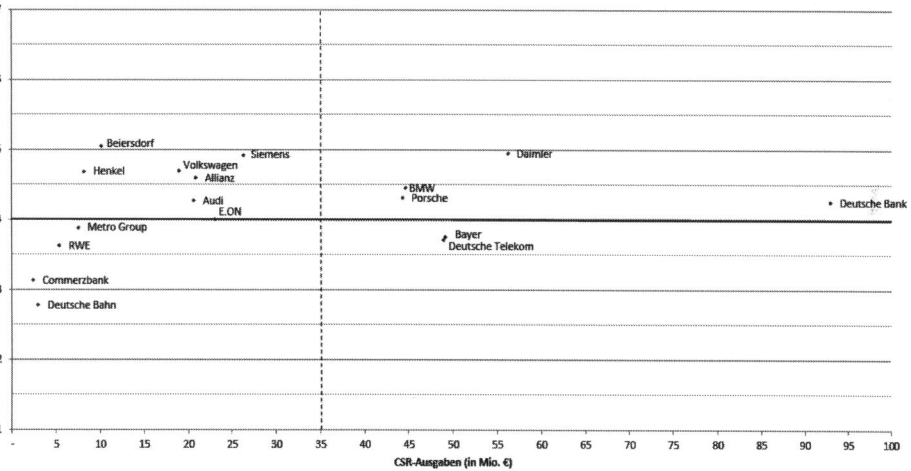

Abb. 1 Zusammenhang zwischen CSR-Ausgaben und -Image

---

[1] Die Gegenüberstellung des CSR-Images und der CSR-Ausgaben erfolgte nach den absoluten Ausgaben anstelle der relativen, da davon auszugehen ist, dass Kunden ein CSR-Engagement der Größe und des Umfangs nach wahrnehmen, nicht aber die Relation zu den Erfolgsgrößen der Unternehmung berücksichtigen.

[2] Als statistischer Ausreißer hinsichtlich der absoluten CSR-Ausgaben wurde die Deutsche Bank in der Clusteranalyse nicht berücksichtigt.

sätzlich kein linearer Zusammenhang zwischen den tatsächlichen Aktivitäten einer Unternehmung und seines CSR-Images feststellbar ist. Hierzu wurde mittels multipler Regression der Zusammenhang zwischen den wahrgenommenen CSR-Aktivitäten (einzelwirtschaftliches Engagement: Lieferanten, Kunden, Konkurrenz und Arbeitnehmer; überbetriebliches Engagement: Gesellschaft, Gemeinschaft vor Ort und Umwelt) und dem CSR-Image geprüft. Abb. 2 stellt das Ergebnis der multiplen Regression ($R^2 = 0{,}680$, $F(7{,}348) = 104{,}292$, $p < 0{,}001$) dar.

Dementsprechend weisen nur drei der sieben Faktoren einen signifikanten (positiven) Zusammenhang zum CSR-Image auf, wobei sie mit einem recht hohen Anteil zur Varianzaufklärung (68 %) der abhängigen Variable beitragen. Erstaunlicherweise sind dies die Faktoren Lieferanten, Konkurrenz und Umwelt. Das Ausmaß des wahrgenommenen verantwortungsvollen Handelns gegenüber den Kunden, den Arbeitnehmern, der Gesellschaft sowie der Gemeinschaft vor Ort und damit den aus gesellschaftlicher Sicht besonders relevanten Stakeholdern liefert keinen Erklärungsgehalt für die Varianz des wahrgenommenen CSR-Images. Die dritte These wird damit in Teilen empirisch gestützt.

Das CSR-Image durch die Kunden scheint in diesem Falle weniger auf das tatsächliche Engagement (CSR-Ausgaben) noch auf das Ausmaß des wahrgenommen verantwortungsvollen Handelns der Unternehmen gegenüber den einzelnen Stakeholdern zurückzuführen zu sein. Stattdessen besteht Grund zu der Annahme, dass das CSR-Image in hohem Maße der bereits erwähnten zeitlichen Stabilität, dem Confirmation Bias sowie Übertragungseffekten (Irradiation) unterliegt.

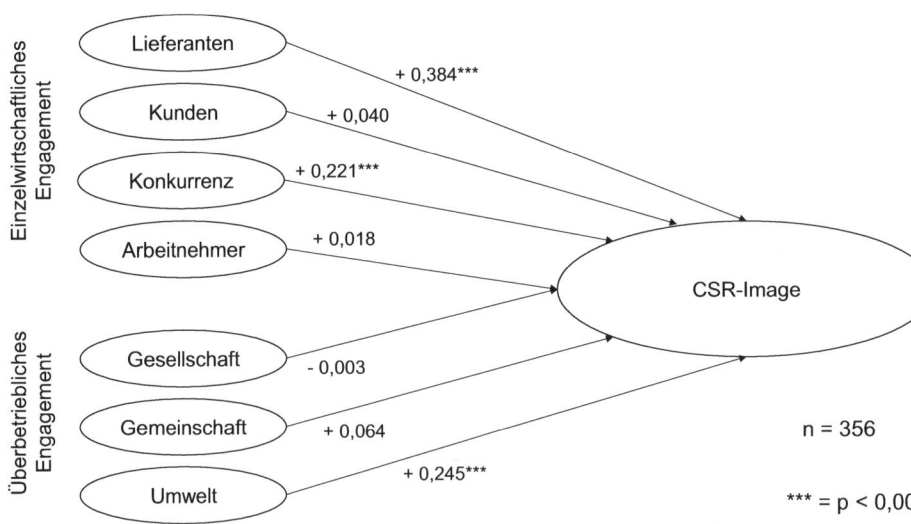

Abb. 2 Einfluss der Wahrnehmung von CSR-Aktivitäten auf das CSR-Image

4 Ableitung von Normstrategien

Gemäß der im vorangestellten Kapitel dargelegten Ergebnisse konnten sowohl Unternehmungen identifiziert werden, bei denen CSR-Ausgaben und CSR-Image übereinstimmen als auch solche, bei denen dies nicht der Fall ist (siehe Abb. 1). Darauf aufbauend lässt sich eine Vier-Felder-Matrix konstruieren, aus der Normstrategien für das strategische Management abgeleitet werden können. Diese Matrix soll im Folgenden kurz skizziert und anschließend inhaltlich konkretisiert werden.

Stimmen beide Dimensionen – CSR-Ausgaben und CSR-Image – überein, so herrscht entweder im positiven (Feld II) oder im negativen Sinne (Feld IV) eine Kongruenz vor: Im positiven Fall engagiert sich die Unternehmung in höherem Ausmaß, was die Kunden entsprechend zur Kenntnis nehmen. Im negativen Fall ist die Unternehmung weder außerordentlich engagiert noch wird sie so wahrgenommen. Divergieren beide Dimensionen (Feld I und Feld III), resultiert dies daraus, dass entweder das tatsächliche Ausmaß der CSR-Aktivitäten nicht zufriedenstellend kommuniziert wurde oder dass bestimmte Kommunikationsmaßnahmen zu einer positiveren Wahrnehmung der Kunden führen, als die tatsächlichen CSR-Aktivitäten dies legitimieren (Backhaus und Schneider 2009, S. 44). Abb. 3 verdeutlicht die Klassifizierung der abgeleiteten Positionen gemäß dem Verhältnis der CSR-Aktivitäten und deren Wahrnehmung durch die Kunden. Diese Klassifizierung stellt dar, dass je nach Position unterschiedliche Handlungsempfehlungen ableitbar sind.

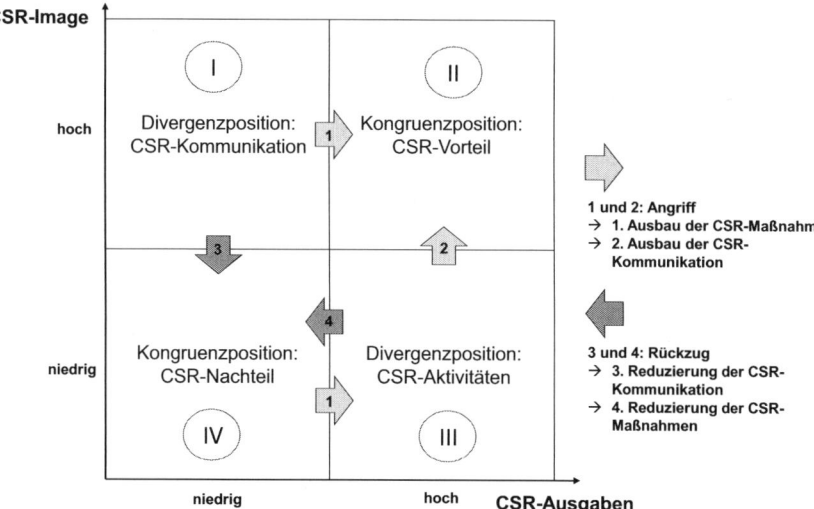

Abb. 3 Vier-Felder-Matrix zur Ableitung von Normstrategien. (In Anlehnung an Backhaus und Schneider 2009, S. 43)

Kongruenzposition: CSR-Vorteil

Im Falle der Kongruenzposition hoher CSR-Ausgaben und hoher CSR-Imagewerte ergibt sich ein CSR-Vorteil (Feld II), womit das marketingstrategische Ziel in der Verteidigung dieser Position bestünde. Angesichts der in der Abb. 1 dargestellten Verortung der Unternehmen BMW, Porsche und Daimler sollten diese Unternehmen im Rahmen einer defensiven Strategie ihre Position nicht nur gegenüber den Wettbewerbern verteidigen, sondern aufgrund der darstellbaren Ziel-Mittel-Relation von CSR-Ausgaben und CSR-Image auch aktiv ausbauen (Müller-Stewens und Lechner 2011, S. 266).

Kongruenzposition: CSR-Nachteil

Entsprechend zum beschriebenen CSR-Vorteil liegt in der Kongruenzposition niedriger CSR-Ausgaben und niedriger CSR-Imagewerte ein CSR-Nachteil (Feld IV) vor. Für Unternehmungen in dieser Position ist vor allem die Fragestellung substanziell, ob CSR lediglich als vorübergehende Modeerscheinung zu betrachten oder von dauerhafter Relevanz ist. Bezüglich der Input-/Output-Relation steht die Quantifizierung des monetären Effekts durch Forschungsarbeiten noch aus. Empirische Studien zeigen, dass sowohl vorökonomische Wirkungen auf Reputation, Bekanntheit, Kaufabsicht, Loyalität und Weiterempfehlung erzielt werden können als auch Änderungen des Kaufverhaltens (Preispremium, Mengeneffekt). In Bezug auf Dienstleistungsunternehmungen sind die letzteren Effekte jedoch schwach, CSR dient hier tendenziell dem Reputationsmanagement (Meffert und Rauch 2014, S. 167 ff.). In jedem Falle sollte die Unternehmung (hier: Metro Group, RWE, Commerzbank und Deutsche Bahn) jedoch im Vorfeld prüfen, ob die Relevanz von CSR für die eigenen Anspruchsgruppen gegeben ist und im Verhältnis steht zu den geplanten Aktivitäten und Kommunikationsmaßnahmen.

Insbesondere am Beispiel der Deutschen Bahn lassen sich Rückschlüsse auf den bereits erwähnten Confirmation Bias ziehen. Ungeachtet der Tatsache, dass es sich bei der Deutschen Bahn um einen Anbieter umweltfreundlicher Mobilität handelt, ist der Wert des CSR-Images der niedrigste im Vergleich zu den anderen Unternehmungen in der Befragung. Es ist anzunehmen, dass der Ärger der Kunden über Fahrpläne, Ticketpreise, Verspätungen oder Zugausfälle sowie der jüngste Lokführer-Streik die Einstellung der Kunden gegenüber der Deutschen Bahn manifestiert hat. In Anbetracht einer hieraus entstandenen Pfadabhängigkeit (Teece et al. 1997) scheint es nicht ratsam, im Sinne der konventionell ableitbaren Normstrategie die nach außen gerichtete Kommunikation auf eine CSR-Identität zu stützen, da hieraus eine Glaubwürdigkeitslücke entstehen würde (Alhouti et al. 2016, S. 1242; Mazutis und Slawinski 2015, S. 137). Daher wäre es vielleicht ratsam, zunächst das CSR-Engagement auszubauen und im Rahmen von (Kunden-)Befragungen die Glaubwürdigkeit der geplanten Maßnahmen zu testen, bevor das CSR-Image durch Kommunikationsmaßnahmen korrigiert werden kann.

Divergenzposition: CSR-Kommunikation

Analog zu den genannten Kongruenzpositionen lassen sich auch zwei Divergenzpositionen unterscheiden. Besonders kritisch ist die Divergenzposition im Hinblick auf die CSR-Kommunikation (Feld I). Sie resultiert zum einen daraus, dass Kunden dazu tendieren, die CSR-Aktivitäten einer Unternehmung positiver zu bewerten, wenn sie generell ein positives Image von der Unternehmung haben oder sich mit dieser identifizieren (Peloza et al. 2012; Peloza und Papania 2008). Zum anderen lässt sich beobachten, dass Unternehmungen verstärkt versuchen, CSR auch als Mittel der Leistungsdifferenzierung zu nutzen, um z. B. von deren positiven Effekten auf die Zahlungsbereitschaften der Kunden zu profitieren, ohne jedoch entsprechende CSR-Maßnahmen zu ergreifen. Wird CSR dennoch intensiv kommuniziert, setzt sich die Unternehmung schnell dem Vorwurf des Greenwashings aus (Herlyn und Radermacher 2014). Das Risiko, dass die Kunden ihre Erwartungen hinsichtlich der gesellschaftlichen Verantwortung der Unternehmung nicht erfüllt sehen, steigt mit zunehmender Berichterstattung und Sensibilität der Kunden und führt im schlimmsten Falle zu einem Imageschaden (Nyilasy et al. 2014) (wie jüngst im Fall des sogenannten „Abgasskandals" von Volkswagen geschehen).[3] Zur Minderung der finanziellen Konsequenzen sind im Rahmen des Risikomanagements entsprechende Maßnahmen proaktiv zu ergreifen. Vor dem Hintergrund des möglichen Reputationsverlustes sollte mit Blick auf Abb. 1 der Fokus von Henkel, Beiersdorf, Allianz, Audi, Siemens, E.ON und Volkswagen entweder auf der Reduzierung der CSR-Kommunikation oder auf der Einbettung von CSR in das Unternehmensleitbild sowie vor allem der konkreten Umsetzung von CSR-Aktivitäten liegen.

Divergenzposition: CSR-Aktivitäten
Insbesondere große Unternehmungen engagieren sich – absolut betrachtet – in nennenswertem Umfang (vgl. Tab. 1), jedoch vermissen viele der Projekte und Maßnahmen aus kommunikationspolitischer Sicht die entsprechende Strahlkraft (Andree und Hahn 2014, S. 237), die als Schlüsselsignale eine Aktivierung und damit Einstellungsbildung (Image) bei den Kunden bewirken. Auch für Unternehmungen in der Divergenzposition CSR-Aktivitäten (Feld III), z. B. Bayer oder die Deutsche Telekom, gilt zunächst zu prüfen, ob und in welchem Maße das CSR-Engagement positiv mit dem Kaufverhalten der eigenen Anspruchsgruppen zusammenhängt und damit für die Unternehmung ertragsrelevant ist. Ist dies nicht der Fall, ließe sich zumindest im Hinblick auf die Frage nach dem Ziel-Mittel-Einsatz als Schlussfolgerung eine Reduzierung der CSR-Aktivitäten auf das notwendige Maß der Risikovermeidung ableiten. Ein Abbau des CSR-Engagements führt jedoch in die Position des CSR-Nachteils, welche nicht unproblematisch ist, da die zukünftige Bedeutung des gesellschaftlichen Engagements von Unternehmungen, insbesondere vor dem Hintergrund einer notwendigen Differenzierung auf homogenisierenden Märkten, ungeklärt bleibt. Unterstellt man dem CSR-Image eine Umsatzrelevanz, sollten Unternehmungen in dieser Divergenzposition die Kundenwahrnehmung durch ein CSR-Kommunikationskonzept korrigieren, in der die zeitliche Stabilität der Einstellungen gegenüber einer Unternehmung sowie vor allem Irradiationseffekte Berücksichtigung finden. Irradia-

---

[3] An dieser Stelle soll darauf verwiesen werden, dass die Befragung durchgeführt wurde, bevor die Vorgänge bei VW im September 2015 aufgedeckt und öffentlich bekannt wurden. Die CSR-Imagewerte von VW basieren daher auf den Zeitpunkt vor dem sog. VW-Abgasskandal.

tionseffekte haben zum Teil eine erhebliche Relevanz für die Imagebildung (Trommsdorff und Teichert 2011, S. 237 f.), da die Beurteilung eines Events, einer Kampagne oder eines Projektes eine Auswirkung auf die Beurteilung anderer Merkmale oder Aktivitäten der Unternehmung hat (vgl. hierzu auch Hellmann et al. 2009). So konnten beispielsweise Hubert et al. (2017) den Irradiationseffekt des wahrgenommenen Innovationsgrades von Flagship-Produkten auf die Marke nachweisen. Die Überprüfung eines solchen Effektes im Kontext von CSR-Projekten könnte Gegenstand weiterer Forschungsarbeiten sein.

5 Fazit

Obschon zahlreiche Studien zeigen, dass gerade in Industrienationen wie Deutschland die Bereitschaft, bspw. Nachhaltigkeitsaspekte in die Kaufentscheidung einzubeziehen (Accenture 2013) oder ein Preispremium in Kauf zu nehmen (Simon und von der Gathen 2014, S. 257 f.) gering ist, wird in der wissenschaftlichen Diskussion bereits von der „Moralisierung der Märkte" (Stehr 2007) gesprochen. Kunden in Wohlstandsregionen wird bisweilen sogar ein altruistisches Kaufverhalten bestätigt (Stehr und Adolf 2014, S. 58). Auch Unternehmungen, deren Produkte und Leistungen nicht zwangsläufig einem gesellschaftlich verantwortungsvollen Konsum entsprechen, moralisieren ihre Tätigkeit durch überbetriebliches Engagement. Nicht alle Märkte folgen bislang dieser Entwicklung, dennoch scheint es sich bei dem Phänomen nicht nur um eine Mode zu handeln, und wenn, dann um keine kurzfristige (Stehr und Adolf 2014, S. 58).

Vor diesem Hintergrund ist die betriebswirtschaftliche Diskussion um Input-/Output-Relationen und Implikationen für die marktorientierte Unternehmensführung immanent. Sie ist jedoch nicht unproblematisch, und zwar sowohl aus inhaltlichen als auch aus operationalen Gesichtspunkten: So besteht zum einen ein Zielkonflikt zwischen dem Engagement in der Gemeinschaft vor Ort durch die Schaffung von Arbeitsplätzen sowie die soziale Integration einerseits und dem Risiko andererseits, dass das erforderliche Preispremium durch die Produktion in High Cost Economies den Betrag überschreitet, den die Kunden für das Produkt der gesellschaftlich verantwortungsvollen Unternehmung zu zahlen bereit sind (Creyer und Ross 1997, S. 432). Zum anderen zeigt sich im Rahmen dieses Beitrags, dass die Definition von CSR auf Basis des Stakeholderkonzeptes ein geeignetes Konzept der Unternehmensführung nach innen sein mag, nicht jedoch in Bezug auf die Marketingkommunikation nach außen. Dies gilt sowohl in Bezug auf die Bewertung der CSR-Maßnahmen, die auf die einzelnen Stakeholder gerichtet sind als auch in Bezug auf die betriebswirtschaftlich relevante Korrespondenz von Input (CSR-Ausgaben) und Output (CSR-Image).

Darüber hinaus zeigen die Ergebnisse der primärwissenschaftlichen Erhebung, dass die entsprechende CSR-Imagebildung von weiteren Faktoren direkt oder indirekt beeinflusst wird. Diese Zusammenhänge sind bis dato noch unklar und könnten den Gegenstand weiterer Forschung bieten, die dann wertvolle Hinweise für das strategische Management liefern würde.

A Anhang: Fragebogen

Herzlich willkommen!

Wir freuen uns sehr, dass Sie sich Zeit für unsere Befragung nehmen. Diese Umfrage wird ca. 15–20 min in Anspruch nehmen. Für jeden vollständig beantworteten und verwertbaren Fragebogen spenden wir **2 € an die Telefonseelsorge**.

Im Folgenden geht es um die **gesellschaftliche Verantwortung von Unternehmen**. Wir interessieren uns dabei für Ihre persönliche Einschätzung der Unternehmensaktivitäten und Ihren Eindruck von den Maßnahmen der betreffenden Unternehmen.

Ihre Daten werden von uns selbstverständlich vertraulich behandelt und anonym ausgewertet. Bitte verwenden Sie zum Wechseln zwischen den Umfrageseiten nicht die Navigationselemente des Browsers, sondern die Schalter am Ende der Umfrageseiten. Andernfalls kann es zum Abbruch der Umfrage kommen.

Die Qualität Ihrer Antworten ist für unsere Studie von großer Bedeutung. Daher bitten wir Sie, die Fragen sorgfältig und wahrheitsgemäß zu beantworten.

Vielen Dank!

Helena Lischka und Phyllis Gilch
Heinrich-Heine-Universität Düsseldorf
Lehrstuhl für Betriebswirtschaftslehre, insb. Marketing
Universitätsstraße 1, 40225 Düsseldorf

Welche der folgenden Unternehmen sind Ihnen gut bekannt?
(„Gut bekannt" kann z. B. in dem Sinne verstanden werden, dass Sie eine Meinung zu dem Unternehmen haben oder in der Lage sind, Ihren Eindruck von dem Unternehmen wiederzugeben.)

Mehrfachnennungen sind möglich.

Adidas	☐	Allianz Group	☐
Audi	☐	Bayer	☐
Beiersdorf	☐	BMW	☐
Commerzbank	☐	Daimler	☐
Deutsche Bahn	☐	Deutsche Bank	☐
Deutsche Telekom	☐	E.ON	☐
Henkel	☐	Lufthansa	☐
METRO Group	☐	Porsche	☐
RWE	☐	Shell	☐
Siemens	☐	TUI	☐
Volkswagen	☐	Ich kenne keines dieser Unternehmen.	☐

[Reihenfolge der Unternehmungen randomisiert]

Vielen Dank für Ihre Auswahl.

Im Folgenden werden wir Sie zu zwei der von Ihnen ausgewählten Unternehmen befragen.

Bitte geben Sie an, wie Sie das sozial und ökologisch verantwortungsvolle Handeln von E.ON [Auswahl beispielhaft] grundsätzlich einschätzen.

Nicht verantwortungsvoll	☐	☐	☐	☐	☐	☐	☐	Sehr verantwortungsvoll

Geben Sie bitte an, wie viel Verantwortung E.ON – Ihrer Meinung nach – in den angeführten Bereichen übernimmt.
Dabei steht 1 für sehr wenig Verantwortung, d. h. dass diesem Verantwortungsbereich keine Bedeutung zukommt und 7 für sehr viel Verantwortung, d. h. dass diesem Verantwortungsbereich eine sehr wichtige Rolle beigemessen wird.

[Lieferanten]	Sehr wenig						Sehr viel
Faire Verhandlungen mit den Lieferanten bzw. Dienstleistern	☐	☐	☐	☐	☐	☐	☐
Faire Preise und Konditionen für die Zuliefe-rer bzw. Dienstleister	☐	☐	☐	☐	☐	☐	☐
Sorgfältige Auswahl der Lieferanten bzw. Dienstleister hinsichtlich angemessener Arbeitsbedingungen	☐	☐	☐	☐	☐	☐	☐
Sorgfältige Auswahl der Lieferanten bzw. Dienstleister hinsichtlich Umweltschutzkrite-rien	☐	☐	☐	☐	☐	☐	☐

[Randomisiert]

[Kunden]	Sehr wenig						Sehr viel
Faire Verkaufspraktiken	☐	☐	☐	☐	☐	☐	☐
Faire Preise für Produkte bzw. faire Konditionen für Leistungen	☐	☐	☐	☐	☐	☐	☐
Eindeutige und verständliche Beschriftung von Produkten bzw. Leistungsbeschreibung	☐	☐	☐	☐	☐	☐	☐

[Randomisiert]

[Konkurrenz]	Sehr wenig						Sehr viel
Einhaltung fairer Spielregeln gegenüber der Konkurrenz (z. B. Verhaltensstandards)	☐	☐	☐	☐	☐	☐	☐
Einhaltung gesetzlicher Wettbewerbsregeln (z. B. unlauterer Wettbewerb, Preisabsprachen etc.)	☐	☐	☐	☐	☐	☐	☐
Kooperationen mit Wettbewerbern zur Verfolgung überbetrieblicher Zwecke (z. B. soziale Belange, Bildung, Forschungsprojekte)	☐	☐	☐	☐	☐	☐	☐

[Randomisiert]

[Arbeitnehmer]	Sehr wenig						Sehr viel
Gute Arbeitsbedingungen	☐	☐	☐	☐	☐	☐	☐
Angemessene Entlohnung	☐	☐	☐	☐	☐	☐	☐
Offene und ehrliche Kommunikation mit den Mitarbeitern	☐	☐	☐	☐	☐	☐	☐
Entwicklung, Förderung und Ausbildung von Mitarbeitern	☐	☐	☐	☐	☐	☐	☐

[Randomisiert]

Geben Sie bitte an, wie viel Verantwortung E.ON – Ihrer Meinung nach – in den angeführten Bereichen übernimmt.
Dabei steht 1 für sehr wenig Verantwortung, d. h. dass diesem Verantwortungsbereich keine Bedeutung zukommt und 7 für sehr viel Verantwortung, d. h. dass diesem Verantwortungsbereich eine sehr wichtige Rolle beigemessen wird.

[Gesellschaft]	Sehr wenig						Sehr viel
Investition in wissenschaftliche Forschung und Entwicklung	☐	☐	☐	☐	☐	☐	☐
Förderung von Kunst und Kultur	☐	☐	☐	☐	☐	☐	☐
Spenden für soziale Einrichtungen und Projekte	☐	☐	☐	☐	☐	☐	☐
Einen Beitrag in die Ausbildung von jungen Leuten (z. B. Lehrlingsausbildung, Schulen, Universitäten, etc.) leisten	☐	☐	☐	☐	☐	☐	☐

[Randomisiert]

[Gemeinschaft vor Ort]	Sehr wenig						Sehr viel
Unterstützung kommunaler Aktivitäten und Projekte (z. B. Sportvereine)	☐	☐	☐	☐	☐	☐	☐
Sicherung von Arbeitsplätzen in der Region, in der das Unternehmen verankert ist	☐	☐	☐	☐	☐	☐	☐
Investitionen in die wirtschaftliche Entwicklung der Region, in der das Unternehmen verankert ist	☐	☐	☐	☐	☐	☐	☐
Offene und ehrliche Kommunikation mit der lokalen Gemeinschaft, in der das Unternehmen verankert ist	☐	☐	☐	☐	☐	☐	☐

[Randomisiert]

[Umwelt]	Sehr wenig						Sehr viel
Investitionen in ressourcenschonende Verfahren und Abläufe (z. B. moderne Produktionsverfahren, Vermeidung von Papierverbrauch, etc.)	☐	☐	☐	☐	☐	☐	☐
Verringerung von Abfall (z. B. Verpackungsmüll, Produktionsabfälle, etc.)	☐	☐	☐	☐	☐	☐	☐
Reduktion des Energieverbrauchs (z. B. Strom)	☐	☐	☐	☐	☐	☐	☐
Finanzielle Förderung des Umweltschutzes (z. B. Umweltschutzprojekte, Umweltorganisationen, etc.)	☐	☐	☐	☐	☐	☐	☐

[Randomisiert]

Nachdem Sie sich nun Gedanken gemacht und alle Fragen im Detail beantwortet haben, stufen Sie bitte ein, wie verantwortungsvoll sich E.ON hinsichtlich sozialer und ökologischer Belange Ihrer Meinung nach *insgesamt* verhält.

Nicht verantwortungsvoll	☐	☐	☐	☐	☐	☐	☐	Sehr verantwortungsvoll

Mein Gesamteindruck von E.ON ist ...
Bitte wählen Sie jeweils den Punkt, der Ihre Antwort am besten repräsentiert.

Unseriös	☐	☐	☐	☐	☐	☐	☐	Seriös
Unehrlich	☐	☐	☐	☐	☐	☐	☐	Ehrlich
Schlecht	☐	☐	☐	☐	☐	☐	☐	Gut
Nicht vorziehenswürdig	☐	☐	☐	☐	☐	☐	☐	Vorziehenswürdig
Nicht zufriedenstellend	☐	☐	☐	☐	☐	☐	☐	Zufriedenstellend

[Randomisiert]

Bitte geben Sie an, inwiefern die folgenden Aussagen bezüglich E.ON für Sie zutreffen.

	Trifft überhaupt nicht zu						Trifft voll und ganz zu
Ich würde deutlich mehr Geld für ein Produkt bzw. eine Leistung dieses Unternehmens bezahlen.	☐	☐	☐	☐	☐	☐	☐
Ich würde mehrere Kilometer Umweg in Kauf nehmen, um ein Produkt bzw. eine Leistung dieses Unternehmens zu beziehen.	☐	☐	☐	☐	☐	☐	☐
Müsste ich zwischen zwei Unternehmen wählen, würde ich stets den Kauf eines Produktes bzw. einer Leistung dieses Unternehmens vorziehen.	☐	☐	☐	☐	☐	☐	☐
Dieses Unternehmen hat es verdient, erfolgreich auf dem Markt zu sein.	☐	☐	☐	☐	☐	☐	☐
Dieses Unternehmen verdient es, mehr Profit als vergleichbare Unternehmen der Branche zu erzielen.	☐	☐	☐	☐	☐	☐	☐

[Randomisiert]

Bitte nehmen Sie Stellung zu den folgenden Aussagen bezüglich E.ON:

	Trifft überhaupt nicht zu						Trifft voll und ganz zu
Ich würde Kunde dieses Unternehmens werden.	☐	☐	☐	☐	☐	☐	☐
Ich würde Produkte bzw. Leistungen dieses Unternehmens aktiv ausfindig machen (um sie zu kaufen).	☐	☐	☐	☐	☐	☐	☐
Ich würde Produkte bzw. Leistungen dieses Unternehmens ausprobieren.	☐	☐	☐	☐	☐	☐	☐

Bitte geben Sie an, wie Sie das sozial und ökologisch verantwortungsvolle Handeln der Commerzbank [Auswahl beispielhaft] grundsätzlich einschätzen.

Nicht verantwortungsvoll	☐	☐	☐	☐	☐	☐	☐	Sehr verantwortungsvoll

Geben Sie bitte an, wie viel Verantwortung die Commerzbank – Ihrer Meinung nach – in den angeführten Bereichen übernimmt.
Dabei steht 1 für sehr wenig Verantwortung, d. h. dass diesem Verantwortungsbereich keine Bedeutung zukommt und 7 für sehr viel Verantwortung, d. h. dass diesem Verantwortungsbereich eine sehr wichtige Rolle beigemessen wird.

[Lieferanten]	Sehr wenig						Sehr viel
Faire Verhandlungen mit den Lieferanten bzw. Dienstleistern	☐	☐	☐	☐	☐	☐	☐
Faire Preise und Konditionen für die Zulieferer bzw. Dienstleister	☐	☐	☐	☐	☐	☐	☐
Sorgfältige Auswahl der Lieferanten bzw. Dienstleister hinsichtlich angemessener Arbeitsbedingungen	☐	☐	☐	☐	☐	☐	☐
Sorgfältige Auswahl der Lieferanten bzw. Dienstleister hinsichtlich Umweltschutzkriterien	☐	☐	☐	☐	☐	☐	☐

[Randomisiert]

[Kunden]	Sehr wenig						Sehr viel
Faire Verkaufspraktiken	☐	☐	☐	☐	☐	☐	☐
Faire Preise für Produkte bzw. faire Konditionen für Leistungen	☐	☐	☐	☐	☐	☐	☐
Eindeutige und verständliche Beschriftung von Produkten bzw. Leistungsbeschreibung	☐	☐	☐	☐	☐	☐	☐

[Randomisiert]

[Konkurrenz]	Sehr wenig						Sehr viel
Einhaltung fairer Spielregeln gegenüber der Konkurrenz (z. B. Verhaltensstandards)	☐	☐	☐	☐	☐	☐	☐
Einhaltung gesetzlicher Wettbewerbsregeln (z. B. unlauterer Wettbewerb, Preisabsprachen etc.)	☐	☐	☐	☐	☐	☐	☐
Kooperationen mit Wettbewerbern zur Verfolgung überbetrieblicher Zwecke (z. B. soziale Belange, Bildung, Forschungsprojekte)	☐	☐	☐	☐	☐	☐	☐

[Randomisiert]

[Arbeitnehmer]	Sehr wenig						Sehr viel
Gute Arbeitsbedingungen	☐	☐	☐	☐	☐	☐	☐
Angemessene Entlohnung	☐	☐	☐	☐	☐	☐	☐
Offene und ehrliche Kommunikation mit den Mitarbeitern	☐	☐	☐	☐	☐	☐	☐
Entwicklung, Förderung und Ausbildung von Mitarbeitern	☐	☐	☐	☐	☐	☐	☐

[Randomisiert]

Geben Sie bitte an, wie viel Verantwortung die Commerzbank – Ihrer Meinung nach – in den angeführten Bereichen übernimmt.
Dabei steht 1 für sehr wenig Verantwortung, d. h. dass diesem Verantwortungsbereich keine Bedeutung zukommt und 7 für sehr viel Verantwortung, d. h. dass diesem Verantwortungsbereich eine sehr wichtige Rolle beigemessen wird.

[Gesellschaft]	Sehr wenig						Sehr viel
Investition in wissenschaftliche Forschung und Entwicklung	☐	☐	☐	☐	☐	☐	☐
Förderung von Kunst und Kultur	☐	☐	☐	☐	☐	☐	☐
Spenden für soziale Einrichtungen und Projekte	☐	☐	☐	☐	☐	☐	☐
Einen Beitrag in die Ausbildung von jungen Leuten (z. B. Lehrlingsausbildung, Schulen, Universitäten, etc.) leisten	☐	☐	☐	☐	☐	☐	☐

[Randomisiert]

[Gemeinschaft vor Ort]	Sehr wenig						Sehr viel
Unterstützung kommunaler Aktivitäten und Projekte (z. B. Sportvereine)	☐	☐	☐	☐	☐	☐	☐
Sicherung von Arbeitsplätzen in der Region, in der das Unternehmen verankert ist	☐	☐	☐	☐	☐	☐	☐
Investitionen in die wirtschaftliche Entwicklung der Region, in der das Unternehmen verankert ist	☐	☐	☐	☐	☐	☐	☐
Offene und ehrliche Kommunikation mit der lokalen Gemeinschaft, in der das Unternehmen verankert ist	☐	☐	☐	☐	☐	☐	☐

[Randomisiert]

[Umwelt]	Sehr wenig						Sehr viel
Investitionen in ressourcenschonende Verfahren und Abläufe (z. B. moderne Produktionsverfahren, Vermeidung von Papierverbrauch, etc.)	☐	☐	☐	☐	☐	☐	☐
Verringerung von Abfall (z. B. Verpackungsmüll, Produktionsabfälle, etc.)	☐	☐	☐	☐	☐	☐	☐
Reduktion des Energieverbrauchs (z. B. Strom)	☐	☐	☐	☐	☐	☐	☐
Finanzielle Förderung des Umweltschutzes (z. B. Umweltschutzprojekte, Umweltorganisationen, etc.)	☐	☐	☐	☐	☐	☐	☐

[Randomisiert]

Nachdem Sie sich nun Gedanken gemacht und alle Fragen im Detail beantwortet haben, stufen Sie bitte ein, wie verantwortungsvoll sich die Commerzbank hinsichtlich sozialer und ökologischer Belange Ihrer Meinung nach *insgesamt* verhält.

Nicht verantwortungsvoll	☐	☐	☐	☐	☐	☐	☐	Sehr verantwortungsvoll

Mein Gesamteindruck der Commerzbank ist ...

Bitte wählen Sie jeweils den Punkt, der Ihre Antwort am besten repräsentiert.

Unseriös	☐	☐	☐	☐	☐	☐	☐	Seriös
Unehrlich	☐	☐	☐	☐	☐	☐	☐	Ehrlich
Schlecht	☐	☐	☐	☐	☐	☐	☐	Gut
Nicht vorziehenswürdig	☐	☐	☐	☐	☐	☐	☐	Vorziehenswürdig
Nicht zufriedenstellend	☐	☐	☐	☐	☐	☐	☐	Zufriedenstellend

[Randomisiert]

Bitte geben Sie an, inwiefern die folgenden Aussagen bezüglich der Commerzbank für Sie zutreffen.

	Trifft überhaupt nicht zu						Trifft voll und ganz zu
Ich würde deutlich mehr Geld für ein Produkt bzw. eine Leistung dieses Unternehmens bezahlen.	☐	☐	☐	☐	☐	☐	☐
Ich würde mehrere Kilometer Umweg in Kauf nehmen, um ein Produkt bzw. eine Leistung dieses Unternehmens zu beziehen.	☐	☐	☐	☐	☐	☐	☐
Müsste ich zwischen zwei Unternehmen wählen, würde ich stets den Kauf eines Produktes bzw. einer Leistung dieses Unternehmens vorziehen.	☐	☐	☐	☐	☐	☐	☐
Dieses Unternehmen hat es verdient, erfolgreich auf dem Markt zu sein.	☐	☐	☐	☐	☐	☐	☐
Dieses Unternehmen verdient es, mehr Profit als vergleichbare Unternehmen der Branche zu erzielen.	☐	☐	☐	☐	☐	☐	☐

[Randomisiert]

Bitte nehmen Sie Stellung zu den folgenden Aussagen bezüglich der Commerzbank:

	Trifft überhaupt nicht zu						Trifft voll und ganz zu
Ich würde Kunde dieses Unternehmens werden.	☐	☐	☐	☐	☐	☐	☐
Ich würde Produkte bzw. Leistungen dieses Unternehmens aktiv ausfindig machen (um sie zu kaufen).	☐	☐	☐	☐	☐	☐	☐
Ich würde Produkte bzw. Leistungen dieses Unternehmens ausprobieren.	☐	☐	☐	☐	☐	☐	☐

[Randomisiert]

Wie alt sind Sie? _____

Welches ist Ihr Geschlecht?

Männlich	☐
Weiblich	☐

Wie hoch ist das durchschnittliche monatliche Netto-Einkommen Ihres Haushalts?

< 500 €	☐	3001–3500 €	☐
500–1000 €	☐	3501–4000 €	☐
1001–1500 €	☐	4001–4500 €	☐
1501–2000 €	☐	4500–5000 €	☐
2001–2500 €	☐	> 5000 €	☐
2501–3000 €	☐		

Wie ist Ihr gegenwärtiges Beschäftigungsverhältnis?

Schüler/in	☐	Auszubildende/r	☐
Student/in	☐	Arbeitssuchend	☐
Selbständige/r	☐	Hausfrau/Hausmann	☐
Beamter/Beamtin	☐	Rentner/in, Pensionär/in, im Vorruhezustand	☐
Angestellte/r	☐	Sonstiges, nämlich:	☐
Arbeiter/in	☐		

Was ist der höchste Bildungsabschluss, den Sie bisher erworben haben?

Hauptschulabschluss	☐	Promotion	☐
Mittlere Reife	☐	Habilitation	☐
Abitur	☐	Berufsausbildung	☐
Bachelor	☐	(bisher) kein Abschluss	☐
Master	☐	Sonstiges, nämlich:	☐
Diplom	☐		

Gibt es irgendeinen Grund, aus dem wir Ihre Daten *nicht* verwenden sollten?

Nein, **alles in Ordnung**.	☐
Ja, bitte **nicht verwenden**.	☐

Literatur

Accenture (2013) The UN global Compact-Accenture CEO study on sustainability 2013 – architects of a Better World Accenture

Alhouti S, Johnson CM, Holloway BB (2016) Corporate social responsibility authenticity: investigating its antecedents and outcomes. J Bus Res 69(3):1242–1249

Allen AM, Peloza J (2015) Someone to watch over me: the integration of privacy and corporate social responsibility. Bus Horiz 58(6):635–642

Andree I, Hahn C (2014) Nachhaltigkeit in der Kommunikationspolitik: „Deutsche Telekom". In: Meffert H, Kenning P, Kirchgeorg M (Hrsg) Sustainable Marketing Management. Grundlagen und Cases. Springer Gabler, Wiesbaden, S 227–250

Backhaus K, Schneider H (2009) Strategisches Marketing-Management, 2. Aufl. Schäffer Poeschel, Stuttgart

Beck H (2014) Behavioral Economics – Eine Einführung. Springer Gabler, Wiesbaden

Brunk KH (2010) Exploring origins of ethical company/brand perceptions – A consumer perspective of corporate ethics. J Bus Res 63(3):255–262

Costa R, Menchini T (2013) A multidimensional approach for CSR assessment: the importance of the stakeholder perception. Expert Syst Appl 40(1):150–161

Creyer EH, Ross WT (1997) The influence of firm behavior on purchase intention: do consumers really care about business ethics? J Consum Mark 14(6):421–432

E.ON (2015) E.ON Nachhaltigkeit 2015 Fact Sheet. E.ON SE, Düsseldorf

Europäische Kommission (Hrsg) (2001) Grünbuch Europäische Rahmenbedingungen für die soziale Verantwortung von Unternehmen

Fiedler L, Kirchgeorg M (2007) The role concept in corporate branding and stakeholder management reconsidered: Are stakeholder groups really different? Corp Reput Rev 10(3):177–188

Goebel S, Weißenberger BE (2015) The relationship between informal controls, ethical work climates, and organizational performance. J Bus Ethics 1–24. doi:10.1007/s10551-015-2700-7

Hansen U, Schrader U (2005) Corporate Social Responsibility als aktuelles Thema der Betriebswirtschaftslehre. Betriebswirtschaft 65(4):373–395

Hellmann KU, Eberhardt T, Kenning P (2009) Gelebte Leidenschaft. Absatzwirtschaft (Sonderausgabe zum Deutschen Marketingtag vom 28.10.2009):62-65

Herlyn EL, Radermacher FJ (2014) Was kann das Marketing für die Nachhaltigkeit tun. In: Meffert H, Kenning P, Kirchgeorg M (Hrsg) Sustainable Marketing Management. Grundlagen und Cases. Springer Gabler, Wiesbaden, S 431–463

Hubert M, Florack A, Gattringer R, Eberhardt T, Enkel E, Kenning P (2017) Flag up! – Flagship products as important drivers of perceived brand innovativeness. J Bus Res 71:154–163

Kang C, Germann F, Grewal R (2015) Washing away your sins? Corporate social responsibility, corporate social irresponsibility, and firm performance. J Mark 80(2):59–79

Kenning P (2014) Sustainable Marketing – Definition und begriffliche Abgrenzung. In: Meffert H, Kenning P, Kirchgeorg M (Hrsg) Sustainable Marketing Management. Grundlagen und Cases. Springer Gabler, Wiesbaden, S 3–20

Kroeber-Riel, Gröppel-Klein (2013) Konsumentenverhalten, 10. Aufl. Vahlen, München

Lauritsen BD, Perks KJ (2013) The influence of interactive, non-interacive, implicit and explicit CSR communication on young adults' perception of UK supermarkets' corporate brand image and reputation. Corp Commun 20(2):178–195

Mazutis DD, Slawinski N (2015) Reconnecting business and society: perceptions of authenticity in corporate social responsibility. J Bus Ethics 131(1):137–150

Meffert H, Rauch C (2014) Sustainable Branding – Konzept, Wirkungen und empirische Befunde. In: Meffert H, Kenning P, Kirchgeorg M (Hrsg) Sustainable Marketing Management. Grundlagen und Cases. Springer Gabler, Wiesbaden, S 159–174

Meffert H, Burmann C, Kirchgeorg M (2011) Marketing – Grundlagen der marktorientierten Unternehmensführung. Gabler, Wiesbaden

Müller-Stewens G, Lechner C (2011) Strategisches Management – Wie strategische Initiativen zum Wandel führen, 4. Aufl. Schäffer Poeschel, Stuttgart

Nyilasy G, Gangadharbatla H, Paladino A (2014) Perceived greenwashing: the interactive effects of green advertising and corporate environmental performance on consumer reactions. J Bus Ethics 2014(125):693–707

Öberseder M, Schlegelmilch BB, Murphy PE, Gruber V (2014) Consumers' perceptions of corporate social responsibility: scale development and validation. J Bus Ethics 2014(124):101–115

Peloza J, Papania L (2008) The missing link between corporate social responsibility and financial performance: stakeholder salience and identification. Corp Reput Rev 2008(11):169–181

Peloza J, Loock M, Cerruti J, Muyot M (2012) Sustainability: how stakeholder perceptions differ from reality. Calif Manage Rev 55(01):74–95

RWE (2015) Unsere Verantwortung. Bericht 2014. RWE Aktiengesellschaft, Essen

Sen S, Bhattacharya CB (2001) Does doing good always lead to doing better? Consumer reactions to corporate social responsibility. J Mark Res 38(2):225–243

Simon H, von der Gathen A (2014) Nachhaltigkeit in der Preis- und Konditionenpolitik. In: Meffert H, Kenning P, Kirchgeorg M (Hrsg) Sustainable Marketing Management. Grundlagen und Cases. Springer Gabler, Wiesbaden, S 257

Stanaland AJ, Lwin MO, Murphy PE (2011) Consumer perceptions of the antecedents and consequences of corporate social responsibility. J Bus Ethics 102(1):47–55

Stehr N (2007) Die Moralisierung der Märkte. Eine Gesellschaftstheorie. Suhrkamp, Frankfurt am Main

Stehr N, Adolf MT (2014) Der Konsum der Verbraucher. In: Meffert H, Kenning P, Kirchgeorg M (Hrsg) Sustainable Marketing Management. Grundlagen und Cases. Springer Gabler, Wiesbaden, S 55–70

Teece DJ, Pisano G, Shuen A (1997) Dynamic capabilities and strategic management. Strateg Manag J 18(7):509–533

Trommsdorff V, Teichert T (2011) Konsumentenverhalten, 8. Aufl. Kohlhammer, Stuttgart

Vlachos PA, Tsamakos A, Vrechopoulos AP, Avramidis PK (2009) Corporate social responsibility: attributions, loyalty, and the mediating role of trust. J Acad Mark Sci 37(2):170–180

Wagner T, Bicen P, Hall ZR (2008) The dark side of retailing: towards a scale of corporate social irresponsibility. Int J Retail Distrib Manag 36(2):124–142

Wang A, Anderson RB (2011) A multi-staged model of consumer responses to CSR communication. J Corp Citizsh 2011(41):51–68

Corporate Social Responsibility als Möglichkeit der Differenzierung – Chancen für Vertrieb und Marketing der KESSEL AG

Florian Holzapfel, Thomas Nimsgern und Reinhard Späth

Corporate Social Responsibility lebt von Glaubwürdigkeit –
Glaubwürdigkeit entsteht, wenn CSR gelebt wird.

Prolog

Obwohl Corporate Social Responsibility (CSR) zu den verhältnismäßig jungen The-
menschwerpunkten der klassischen BWL gezählt werden muss, kann zum aktuellen
Zeitpunkt aus wissenschaftlicher Sicht bereits eine sehr umfangreiche Behandlung fest-
gestellt werden. Im Gegensatz dazu steckt die praktische Umsetzung eines konsequenten
CSR-Managements in Unternehmen häufig noch in den Kinderschuhen. Ergänzend zu
den vorliegenden wissenschaftlichen Abhandlungen soll dieser Beitrag die praktischen
Möglichkeiten und Potenziale für Unternehmen aufzeigen, die durch ein gelebtes CSR
entstehen. Am Beispiel der KESSEL AG wird dabei zunächst die Kommunikationspolitik
des Unternehmens beleuchtet, bevor auf die konkrete Umsetzung von CSR als innova-
tives Differenzierungsmerkmal sowohl aus strategischer Sicht als auch im Hinblick auf
die operative Umsetzung geeigneter Maßnahmen eingegangen wird. Darauf aufbauend
erfolgt eine Beurteilung von CSR als potenzielles Instrument für Vertrieb und Marketing.

F. Holzapfel (✉)
Marketing/Kommunikation, KESSEL AG
Bahnhofstraße 31, 85101 Lenting, Deutschland
E-Mail: florian.holzapfel@kessel.de

T. Nimsgern · R. Späth
KESSEL AG
Bahnhofstraße 31, 85101 Lenting, Deutschland

© Springer-Verlag GmbH Deutschland 2017
C. Stehr und F. Struve (Hrsg.), *CSR und Marketing*,
Management-Reihe Corporate Social Responsibility, DOI 10.1007/978-3-662-45813-6_5

1 Ideen schaffen Nachhaltigkeit

Als die KESSEL AG im Jahr 1963 gegründet wurde, stand die Idee im Vordergrund, über wertschöpfende Produktionsprozesse und marktfähige Produkte wirtschaftliche Erfolge zu erzielen. Themen wie CSR, Nachhaltigkeit oder Green Design spielten bei der Erschließung von Zielgruppen keine bewusste Rolle. Dennoch setzte man von Anfang an auf eine gesunde – mittlerweile würde man sagen nachhaltige – Unternehmensentwicklung, die den langfristigen Bestand des damaligen „Start-ups" sicherte.

Heute steht der Name KESSEL für innovative und zuverlässige Lösungen aus dem Bereich der Entwässerungstechnik. Aus der Idee eines einfachen Rückstauverschlusses hat sich ein international erfolgreiches Unternehmen mit umfangreichem Produktsortiment entwickelt. So werden die Produkte in mehr als 50 Ländermärkten eingesetzt, um Wasser abzuleiten, Abwasser zu reinigen oder Rückstau und Wasser im Keller zu vermeiden. Neben Rückstauverschlüssen, Hebeanlagen und Abscheidetechnik bietet die KESSEL AG ein breites Sortiment an designorientierten Badabläufen, Wandabläufen und Duschrinnen. Ein Alleinstellungsmerkmal stellen individuelle Lösungen dar. Dabei werden auf Kundenwunsch Entwässerungskonzepte für Einsatzbereiche entwickelt und umgesetzt, denen verfügbare Standardprodukte nicht gerecht werden können.

Als mittelständisches Unternehmen setzt die KESSEL AG auf zuverlässige Premiumprodukte „made in Germany". Innovationen entstehen dabei entlang der gesamten Wertschöpfungskette von der Entwicklung und der Produktion, bis hin zum Vertrieb und dem After-Sales-Service. Basis dafür sind mehr als 500 motivierte Mitarbeiter, die mit ihren Ideen sowie deren Umsetzung permanent an einer erfolgreichen und nachhaltigen Zukunft des Unternehmens arbeiten.

2 Marketing und Kommunikation bei der KESSEL AG

Der Begriff Marketing bezeichnet allgemein zum einen den Unternehmensbereich, dessen Aufgabe es ist, Produkte zu vermarkten. Zum anderen beschreibt dieser Begriff aber auch ein Konzept einer ganzheitlichen, marktorientierten Unternehmensführung.

In den letzten Jahrzehnten hat sich Marketing damit von einer ursprünglich rein operativen Technik zur Beeinflussung der Kaufentscheidung durch den Einsatz von Instrumenten im Rahmen des Marketingmixes hin zu einer Führungskonzeption entwickelt. Marketing stellt somit eine unternehmerische Denkhaltung dar, deren wichtigste Herausforderung das Erkennen von Marktveränderungen ist, um rechtzeitig Wettbewerbsvorteile aufzubauen.

Heut ist es unumstritten, dass auf wettbewerbsintensiven Märkten die Bedürfnisse der Nachfrager im Zentrum der Unternehmensführung stehen müssen.

Auch bei KESSEL wurde das Unternehmen von Beginn an konsequent an den Bedürfnissen des Marktes ausgerichtet. In den 60er-Jahren allerdings noch nicht streng nach den Regeln eines professionellen, theoretischen Marketinggerüstes. Im Laufe der Zeit wurden jedoch immer wieder strategische Weichenstellungen vorgenommen, die sich konsequent am Markenkern orientiert haben.

2.1 Der Markenkern von KESSEL

Der Markenkern definiert, wofür eine Marke stehen soll. Er ist das Herz eines Unternehmens und der Menschen, die dort arbeiten, und bildet die Basis für die Unternehmensidentität. Diese Persönlichkeit mit all ihren Facetten macht die Marke aus, macht sie einmalig und damit für den Nutzer interessant.

Was macht die KESSEL AG aus? Was macht KESSEL einzigartig? Wo liegen die ganz besonderen Kompetenzen und Eigenschaften, mit denen man sich von Wettbewerbern abgrenzen kann? Es geht um eine klare Positionierung, ein klares Profil. Um erkennbar zu zeigen: KESSEL ist der richtige Partner in der Gebäude- und Grundstücksentwässerung.

Den Markenkern von KESSEL bilden Sicherheit, Innovation und Service. KESSEL verspricht allen an Planung, Ausführung und Betrieb eines Bauwerkes Beteiligten im Themenfeld Entwässerung eines Gebäudes und Grundstückes Sicherheit. Dem Architekten, dem Handwerker, den Betreibern (Facility-Managern) und nicht zuletzt dem Inhaber.

Dieses Versprechen löst das Unternehmen ein, indem es im Rahmen der Produktentwicklung konsequent auf Innovationen setzt. Produktinnovationen haben dabei stets das Ziel, den Verbau und den Betrieb des neuen Produktes zu verbessern. Sie sind somit streng an den Bedürfnissen des Handwerkers (Verbau) und des Betreibers (Betrieb) ausgerichtet. Ergänzt durch Services im Vorfeld des Produktkaufes (Planung und Auslegung) und ebenso nach Verbau des Produktes (After-Sales-Service) steht immer der Kunde im Mittelpunkt aller Überlegungen.

2.2 Das Markenimage von KESSEL

Das Markenimage ist ein weiterer wichtiger Begriff im Rahmen des Marketings. Es handelt sich beim Image um das Vorstellungsbild des Kunden vom jeweiligen Unternehmen. Es bildet den funktionalen, emotionalen und symbolischen Nutzen sowie die mit der Marke assoziierten Eigenschaften ab.

Dem IST-Image muss das geplante SOLL-Image immer wieder gegenübergestellt werden. Das SOLL-Image ist eine Zielposition, die im Verhältnis zu den Wettbewerbsmarken erreicht werden soll. Sie entspricht der angestrebten Unique Selling Proposition (kurz: USP). Diese Positionierung ist nichts anderes als ein Versprechen, das dem Kunden gegeben wird. Dieses Versprechen muss so gewählt werden, dass es der Marke eine Alleinstellung im Markt verschafft und die Marke klar von allen anderen Anbietern differenziert.

KESSEL positioniert sich als das führende Unternehmen im Bereich der Entwässerungstechnik und bietet mit der besten Qualität (Premium) die höchste Sicherheit im sensiblen Bereich der Entwässerungstechnik. Dieses Versprechen muss ständig unter Beweis gestellt und überzeugend kommuniziert werden.

2.3 Das Markenimage und seine Bedeutung

Laut dem Nachrichtenmagazin Focus (Bericht vom 4. Februar 2013) hängen je nach Branche bis zu 35 % des Umsatzes von der Reputation eines Unternehmens ab. Ein Drittel des Umsatzes steht somit in unmittelbarem Zusammenhang mit dem guten Ruf, sprich dem Image eines Unternehmens (siehe Abb. 1).

Wie stellt KESSEL sicher, dass der gute Ruf, das positive Image gewahrt bleibt? KESSEL spricht in diesem Zusammenhang von der „Reputationsformel":

Image = Leistung + Verhalten + Kommunikation

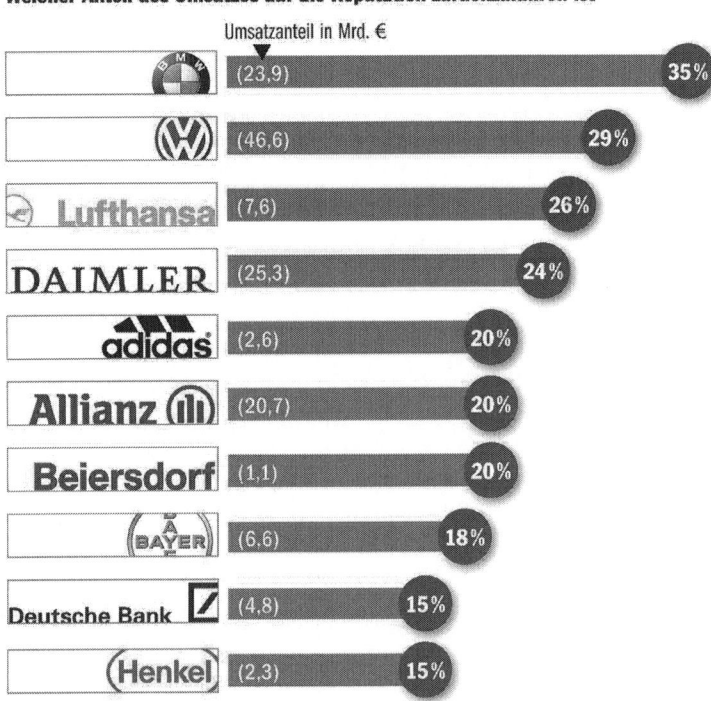

Abb.1 Umsatz und Reputation. (Bildrechte: FOCUS Nr. 06/13 vom 4. Februar 2013, S. 70 Auszug „Guter Ruf ist bares Geld Wert" http://www.focus.de/finanzen/news/tid-29532/guter-ruf-ist-bares-geld-wert-wie-sich-marken-ins-hirn-der-verbraucher-fressen_aid_918809.html)

Abb. 2 Image und Nachhaltigkeit. (Bildrechte: SIS 2015)

Zunächst gilt es, das Versprechen „Sicherheit" durch Leistung tagtäglich zu beweisen (Produktqualität, Beratungs- und Betreuungsservice vor und nach Kauf der Produkte), um damit Vertrauen bei allen Beteiligten zu schaffen.

Das Vertrauen wird gestärkt, indem KESSEL offen und ehrlich mit allen Stakeholdern kommuniziert. Dies sind:

- Mitarbeiter,
- Kunden,
- Lieferanten,
- Medien,
- Politik,
- Gesellschaft.

KESSEL achtet darauf, dass das Verhalten des Unternehmens mit den Erwartungen aller Stakeholder möglichst im Einklang steht und damit das Image möglich positiv geprägt wird. Dabei wird davon ausgegangen, dass 15 % des Images einer Marke durch den Faktor Nachhaltigkeit bestimmt werden (siehe Abb. 2).

Aus diesem Grund nimmt das Thema Nachhaltigkeit bei KESSEL einen zunehmend wichtigeren Stellenwert ein. Nichts verstärkt das Image eines Unternehmens mehr und ist damit zugleich auch das größte Potenzial innerhalb der Imagepolitik einer Marke, als ehrliche, offene und regelmäßige Kommunikation gegenüber allen Stakeholdern.

2.4 Marketingkommunikation

Die Marketingkommunikation ist eines der vier Hauptelemente des Marketingmixes mit insgesamt vier Instrumenten. An dieser Einteilung orientiert sich auch die Kommunikationspolitik der KESSEL AG.

Werbung

Im Bereich der klassischen Werbung setzt die KESSEL AG u. a. auf Kataloge, Prospekte, Anzeigen in Fachzeitschriften, Beilagen in Fachzeitschriften, Direktmail-Aktionen und Außenwerbung (Plakate, Schilder, Fahrzeuge). Dem gegenüber steht in immer größerem Umfang die Onlinekommunikation mit Maßnahmen wie Webseiten, Bannerwerbung, Newslettern, Social Media (Facebook, Twitter, XING, LinkedIn) und Google AdWords-Kampagnen.

Verkaufsförderung

Zur Verkaufsförderung nutzt KESSEL beispielsweise Aktionspreise, Muster/Proben, Produktdisplays, Exponate bei Kunden, Preisausschreiben und POS-Marketing.

Persönlicher Verkauf

Wesentliche Elemente im persönlichen Verkauf stellen Verkaufsgespräche durch Mitarbeiter vor Ort beim Kunden, Präsentationen und Roadshows, Telefonberatung bzw. -verkauf, Fachmessen sowie die Aus- und Weiterbildung in den KESSEL-Kundenforen oder über E-Learning-Module dar.

Public Relations

Der Bereich Public Relations hat innerhalb des Kommunikationsmixes bei KESSEL eine hohe Bedeutung. Dabei werden Maßnahmen für klassische Public Relations, Sponsoring und Corporate Social Responsibility unterschieden. Zur klassischen PR-Arbeit zählen Imagebroschüren, Imagefilme, Mitarbeiterzeitung, Branchenmagazine, Intranet, Pressemitteilungen, Fachberichte, Themenberichte und Pressekonferenzen.

Sponsoring spielt seit vielen Jahren eine große Rolle bei KESSEL. Dabei unterstützt das Unternehmen zahlreiche Sportvereine und -veranstaltungen, Kultureinrichtungen (Stadttheater und Altstadttheater) und viele soziale Einrichtungen und Aktivitäten in der Region Ingolstadt. Konkrete Beispiele werden unter Abschn. 4.4.5 aufgezeigt.

Der Bereich Corporate Social Responsibility wurde 2012 als eigener Bereich definiert, den es weiter konsequent zu bearbeiten gilt. Das gelebte CSR-Management der KESSEL AG wird ausführlich unter Abschn. 4.4 beschrieben.

2.5 Informative und progressive Kommunikationspolitik

KESSEL praktiziert internationales Marketing vorwiegend in den so definierten und bezeichneten Standortmärkten. Dabei ist das Produktprogramm nicht einheitlich. Einheitlich sind jedoch die Kommunikationskanäle, die Zielgruppen und vor allem die Corporate Identity.

Eine große Herausforderung für die Marketingverantwortlichen stellt dabei die komplexe Zusammensetzung der Zielgruppen in allen Standortmärkten dar. Die Hauptzielgruppen sind: Großhändler, Handwerker (Installateure und Bauunternehmer) und Planer (Architekten und Ingenieurbüros), auch Absatzmittler genannt.

Schon vor über 40 Jahren hat sich KESSEL entschieden, in den Fokus aller Kommunikationsaktivitäten auf die Zielgruppe der Handwerker zu setzen, da diese viele Kauf- und Planungsentscheidungen beeinflussen.

Neben der klassischen Printwerbung, einer Vielzahl von Public-Relations-Instrumenten und technischen Verkaufsunterlagen gewinnt das Web immer mehr an Bedeutung. Als Informationsplattform aber auch als Instrument zur Planung für Architekten und Ingenieure. Die Webseiten werden in zahlreichen Sprachen einheitlich angeboten und verändern sich ständig, um den kontinuierlich zunehmenden Informationsbedarf der Interessenten zu stillen.

Unternehmen benötigt dafür ein durchgängiges, stimmiges und dem Zeitgeist angepasstes Erscheinungsbild (Corporate Identitiy). Die CI von KESSEL wird immer wieder aktualisiert.

2.6 Informative und progressive Kommunikation von Nachhaltigkeit

Innerhalb der gesamten Kommunikationspolitik des Unternehmens stellt sich auch die Frage, mit welchen Instrumenten und auf welchen Wegen die gewählten Botschaften rund um das Thema Nachhaltigkeit verbreitet werden können. Das Hauptinstrument sind aktuell der gedruckte Nachhaltigkeitsbericht und die Website von KESSEL.

Derzeit dominiert das Medium Print in Form des Nachhaltigkeitsberichtes. Die Arbeitsgruppe Nachhaltigkeit bei KESSEL arbeitet aber bereits an konkreten Konzepten, dieses Thema zukünftig verstärkt digitaler und zielgruppenorientierter auszurichten sowie mit allen Stakeholdern in einem ständigen Austausch zu treten.

3 Corporate Social Responsibility als wertvolle Ergänzung zum Marketingmix

Corporate Social Responsibility kann keineswegs als Ersatz für den traditionellen Marketingmix angesehen werden. Vielmehr bietet ein konsequenter CSR-Ansatz zahlreiche Möglichkeiten und Chancen, um zusätzliche Inhalte mit hoher Zielgruppenrelevanz zu kommunizieren und sich damit auch gegenüber dem jeweiligen Wettbewerb zu differenzieren. So ist die Kaufentscheidung für Produkte plötzlich nicht mehr nur an den Preis, die Produktqualität oder die Verfügbarkeit gebunden, sondern bezieht auch weitere Faktoren wie energieeffiziente und umweltverträgliche Produktionsverfahren, die Einhaltung von Compliance-Regelungen oder ein regionales Sourcing mit ein. Unternehmen werden nicht mehr alleine aufgrund des wirtschaftlichen Erfolges als bevorzugte Arbeitgeber betrachtet, sondern werden auch hinsichtlich des vorherrschenden Führungsstils, der Arbeitsumgebung, eines attraktiven Aus- und Weiterbildungsangebotes oder spannender Aufgabenstellungen bewertet. Diese Entwicklung von einer eindimensionalen, hin zu einer komplexen, mehrdimensionalen Meinungsbildung und Entscheidungsfindung erfordert unumgänglich eine Flexibilisierung des bestehenden Marketingmixes im Rahmen einer integrierten Kommunikation. Ein konsequentes CSR-Management kann hierbei helfen, die richtigen Themen zu identifizieren, umzusetzen und an relevante Zielgruppen zu kommunizieren. Dabei kommt es nicht darauf an, eine Fülle an Maßnahmen neu zu erfinden. Jedes Unternehmen ist in einem gewissen Umfang CSR-affin, ohne es bewusst unter diesem Begriff zu subsummieren. So ist die Unterstützung von Vereinen oder Organisationen durch Spenden oder Förderungen für viele Unternehmen selbstverständlich. Eine qualifizierte Berufsausbildung liegt seit jeher im eigenen Interesse, um notwendige Nachwuchskräfte auf die jeweiligen Anforderungen vorzubereiten. Nicht selten gibt es Kooperationen mit Hochschulen und Schulen, z. B. im Hinblick auf Werksführungen oder Praktikumsplätze. Vieles zählt seit jeher zum gesellschaftlichen Engagement von Unternehmen, ohne darüber zu sprechen. Dies ist der zentrale Punkt, an dem in vielen Unternehmen ein Umdenken stattfinden muss oder in vielen Fällen bereits stattgefunden hat. „Tue Gutes und rede darüber" – der Titel eines fast 50 Jahre alten Buches von Georg-Volkmar Graf Zedtwitz-Arnim über die Vertrauenswerbung und innerorganisatorische Anforderungen, der ursprünglich auf den deutschen Politiker Walter Fisch zurückgeht, kann hier eindeutig als Leitsatz für CSR verwendet werden. Unternehmen müssen zukünftig einfach mehr über ihr tatsächliches Engagement berichten. Als Trägermedium stehen dafür sämtliche Instrumente des Marketingmixes zur Verfügung.

4 Corporate Social Responsibility als strategische Komponente

Um ein funktionierendes CSR-Management im Unternehmen aufzubauen, müssen die notwendigen Rahmenbedingungen geschaffen werden. Als wichtigste Elemente sind dabei Transparenz und Verbindlichkeit anzusehen. So hat die KESSEL AG ganz bewusst das Thema CSR und Nachhaltigkeit in das eigene Unternehmensleitbild integriert, um eine verbindliche Leitlinie zu schaffen, an der sich alle internen wie externen Stakeholdern orientieren können. Eine weitere Konkretisierung wurde in der Form vorgenommen, dass Nachhaltigkeitsleitsätze für die relevanten Handlungsfelder „Mitarbeiter", „Markt", „Umwelt", und „Gesellschaft" aus dem Unternehmensleitbild abgeleitet und formuliert wurden. Im letzten Schritt war und bleibt es wichtig, ein gemeinsames CSR-Verständnis dauerhaft im Unternehmen zu fördern.

4.1 Vision und Unternehmensleitbild

Führend in Entwässerung – mit diesem kurzen Statement, das als zentraler Claim auch in das Logo der KESSEL AG integriert worden ist, wird die Vision des Unternehmens zum Ausdruck gebracht (siehe Abb. 3).

Abb. 3 Logo der KESSEL
AG. (Bildrechte: KESSEL AG)

Dabei beschränkt sich der Führungsanspruch nicht nur darauf, eine führende Marktposition im Bereich der Entwässerungstechnik zu erreichen. Vielmehr soll der Premiumgedanke grundsätzlich im Unternehmen verankert werden und Ansporn sein, permanent an sich zu arbeiten und sich zu verbessern. Als Beispiele können hier die Qualität des Kundendienstes, die Positionierung als Arbeitgeber, die berufliche Aus- und Weiterbildung, die eigenen Entwicklungsleistungen oder auch die Zufriedenheit der eigenen Mitarbeiter genannt werden.

Zur konsequenten Verfolgung der Vision hat die KESSEL AG ein Leitbild entwickelt, das als „Verfassung" ausnahmslos für alle Führungskräfte und Beschäftigte gilt. Es beschreibt die Grundhaltungen des Unternehmens, setzt Schwerpunkte für die strategische Ausrichtung und dient als Orientierungsrahmen für das tägliche Handeln. Als realistisches Idealbild wurde es im Rahmen mehrerer Workshops und auf Basis einer schriftlichen Befragung gemeinsam von Management und Mitarbeitern der KESSEL AG entwickelt (www.kessel.de/unternehmen/unternehmensleitbild, letzter Zugriff: 02.03.2017).

Unternehmensverständnis

- KESSEL ist ein Premiumhersteller von innovativen Produkten im Bereich der Entwässerungstechnik, der international ehrgeizige Expansionsziele verfolgt und dennoch „mit beiden Beinen auf dem Boden" steht. Durch Innovationen und hochwertige Produkte streben wir eine führende Position an.
- Wir arbeiten akribisch daran, uns in allen Unternehmensbereichen ständig zu verbessern und verstehen uns als selbstständiges Unternehmen, das nachhaltige Unternehmenswerte erarbeitet.
- Für unsere Kunden sind wir ein verlässlicher, flexibler und kompetenter Partner, für unsere Mitarbeiter ein sicherer und sympathischer Arbeitgeber.

Unternehmensauftrag
Die KESSEL AG bietet individuelle und verlässliche Lösungen rund um die Entwässerungstechnik. Dabei stellen wir die Bedürfnisse unserer Kunden nach Sicherheit, Innovation und Service in den Mittelpunkt unseres Handelns (siehe Abb. 4).

Abb. 4 Strategisches Dreieck
der KESSEL AG. (Bildrechte:
KESSEL AG; Nachhaltigkeitsbericht 2014, S. 7)

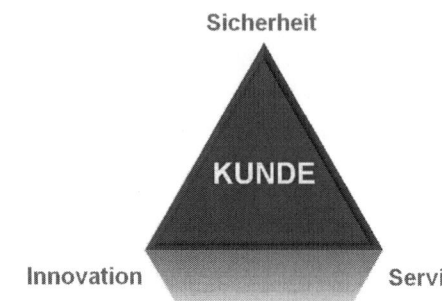

- **Sicherheit:**
  Als führender Anbieter für Entwässerungslösungen ist es unsere Aufgabe, die Werte
  unserer Kunden zu schützen – ihr Heim, die Menschen, die Umwelt.
- **Innovation:**
  Wir verstehen uns als professionelle Ideenschmiede für Premiumprodukte und System-
  lösungen in der Entwässerungstechnik.
- **Service:**
  Wir bieten beste Qualität, verlässliche und ganzheitliche Lösungen sowie einen exzel-
  lenten Service.

Ergänzend dazu wurden Handlungsgrundsätze vereinbart, um eine Orientierungshilfe
für das persönliche Handeln und die tägliche Zusammenarbeit zu schaffen (www.kessel.
de/unternehmen/handlungsgrundsaetze, letzter Zugriff: 02.03.2017).

4.2   Nachhaltigkeitsleitsätze

Nachhaltigkeit bedeutet für die KESSEL AG verantwortungsvoll zu handeln gegenüber
den Mitarbeitern, der Umwelt, im Markt und für das Gemeinwesen. KESSEL setzt in jedem dieser Bereiche eine Vielzahl an Projekten um und verfolgt zahlreiche Engagements,
die in Zukunft fortgeführt, ausgebaut oder vertieft werden sollen.
   Nachhaltiges Handeln im Sinne eines zentralen CSR-Ansatzes und die Erreichung der
gesteckten Ziele ist nur möglich, wenn alle – vom Vorstand bis zu jedem einzelnen Mitarbeiter – an einem Strang ziehen. Abgeleitet aus dem unter Abschn. 4.1 vorgestellten
Unternehmensleitbild wurde daher für jedes einzelne Handlungsfeld ein Leitsatz entwickelt (Nachhaltigkeitsbericht 2014 der KESSEL AG, 2015, S. 15).

- **Mitarbeiter**
  Als sicherer und sympathischer Arbeitgeber setzen wir auf ein motiviertes, qualifizier-
  tes und zielorientiertes Mitarbeiterteam.

- **Markt**

  Als international erfolgreiches Unternehmen im Bereich der Entwässerungstechnik erfüllen wir die Bedürfnisse unserer Kunden nach Sicherheit, Innovation und Service.

- **Umwelt**

  Der schonende Umgang mit der Umwelt ist eines der obersten Ziele der KESSEL AG. Wir stehen mit unserem Handeln, unseren Prozessen und unseren Produkten zu unserer Verantwortung für Mensch, Umwelt und Zukunft.

- **Gesellschaft**

  Als erfolgreiches Unternehmen sind wir ein zuverlässiger Partner. Dabei nehmen wir unsere Verantwortung bewusst wahr und engagieren uns für unsere Heimatregion sowie unsere internationalen Standorte.

4.3 Stufen der Nachhaltigkeit

Alle CSR-Aktivitäten werden bei der KESSEL AG analog unter dem Schlagwort Nachhaltigkeit subsummiert. Dazu zählen sämtliche strukturierten Aktivitäten in den Handlungsfeldern „Mitarbeiter", „Markt", „Umwelt" und „Gesellschaft". Nachhaltigkeit kann dabei nicht eindimensional betrachtet werden, sondern bewegt sich vernetzt auf zahlreichen Ebenen:

1. **Branche**

   Wasser ist ein wertvolles, aber auch gefährliches Gut. Mit dem Einsatz von Entwässerungstechnik wird nachhaltig sichergestellt, dass anfallendes Abwasser zielgerichtet abgeleitet und gegebenenfalls behandelt oder gereinigt wird. Außerdem werden Grundstücke und Gebäude vor Rückstau geschützt.

2. **Produktion**

   KESSEL setzt auf energieeffiziente, umweltschonende und ressourcensparende Produktionsprozesse. Dabei werden Schadstoffe in größtmöglichem Umfang substituiert, notwendige Gefahrenstoffe fachgerecht eingesetzt und proaktive Maßnahmen für potenzielle Arbeitsgefährdungen ergriffen.

3. **Produkte**

   Produkte der KESSEL AG werden nicht nur nachhaltig und ressourceneffizient hergestellt, sondern sind auch auf eine fehlerfreie Montage und einen effizienten Betrieb ausgerichtet. Dies stellt nicht nur die uneingeschränkte Funktion der häufig fest verbauten Anlagen sicher, sondern gewährleistet auch einen emissionsarmen und kostengünstigen Betrieb.

4. **Unternehmen**

   Nicht nur gegenüber seinen Mitarbeitern, sondern auch gegenüber der Gesellschaft nimmt KESSEL seine Verantwortung bewusst war. Dabei ist CSR deutlich von einem Mäzenatentum abzugrenzen. Es geht darum, im Rahmen einer Win-win-Situation ein Gleichgewicht zwischen gesellschaftlichem Engagement und dessen positiver

Wirkung auf die Außendarstellung des Unternehmens oder die zielgerichtete Unterstützung von Kaufentscheidungen zu erreichen.

5. **Mitarbeiter**
Als letzte Stufe kann jeder einzelne Mitarbeiter der KESSEL AG zum nachhaltigen Erfolg des Unternehmens beitragen. Sei es durch den pflegsamen Umgang mit Betriebsausstattungen, eigenen Verbesserungsvorschlägen oder die persönliche Mitwirkung bei CSR-Aktivitäten innerhalb oder außerhalb des Unternehmens.

4.4   Gelebtes CSR-Management

Neben einer starken Mitarbeiterorientierung sowie einem umfangreichen gesellschaftlichen Engagement der KESSEL AG tragen vier Managementsysteme dazu bei, Unternehmensleitbild, Handlungsgrundsätze und Nachhaltigkeitsleitsätze im Unternehmen zu verankern:

- Qualitätsmanagement nach ISO 9001,
- Umweltmanagement nach ISO 14001,
- Energiemanagement nach ISO 50001,
- Arbeitsschutzmanagement nach NLF/ILO-OSH 2001.

Alle Managementsysteme sind zertifiziert und werden regelmäßig auditiert. Zur Koordination aller Aktivitäten der Managementsysteme wurden verantwortliche Managementbeauftragte eingesetzt, die direkt an den Vorstand berichten. Durch die Beteiligung eines großen Teils der Mitarbeiter, die direkt oder indirekt in Aktivitäten und Projekte eingebunden sind, bilden diese eine wesentliche Grundlage, nachhaltige Themen in die Unternehmensstrukturen mit aufzunehmen und dafür zu sorgen, dass sie gelebt werden.

Das CSR- oder Nachhaltigkeitsmanagement ist ein elementarer Bestandteil für die Umsetzung einer nachhaltigen Unternehmensführung. Die einzelnen Elemente werden im Folgenden auch anhand von konkreten Beispielen eingehend beleuchtet.

4.4.1   Qualitätsmanagement
Seit 1997 ist das Qualitätsmanagementsystem der KESSEL AG nach ISO 9001 zertifiziert und stellt sicher, dass alle Qualitätsaspekte in der betrieblichen Praxis berücksichtigt werden. Sämtliche Betriebsmittel und Produktionsverfahren werden proaktiv auf deren Qualität hin überprüft und bewertet. Vorrang bei der Auswahl oder Umsetzung haben dabei Verfahren mit den höchsten Qualitätsstandards und die effizientesten Materialien. Bestehende Betriebsmittel werden permanent bewertet und wo immer es sinnvoll erscheint gegen bessere Alternativen ersetzt. Basierend auf qualitativen Ergebnissen, regelmäßigen Managementbewertungen sowie weiteren Kriterien werden messbare und realistische Ziele festgelegt, deren Erfüllungsstände permanent analysiert werden. Im Rahmen eines Auditierungsprozesses ist ein für alle Mitarbeiter zugängliches Qualitätsmanagement-

Handbuch entstanden, in dem alle Organisationsstrukturen, Prozesse, aktuelle Ziele und das gewählte Vorgehen zur ständigen Verbesserung festgehalten sind. Qualitätsprüfungen finden vom Beschaffungsprozess über die Vorentwicklung mit umfangreichen Feldtests bis hin zur Produktion und der Montage mit Vollständigkeitsprüfungen und Funktionstests in unterschiedlichem Umfang statt.

KESSEL lässt die Qualität der Prozesse und Produkte durch den TÜV Rheinland (LGA), das Süddeutsche Kunststoffzentrum und die Materialprüfanstalt Braunschweig fremdüberwachen. Mittelfristig ist außerdem die Einführung weiterer analytischer und statistischer Methoden geplant.

Praxisbeispiel

Ein entscheidender Bestandteil des Qualitätsmanagements ist die Beteiligung vieler Mitarbeiter am ständigen Verbesserungsprozess. Dazu wurden bei KESSEL insgesamt 24 Qualitätszirkel mit jeweils vier bis sechs Mitarbeitern eingerichtet. Diese abteilungsübergreifenden Teams beschäftigen sich im Rahmen regelmäßiger Projektrunden (wöchentlich oder zweiwöchentlich) mit konkreten Fragestellungen, Problemfeldern oder Verbesserungspotenzialen. Alle Ergebnisse dieser Qualitätszirkel fließen – je nach Umfang und Anforderung – entweder in die Change-Management-Prozesse einzelner Abteilungen ein oder werden vom Projektteam selbst umgesetzt. Im Rahmen regelmäßiger Reviews wird der Vorstand der KESSEL AG über die Arbeit sowie Ergebnisse der einzelnen Qualitätszirkel informiert. Komplexe und umfangreiche Lösungsansätze werden zur Umsetzung nicht selten an eigene Projektteams weitergegeben. Die spezialisierten Qualitätszirkel beschäftigen sich nicht nur mit Produktionsthemen, z. B. die Optimierung von Spritzgussprozessen oder die Verkürzung von Rüstzeiten, sondern auch mit Vertriebsprozessen, der transparenten Abwicklung von Kundenreklamationen oder administrativen Prozessen. Mit den beiden jüngsten Qualitätszirkeln „Energiemanagement" und „Umweltschutz" besteht dabei gleichzeitig eine Schnittstelle zu den gleichnamigen Managementsystemen. Dadurch soll keine Konkurrenzsituation geschaffen, sondern vielmehr ein lebendiger Austausch über das gesamte Unternehmen hinweg angeregt werden (siehe Abb. 5).

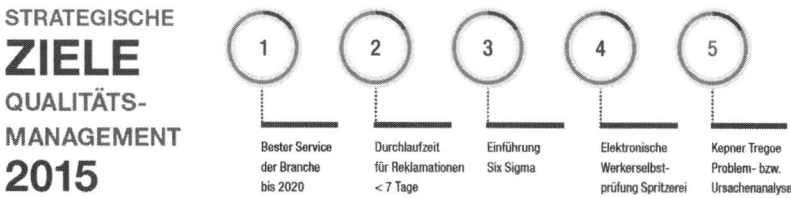

Abb. 5 Strategische Ziele Qualitätsmanagement 2015. (Bildrechte: KESSEL AG; Nachhaltigkeitsbericht 2014, S. 9)

4.4.2 Umweltmanagementsystem

Der schonende Umgang mit der Umwelt ist ein wichtiges Unternehmensziel der KESSEL AG. Die festgelegte Umweltpolitik orientiert sich strikt an der Einhaltung bestehender Umweltgesetzgebungen und -vorschriften. Gleichzeitig ist das Umweltmanagementsystem eine logische und konsequente Fortführung des Qualitätsmanagementsystems. KESSEL steht im Hinblick auf sein Handeln, seine Produktionsprozesse und seine Produkte zu seiner Verantwortung für Mensch, Umwelt und Zukunft. Daher steht das Bestreben im Vordergrund, alle betrieblichen Aktivitäten mit den eigenen Umweltschutzzielen in Einklang zu bringen. Gemeint ist damit insbesondere der effiziente Einsatz von Energie und Rohstoffen, die Minimierung von Emissionen und Abfällen sowie die Substitution und Vermeidung von Gefahrenstoffen. Mit der Einführung des Umweltmanagementsystems nach ISO 14001 im Jahr 2014 hat sich das Unternehmen verpflichtet, unter Beachtung wirtschaftlicher Aspekte den betrieblichen Umweltschutz kontinuierlich zu verbessern. Die Erfüllung der Umweltziele wird regelmäßig beurteilt.

Vorsorge ist der beste Umweltschutz. Daher werden neue Produkte, Maschinen, Betriebsmittel und Anlagen bereits vor dem Bezug oder der Konstruktion hinsichtlich ihrer Umweltverträglichkeit überprüft und entsprechend der internen Umweltvorgaben angepasst.

Das Erreichen der Umweltziele ist eine wichtige Führungsaufgabe. Die Führungskräfte der KESSEL AG fördern deshalb umweltbewusstes Handeln auf allen Ebenen. Jeder Mitarbeiter trägt eigenverantwortlich zum Gesamterfolg bei, denn Umweltschutz geht jeden an. Auch die auf dem Betriebsgelände arbeitenden Vertragspartner sind dazu verpflichtet, die Umweltvorgaben von KESSEL strikt einzuhalten.

Praxisbeispiel

Eine korrekte und ordentliche Abfalltrennung am Arbeitsplatz wird bei KESSEL als Selbstverständlichkeit verstanden. Mit Maßnahmen zur Abfallvermeidung hat sich das Unternehmen vorgenommen, die Menge des anfallenden Abfalls kontinuierlich zu reduzieren. Durch ein konsequentes Recycling der verwendeten Verpackungsmaterialien konnten 2013 insgesamt 896 t Ressourcen und 140 t Treibhausgas eingespart werden. Dafür wurde die KESSEL AG mit dem Zertifikat „Resources SAVED 2013" ausgezeich-

Abb. 6 Strategische Ziele Umweltmanagement 2015. (Bildrechte: KESSEL AG; Nachhaltigkeitsbericht 2014, S. 12)

net. Alle administrativen und produktiven Prozesse sollen zukünftig noch stärker mit den Umweltzielen in Einklang gebracht werden. Hierfür wurde unter anderem ein unternehmensweites Digitalisierungsprojekt angestoßen, das zu einer deutlichen Reduzierung des Papierverbrauchs im Unternehmen führen wird (siehe Abb. 6).

4.4.3 Energiemanagementsystem

Der schonende und verantwortungsbewusste Umgang mit Energie entscheidet darüber, ob nachfolgende Generationen noch über ausreichende Energiereserven verfügen werden. Die KESSEL AG stellt sich dieser gesellschaftlichen Verantwortung und hat sich 2012 mit der Einführung eines Energiemanagementsystems nach ISO 50001 dazu verpflichtet, alle im Unternehmen genutzten Energieformen möglichst sparsam einzusetzen, oder – wo die Möglichkeit dazu besteht – vollständig einzusparen. Der Beauftragte für das Energiemanagementsystem selbst, der Qualitätszirkel Energiemanagement, Energiemanagementverantwortliche in sämtlichen Abteilungen und zu Energiescouts qualifizierte Auszubildende arbeiten stetig daran, Energieeinsparpotenziale im Unternehmen zu erkennen und alternative Lösungen umzusetzen. Im Fokus stehen dabei der effiziente Einsatz aller Energieformen, die Minimierung von Emissionen, die kontinuierliche Verbesserung der Energieeffizienz sowie der Vorrang erneuerbarer Energien vor fossilen Energieformen.

Energiemanagement ist bei der KESSEL AG ein integrierter Bestandteil zentraler Entscheidungen im Unternehmen. Die Wirksamkeit des Energiemanagementsystems wird intern regelmäßig analysiert und bewertet. Management und Mitarbeiter sind gleichermaßen für den sparsamen Umgang mit Energie verantwortlich. Energieverschwendung ist zu vermeiden, neue Ideen zum effizienteren Umgang mit Energie sind jederzeit willkommen.

Praxisbeispiel

Alle strategischen Ziele der KESSEL AG im Bereich des Energiemanagements sind auf eine Reduzierung der benötigten Energieträger ausgerichtet. Ein wichtiger Schritt zur Erreichung dieser Ziele war die Installation eines erdgasbetriebenen Blockheizkraftwerks (BHKW) mit einer elektrischen Leistung von 200 kW und innovativer Kraft-Wärme-Kälte-Kopplung, das nach etwa einjähriger Planung Anfang 2016 in Betrieb genommen werden konnte.

Erfolgte die Heizwärmegewinnung bisher über einen Gasbrennwertkessel, so konnte die Effizienz der Energiegewinnung mit dem BHKW (Wirkungsgrad 88 %) speziell während der Produktionszeiten (Mo.–Fr.) nochmals optimiert werden. An Wochenenden (Sa./So.) sowie zu allen produktionsfreien Zeiten erfolgt eine Umschaltung auf den Gasbrennwertkessel, der gleichzeitig als Back-up oder zur Abdeckung von Spitzenlasten zur Verfügung steht.

Ergänzend zur Heizkomponente deckt das BHKW die gesamte Strom-Grundlast des Unternehmens in Höhe von 200 kW. Benötigte Spitzenlasten werden weiterhin über das externe Stromnetz abgedeckt. Analog zur Heizwärmegewinnung wird die Stromversorgung zu produktionsfreien Zeiten auf einen externen Netzbetrieb umgestellt. Bei der Unterbrechung der externen Stromversorgung wird das BHKW automatisch aktiviert und

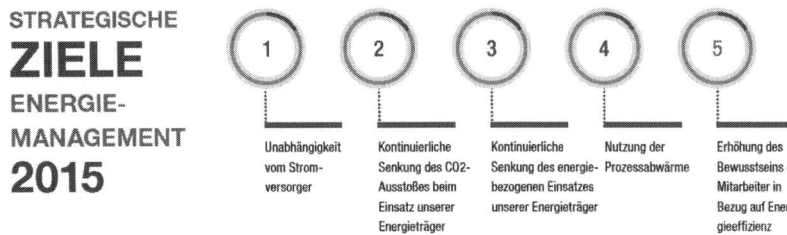

STRATEGISCHE
ZIELE
ENERGIE-
MANAGEMENT
2015

1	2	3	4	5
Unabhängigkeit vom Stromversorger	Kontinuierliche Senkung des CO2-Ausstoßes beim Einsatz unserer Energieträger	Kontinuierliche Senkung des energiebezogenen Einsatzes unserer Energieträger	Nutzung der Prozessabwärme	Erhöhung des Bewusstseins der Mitarbeiter in Bezug auf Energieeffizienz

Abb. 7 Strategische Ziele Energiemanagement 2015. (Bildrechte: KESSEL AG; Nachhaltigkeitsbericht 2014, S. 11)

steht für die Notstromversorgung des Rechenzentrums sowie weiterer wichtiger Verbraucher innerhalb kürzester Zeit zur Verfügung.

Auch im Bereich der Prozesswärmegewinnung geht KESSEL neue Wege. Wurde diese bisher energieaufwändig mit Kühltüren und Kaltwassergeräten erzeugt, übernimmt dies nun ein Absorptionskältegerät. Durch eine Kopplung mit dem BHKW ist die Versorgung mit Strom und Wärme sichergestellt (Im Winter liefert das BHKW Strom zur Kälteerzeugung, Wärme wird zum Heizen verwendet. Im Sommer wird zusätzlich Wärme breitgestellt.). Zur Aufnahme überschüssiger Kälte wird ein Wasserbecken mit 250 m^3 als Kältespeicher genutzt, um die gewonnene Energie möglichst effektiv einsetzen zu können. Wie bei der Strom- und Wärmeversorgung dient auch hier das bisher betriebene System als redundante Lösung zur Absicherung der neuen Kraft-Wärme-Kälte-Kopplung.

Im Zusammenspiel mit neuen LED-Beleuchtungen in zahlreichen Produktionshallen und einer Optimierung der bestehenden Druckluftversorgung wird sich das BHKW deutlich auf die Energiekennziffern für das Jahr 2016 auswirken (siehe Abb. 7).

4.4.4 Arbeitsschutzmanagement

Verantwortungsvoller Umgang mit den eigenen Mitarbeitern beginnt mit einer sicheren und leistungsfördernden Arbeitsumgebung sowie einem umfassenden Gesundheitsmanagement. Denn gesunde, motivierte und leistungsfähige Mitarbeiter sind die Basis für den Erfolg eines Unternehmens. Die KESSEL AG widmet dem Thema Arbeitsschutz daher eine hohe Aufmerksamkeit und betrachtet das Arbeitsschutzmanagement als integralen Bestandteil einer ganzheitlichen und nachhaltigen Unternehmensführung. Die Einhaltung aller Anforderungen an einen systematischen und wirksamen Arbeitsschutz wurde KESSEL 2014 von der Berufsgenossenschaft „Holz und Metall" mit dem Gütesiegel „Sicher mit System" bestätigt.

Unterstützt und getragen wird das Arbeitsschutzmanagement bei KESSEL durch einen Beauftragten für das Managementsystem, die Fachkraft für Arbeitssicherheit, das Qualitätsmanagement, die Sicherheitsbeauftragten der einzelnen Abteilungen, das Personalwesen sowie die Betriebsärzte, Betriebssanitäter und Ersthelfer.

Sämtliche Produktionsmaschinen sind mit entsprechenden Gefahren- und Warnhinweisen sowie mit den entsprechenden Schutzmaßnahmen versehen. Regelmäßig durch-

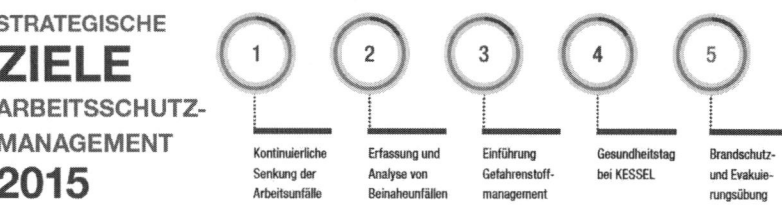

Abb. 8 Strategische Ziele Arbeitsschutzmanagement 2015. (Bildrechte: KESSEL AG; Nachhaltigkeitsbericht 2014, S. 10)

geführte Wartungsintervalle für Kräne, Stapler und Lastenaufzüge sind selbstverständlich. Proaktive Gefährdungsanalysen überprüfen die bestehenden Arbeitsschutz- und Unfallverhütungsmaßnahmen, erfassen frühzeitig Gefahrenpotenziale und zeigen Maßnahmen zur Unfallvermeidung auf. Um die Kompetenz und das Bewusstsein der Mitarbeiter noch weiter zu fördern, finden zahlreiche Schulungen und Weiterbildungsmaßnahmen zum Thema Arbeitssicherheit statt.

Praxisbeispiel
Ergänzend zu den Auswertungen der tatsächlichen Arbeitsunfälle, werden über das Arbeitsschutzmanagementsystem auch sogenannte „Beinaheunfälle" erfasst und analysiert. Dabei handelt es sich um Vorkommnisse, die ohne Verletzungen abgelaufen sind, bei denen aber unter anderen Umständen durchaus etwas hätte passieren können. Dadurch kann sichergestellt werden, dass möglichst viele Situationen mit Schutzmaßnahmen bedacht werden können, bevor es überhaupt zu einem Unfall kommt.

Im Rahmen des Sport- und Gesundheitsprogramms „Fit mit KESSEL" können alle Mitarbeiter zweimal wöchentlich an einem ganzheitlichen Fitnesskurs teilnehmen, der vom KESSEL-Fitnesstrainer ganz auf die Bedürfnisse und Wünsche der jeweiligen Teilnehmer abgestimmt ist (siehe Abb. 8).

4.4.5 Gesellschaftliches Engagement
Mittelständische Unternehmen sind nicht nur eine wichtige Säule der Wirtschaft in Deutschland, sondern zeigen auch ein hohes gesellschaftliches Engagement. Dies liegt nicht selten daran, dass viele Unternehmer eng mit der jeweiligen Region verbunden sind und sich bewusst für ein aktives Gesellschaftsleben einsetzen. Die Möglichkeiten dabei sind vielfältig. Von der Kooperation mit Schulen und Hochschulen, über die Mitwirkung in Verbänden und Organisationen, bis hin zur Unterstützung des Breitensports oder sogar des professionellen Spitzensports sind einer Engagementbereitschaft keine Grenzen gesetzt. Häufig steht dabei gar nicht der Werbezweck einer Aktivität im Vordergrund, sondern der Wille, etwas zu bewirken. Dennoch erzeugt ein gesundes gesellschaftliches Engagement fast immer eine Win-win-Situation. So sind geförderte Projekte eine nicht zu unterschätzende Plattform für Unternehmen, um sich selbst, ihre Produkte oder ihr Engagement ins rechte Licht zu rücken.

Praxisbeispiel

Auch die KESSEL AG ist in der Region Ingolstadt verwurzelt und engagiert sich für zahlreiche Projekte in der Region Ingolstadt. Neben Geld- und Sachleistungen für Initiativen wie „Goals for Kids" (www.goals-for-kids.de), über die gemeinnützige Einrichtungen unterstützt werden, ist KESSEL ein langjähriger Partner regionaler Sportvereine wie den TSV Kösching oder den TSV Lenting. Dabei steht hauptsächlich die Jugendförderung im Vordergrund. Dem gegenüber steht ein breites Engagement im Spitzensport, wobei nicht nur der ERC Ingolstadt (Eishockey DEL) und der FC Ingolstadt (Fußball Bundesliga), sondern auch der Triathlon Ingolstadt als einer der beliebtesten Triathlonwettkämpfe in Deutschland als langjährige Partner begleitet werden. Darüber hinaus gibt es eine starke kulturelle Förderung, von der das Junge Theater am Stadttheater Ingolstadt und das Altstadttheater Ingolstadt profitieren.

Ein weiterer Schwerpunkt der KESSEL AG sind Bildungs- und Schulpartnerschaften. Auch an Universitäten engagiert sich das Unternehmen und unterstützt je ein Stipendium an der Technischen Hochschule Ingolstadt sowie an der Technischen Universität München. Darüber hinaus bietet KESSEL regelmäßig Schüler- und Studentenpraktika sowie eine Vielzahl an spannenden Themen für Bachelor- oder Masterarbeiten.

KESSEL ist Mitglied im Zentralverband Sanitär Heizung Klima sowie der Interessensvertretung des SHK-Handwerks in Deutschland. Zudem ist KESSEL in verschiedenen Normausschüssen vertreten. Dieses Engagement begründet sich einerseits durch die regelmäßige Teilnahme am Marktgeschehen, andererseits durch die Mitgestaltung künftig geltender technischer Regelwerke.

Seit 2014 unterstützt die KESSEL AG das ehrenamtliche Engagement seiner Mitarbeiter. Jeder hat die Möglichkeit, sich mit seinem ehrenamtlichen Projekt seiner Institution oder seinem Verein zu bewerben. In jeder Ausgabe der Mitarbeiterzeitung „KESSEL Intern" wird eine Bewerbung ausgelost und vorgestellt. Die jeweilige Organisation erhält gleichzeitig eine Förderung in Höhe von 500 €. Ergänzend dazu gibt es eine weitere Aktion, bei der Mitarbeiter sich um Trikotsätze für ihre jeweiligen Mannschaften (egal ob Trainer, Funktionär oder aktiver Sportler) bewerben können.

4.4.6 Employer Branding

Eine der wichtigsten Aufgaben von Unternehmen wird es zukünftig sein, qualifizierte Mitarbeiter für die benötigten Aufgabenfelder zu finden und im Unternehmen zu halten. Denn ein langfristiger Unternehmenserfolg ist nur mit qualifizierten und motivierten Mitarbeitern zu erreichen. Zufriedene Mitarbeiter, die offen und ehrlich über ihren Arbeitgeber sprechen, sind dabei die besten Kommunikatoren für ein erfolgreiches Unternehmen. Hing die Zufriedenheit der Mitarbeiter lange Zeit stark von der Höhe des Einkommen, von Bonuszahlungen und einem statusgerechten Dienstfahrzeug ab, spielen heute zunehmend andere Faktoren eine wichtige Rolle. Themen wie flexible Arbeitszeitmodelle, die Vereinbarkeit von Familie und Beruf, eigene Entfaltungsmöglichkeiten oder eine angenehme Arbeitsumgebung rücken immer mehr in den Vordergrund. Je härter sich der Wettbewerb um Fach- und Führungskräfte darstellt, umso wichtiger ist es für Unternehmen, von Bewerbern als erstrebenswerter Arbeitgeber angesehen zu werden. Dies ist in der Region Ingolstadt mit einer langjährigen Situation der Vollbeschäftigung bereits Wirklichkeit geworden und stellt eine gesamte Wirtschaftsregion vor elementare Herausforderungen.

Praxisbeispiel

Für alle Mitarbeiter der KESSEL AG steht ein breites Angebot unterschiedlicher Maßnahmen zur Verfügung. Ein wichtiges Element ist das Sport- und Gesundheitsprogramm „Fit mit KESSEL". Geleitet von einem KESSEL-Fitnesstrainer werden zweimal wöchentlich kostenlose Sport- und Gesundheitskurse angeboten, die speziell auf die Wünsche und Anforderungen der Teilnehmer ausgerichtet sind. Dabei reicht die Bandbreite von Spinning, über Box-Workout und Rückenkräftigung, bis hin zu Fußball und Bauch-Beine-Po-Einheiten. Bei monatlichen Sportaktivitäten, z. B. Skifahrten, Kartausflügen, Schnuppertauchen oder Golfen, können neue Sportarten getestet und nette Stunden mit Arbeitskollegen verbracht werden. Die dritte Säule stellt die Teilnahme von schlagkräftigen KESSEL-Teams am Halbmarathon Ingolstadt, am Triathlon Ingolstadt oder beim Drachenbootrennen in Ingolstadt dar. Dabei profitieren die teilnehmenden Mitarbeiter gleichzeitig von bereits angesprochenen Sponsoringaktivitäten. So werden nicht nur die anfallenden Startgebühren von KESSEL übernommen, auch für die Ausstattung und Verpflegung der Sportler vor Ort ist gesorgt.

Eine ähnliche Verknüpfung mit einem bestehenden Sponsoring beinhaltet das KESSEL-Kulturprogramm. Dabei können Mitarbeiter Freikarten für zahlreiche Aufführungen am Stadttheater Ingolstadt beziehen und dürfen bei einer Führung gelegentlich auch einen spannenden Blick hinter die Kulissen werfen.

Obwohl es noch viele weitere Beispiele gibt, soll stellvertretend noch die Aus- und Weiterbildung angesprochen werden. Mit einer Ausbildungsquote von ca. 10 % zählt die KESSEL AG zu den wichtigsten Ausbildungsbetrieben im Landkreis Eichstätt. Doch auch nach der Berufsausbildung ist mit dem Lernen nicht Schluss. Denn nur durch regelmäßige Fort- und Weiterbildungsmaßnahmen kann gewährleistet werden, dass alle Mitarbeiter einen aktuellen Wissensstand bewahren und sich auch für neue Aufgabenbereiche qualifizieren. Die KESSEL AG bietet daher eine Vielzahl an Fortbildungen an. So haben alle Mitarbeiter die Möglichkeit, ihr Wissen immer wieder aufzufrischen und sich selbst weiterzuentwickeln.

4.5 Corporate Social Responsibility als Kommunikationsinstrument für Vertrieb und Marketing der KESSEL AG

Der klassische Marketingmix bietet Unternehmen einen umfangreichen Baukasten mit unterschiedlichsten Werkzeugen, die eine Differenzierung am Markt ermöglichen. Mit der zunehmenden Bedeutung von gesellschaftlichem Engagement und Nachhaltigkeit sind dabei zahlreiche neue Möglichkeiten entstanden. Denn unter dem Schlagwort Corporate

Abb. 9 Der klassische dreistufige Vertrieb. (Bildrechte:
KESSEL AG)

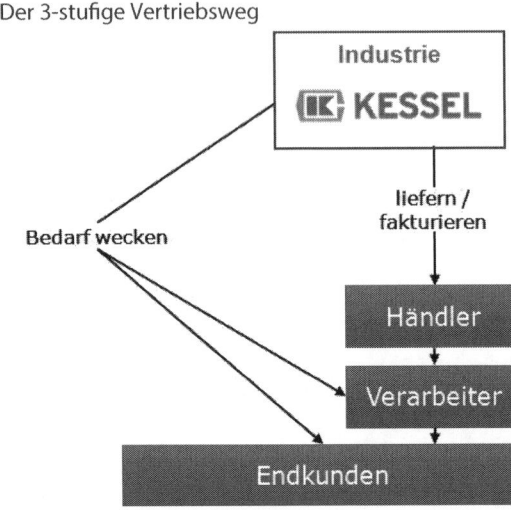

Social Responsibility (CSR) rücken plötzlich Themen in den Fokus, die bisher kaum für eine Randnotiz geeignet waren.

Wie bereits erwähnt, steht die KESSEL AG für innovative Lösungen im Bereich der Entwässerungstechnik. Als vor mehr als 50 Jahren die ersten Produkte verkauft wurden, waren dies eher einfache Produkte, die bestehende Produkte aus anderen Werkstoffen ersetzten. Diese wurden schon damals über den dreistufigen Vertriebsweg, also über den Fachhandel an den Handwerker und über diesen an den Endverbraucher verkauft (siehe Abb. 9).

Es war sehr früh klar, dass es mehr braucht, als bestehende Produkte zu substituieren. Innovation und Neuentwicklung wurden zum Treiber im Unternehmen. Allerdings wird es in der heutigen globalen Marktwirtschaft immer schwerer, echte und für den (End-)Kunden klar erkennbare Differenzierungsmerkmale auf der reinen Produktseite darzustellen. Das bedeutet, das mögliche Alleinstellungsmerkmal wird nur eingeschränkt (an)erkannt und Produkte werden austauschbar. Dies ist umso schwieriger, wenn Produkte erklärungsbedürftiger werden.

Trotz alledem ist es der KESSEL AG auch in jüngster Vergangenheit wieder gelungen, ein solches Produkt in den Markt zu bringen, das alle Merkmale für ein nachhaltiges Produkt mit sich bringt:

Hybrid-Hebeanlagen Ecolift und Ecolift XL mit nachhaltigen Produktargumenten
Beschreibung Hebeanlagen sind automatisierte Entwässerungsanlagen, die das häusliche oder industrielle Abwasser, das unter der sogenannten Rückstauebene (= Straßenoberkante) anfällt, rückstausicher in den Kanal ableiten. Eine Hebeanlage muss anfallendes Abwasser immer pumpen, obwohl bei vielen Einbausituationen ein natürliches Gefälle zum Kanal besteht. Sie verbraucht permanent Energie, ist jedoch notwendig, um die be-

troffenen Gebäude zuverlässig vor Rückstau zu schützen. Die Hybrid-Hebeanlagen Ecolift und Ecolift XL nutzten dagegen das häufig vorhandene Gefälle und vereinen die Sicherheit einer Hebeanlage mit der Effizienz eines Rückstauverschlusses. Dadurch funktioniert sie vornehmlich ohne Strom, immer ohne Betriebsunterbrechung und mit deutlich geringerem Pumpenverschleiß. Das führt neben der deutlich besseren Ökobilanz auch zu einem erheblichen wirtschaftlichen Vorteil. Sie muss seltener gewartet werden, verschleißt wesentlich langsamer und spart Strom. Da die Pumpe nur bei Rückstau läuft, verursacht die Anlage nur geringe Geräuschemissionen. Das ist ein Beispiel dafür, wie Unternehmen ihre Kunden unterstützen können, Ressourcen zu sparen.

Veränderte Zielgruppenansprache

Auch der Zugangsweg zu den relevanten Zielgruppen hat sich verändert bzw. ist erweitert worden. So ist der dreistufige Vertriebsweg komplexer geworden. Neue Entscheider oder Beeinflusser haben die Verkaufsbühne betreten. Geschäfte werden nicht mehr nur auf dem klassischen Weg Industrie → Handel → Verarbeiter → Endkunden gemacht, sondern es wird in Projekt- bzw. Objektstrukturen gearbeitet. Somit hat der Vertrieb der Industrie neue Zielgruppen wie Planer, Architekten, Investoren, Generalunternehmen, Behörden etc. zu betreuen und zu überzeugen (siehe Abb. 10).

Gerade bei den neuen Zielgruppen spielt neben der Qualität der Produkte auch die Nachhaltigkeit der betroffenen Produkte sowie des anbietenden Unternehmens eine wortwörtlich entscheidende Rolle. Dass der Lieferant ein gutes Produkt, das seine gewünschte Funktionalität erbringt, zu einem angemessenen Preis und dem vereinbarten Termin liefert, wird grundsätzlich vorausgesetzt.

Damit der Kunde das Argument „Nachhaltigkeit" akzeptiert und nicht als Marketingaktion sieht, ist es überaus wichtig, dass die KESSEL AG CSR konsequent und langfristig lebt. Dies beginnt beim Vorstand und endet bei jedem Mitarbeiter im Unternehmen. Sein

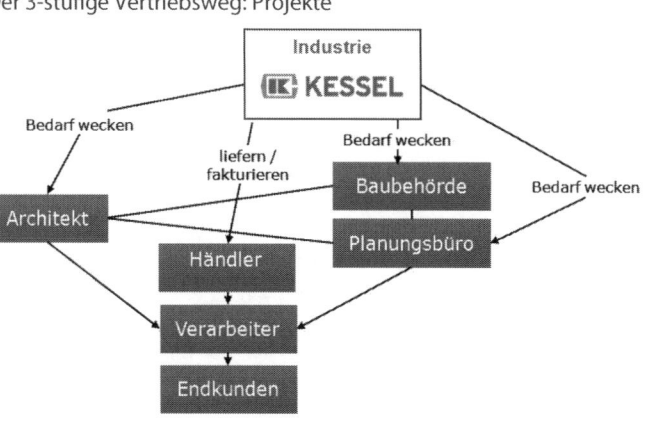

Abb. 10 Der dreistufe Vertriebsweg für Projekte. (Bildrechte: KESSEL AG; T. Nimsgern)

gesamtes Engagement hat die KESSEL AG 2014 erstmals in einem Nachhaltigkeitsbericht dokumentiert und veröffentlicht. Dieser hat die früheren Imagebroschüren ersetzt und wird aktiv in Verkaufsgesprächen durch den Vertrieb genutzt. Innerhalb kürzester Zeit hat sich der Nachhaltigkeitsbericht als Sammlung aller CSR-Maßnahmen als wichtiges Kommunikationsinstrument für die KESSEL AG etabliert und bietet eine Plattform, um innovative Alleinstellungsmerkmale in den Handlungsfeldern Mitarbeiter, Markt, Gesellschaft und Umwelt transparent zu machen. 2017 erscheint eine überarbeitete Neuauflage des Nachhaltigkeitsberichtes, der sowohl als Printunterlage, als auch auf der Webseite der KESSEL AG veröffentlicht wird.

Wie bereits erwähnt, werden die Produkte der KESSEL AG immer erklärungsbedürftiger. Somit muss auch stark in die Aus- und Weiterbildung der angesprochenen Kunden investiert werden. Diese Ausbildung fand bis vor wenigen Jahren allein im Kundenforum der KESSEL AG in Lenting statt, wo die Kunden KESSEL „live" erleben können. So gibt es grundsätzliche Informationen zur Entwässerungstechnik, zu Produkten oder Einbausituationen. Außerdem werden Produkte in Funktion erlebbar gemacht. Allerdings ist die Anreise für manchen Kunden auch sehr aufwendig. Sie kostet Zeit, Arbeitskapazität und Ressourcen. Also hat KESSEL beschlossen:

Entwässerungslösungen und die dazugehörige Ausbildung sollen zum Kunden gebracht werden! Mittlerweile betreibt KESSEL an den verschiedensten Standorten, wie z. B. Mainz, Stuttgart, Leipzig, Hamburg, Köln und Vorchdorf (Österreich) eigene Kundenforen. Dadurch leistet das Unternehmen einen weiteren Beitrag zur Nachhaltigkeit und schont die Ressourcen der Kunden.

Durch die Umsetzung eines ganzheitlichen CSR-Konzeptes werden mögliche Synergien und auch unternehmerische Risiken heute schneller erkannt. So hat das CSR-Konzept großen Einfluss auf die strategische Ausrichtung und Kommunikation. Umweltmanagement, soziales Engagement oder auch Personalmanagement sind außerdem Handlungsfelder, die übergreifend alle Unternehmenseinheiten betreffen. Kurz gesagt, mit einem gesteigerten Bewusstsein für CSR und Nachhaltigkeit fand im Unternehmen ein Paradigmenwechsel statt, der zu einer neuen Unternehmensphilosophie führte.

Gerade im Vertrieb wird diese neue Unternehmensphilosophie genutzt, um neue Mitarbeiter zu finden. War der Außendienst über Jahrzehnte durch Zusatzprovisionen, Boni oder Incentives geprägt, findet heute ein Umdenken statt. Natürlich gibt es auch heute noch potenzielle Bewerber, die vor allem durch das Gehalt motiviert werden. Bei solchen Bewerbern gilt allerdings oft: „Wer nur für Geld kommt, geht auch für Geld". Daneben rücken neue Generationen nach, die finanzielle Sicherheit durch ihr Elternhaus mitbringen oder bei denen der Stellenwert des Geldes nicht mehr so hoch angesiedelt ist. Die sogenannte Generation Y, die sich aktuell verstärkt bei der KESSEL AG bewirbt, setzt andere Prioritäten. So haben Eigenverantwortung, Sinnhaftigkeit, Selbstverwirklichung und Ausgeglichenheit zwischen Arbeit und Freizeit (Work-Life-Balance) einen viel höheren Stellenwert als der rein monetäre Anreiz. Im Vertrieb kann festgestellt werden, dass selbst das Firmenfahrzeug – früher ein wichtiges Statussymbol – nicht mehr im Vordergrund steht. Auch hier setzt man auf Nachhaltigkeit und fragt gezielt nach Elektromobilität.

Um zukünftig neue Mitarbeiter gewinnen und halten zu können, müssen gezielt neue Konzepte geschaffen werden. Das hat KESSEL getan. So gibt es heute Sportprogramme für alle Mitarbeiter, zwei eigene Betriebsärzte, kostenlose Vorsorgeuntersuchungen, Aus- und Weiterbildungsprogramme, Ruhezonen, Heimarbeitsplätze, virtuelle Arbeitsräume für Onlinekonferenzen und vieles mehr. KESSEL arbeitet ständig daran, diese „Mehrwerte" weiter auszubauen, um noch attraktiver für vorhandene und zukünftigen Mitarbeiter zu werden.

5 Fazit und Zusammenfassung

Rückblickend war der strukturierte Aufbau unternehmensinterner CSR-Managementstrukturen von elementarer Bedeutung. Die nach außen wie nach innen gerichtete CSR-Kommunikation verschafft der KESSEL AG neue „Mehrwerte", vom Image-Gewinn für das Unternehmen, Kunden- und Mitarbeiterbindung, Unterstützung des Vertriebs, Erschließung neuer Märkte, bis hin zur positiven Abgrenzung gegenüber Wettbewerbern. Darauf wird sich die KESSEL AG auch zukünftig mit geeigneten Maßnahmen konzentrieren! Corporate Social Responsibility ist für das Unternehmen zum strategischen Erfolgskonzept geworden und unterstützt es dabei, Ziele und Strategien klar auszurichten sowie konsequent zu verfolgen.

Immer mehr Kunden sind gegenüber dem Thema CSR sensibilisiert und erwarten auch von Industrieunternehmen, dass diese dafür sorgen, dass Umwelt und Klima geschont und Mitarbeiter zu fairen Bedingungen beschäftigt werden. Somit wird auch CSR zunehmend zu einem Entscheidungskriterium beim Kauf von Produkten.

Literatur

www.kessel.de/unternehmen/handlungsgrundsaetze. Zugegriffen: 3. März 2017

www.kessel.de/unternehmen/unternehmensleitbild. Zugegriffen: 3. März 2017

KESSEL AG, Nachhaltigkeitsbericht 2014, Lenting 2015

Preispolitik im Bereich CSR

Preispolitik und CSR: Ansätze zu Nachhaltigkeit und sozialer Verantwortung im Pricing

Alessandro Monti

1 Einleitung

Das Thema Corporate Social Responsibility (CSR) wird in der Forschung unter vielfältigen Aspekten analysiert und diskutiert. In Forschung und Praxis existiert zwar ein breites Spektrum an Begriffsdefinitionen in Bezug auf CSR, jedoch lassen sich in der Diskussion weder eine allgemein gültige Definition, noch auf breiter Basis anerkannte Konzepte von CSR finden (Schneider 2015, S. 21 f.). Mittlerweile erreicht die Auseinandersetzung in der Betriebs- und auch Volkswirtschaft sämtliche Aspekte, Branchen und Sektoren. So wird CSR allein für den deutschsprachigen Forschungsbereich, z. B. für die kleinen und mittelständischen Unternehmen (KMU), diskutiert (Gelbmann und Baumgartner 2015), für die Disziplinen der Rechnungslegung (Günther 2015) und des Innovationsmanagement (Altenburger 2015), für die CSR-konforme Kommunikation (Osburg 2015) und auch für Social Media (Wagner 2015). Im Zuge der wissenschaftlichen Auseinandersetzung mit dem Thema, hat sich der Schwerpunkt in den letzten Jahren stets verlagert und angepasst (Simpson und Taylor 2013, S. 213 f.). Ein Überblick über den konzeptionellen Entwicklungsverlauf von CSR- und Nachhaltigkeitskonzepten findet sich bei Schneider (2015, S. 29).

Nicht zuletzt wird auch in jüngster Zeit die Untersuchung der Marketingdisziplin im Einklang mit Konzepten der sozialen Verantwortung und Nachhaltigkeit verstärkt angegangen, so z. B. bei Schiebel (2015). Erstaunlicherweise ist es jedoch bisher nicht gelungen, eine Auseinandersetzung mit einem Teilaspekt des Marketingmanagement zu führen, nämlich der Preispolitik. Die Preispolitik ist unumstritten der stärkste Gewinnhebel im absatzpolitischen Instrumentarium und gilt als eines der entscheidenden Werkzeuge für ein

A. Monti (✉)
European University of Applied Sciences, CBS Cologne Business School GmbH
Hardefuststraße 1, 50677 Köln, Deutschland
E-Mail: a.monti@cbs.de

© Springer-Verlag GmbH Deutschland 2017
C. Stehr und F. Struve (Hrsg.), *CSR und Marketing*,
Management-Reihe Corporate Social Responsibility, DOI 10.1007/978-3-662-45813-6_6

erfolgreiches und profitables Unternehmen (Simon und Fassnacht 2009, S. 1; Diller 2008, S. 21). Mit einer zielgerichteten und wertorientierten Pricingstrategie lassen sich Profitabilität und Wettbewerbsvorteile für Unternehmen steigern. Eine optimale Pricingstrategie wird die individuelle Zahlungsbereitschaft von Kunden optimal ausschöpfen können, z. B. im Wege einer Preisdifferenzierung. Aus diesen Gründen unterliegt das Pricing naturgemäß einer besonderen Berücksichtigung im Marketingmix, wenn Unternehmen sich ihrer gesellschaftlichen Verantwortung stellen müssen und im Spagat zwischen Gewinnmaximierung, Shareholder Value und Stakeholderorientierung ihre Pricingstrategie auswählen. Zum besonderen Stellenwert des Pricings und den detaillierten Ursachen hierzu vgl. Diller (2008), S. 22 f.

Die Debatte um die Notwendigkeit der Einführung von Instrumenten aus dem CSR-Bereich hat sich jedoch in den letzten Jahren grundlegend gewandelt. Es geht nicht mehr um das „ob", sondern um das „wie" unternehmenspolitische Entscheidungen nachhaltig und sozialverantwortlich ausgestaltet sein können (Smith 2003, S. 55). Der nachfolgende Beitrag soll aufzeigen, welche Rolle der Preispolitik in diesem Kontext zukommen kann und welche Ansätze hierfür denkbar wären.

Nachfolgend wird mit einem verantwortlichen und nachhaltigen Pricing eine Politik verstanden, die durch den Einsatz des absatzpolitischen Preisinstrumentariums die Wohlfahrt in einer Gesellschaft unterstützt und erweitert.[1] Gleichzeitig verpflichtet sich eine nachhaltige und CSR-konforme Preispolitik, die drei Säulen der Nachhaltigkeit in Gestalt von Wirtschaft, Gesellschaft und Umwelt („Triple-Bottom-Line") über die gültigen Verpflichtungen hinaus in das preispolitische Kalkül mit einzubeziehen. In diesem Beitrag wird von politisch-ökonomischen Fragestellungen der Preisbildung – insbesondere Fragen der Preisfindung von Rohstoffen oder von öffentlichen Gütern – weitestgehend abstrahiert.

2   Der „gerechte Preis" – historische Entwicklung von Preis und Nachhaltigkeit

Die Frage, wie ein Preis eines Gutes nachhaltig, fair und ethisch vertretbar sein kann, ist mitnichten eine Frage unserer heutigen modernen Zeit. Die moraltheologische und sozialphilosophische Frage nach einer „Preisgerechtigkeit" veranlasste die Gelehrten schon seit der Antike, intensive Überlegungen über die preisbestimmenden Faktoren und die Grundsätze der Preisfindung anzustellen. Es entstand eine umfassende, hochgradig theologisch geprägte Forschung zum „gerechten Preis" (vgl. Winterstein 1982, S. 33). Es soll an dieser Stelle der Begriff des „gerechten Preises" nicht weiter verfolgt werden und lediglich ein

---

[1] Hier soll nicht auf die vielfältigen und unterschiedlichen Konzepte des ökonomischen Wohlfahrtsbegriffs innerhalb der Wohlfahrtstheorie eingegangen werden. Für den weiteren Verlauf wird der Begriff der Wohlfahrt im grundlegenden Sinn verstanden, nämlich als Konsumenten- und Produzentenrente, entstanden aus der Aggregation der einzelnen individuellen Nutzen innerhalb der Bevölkerung.

weiterführender Hinweis auf die – kaum zu überblickende – Literatur gegeben werden. Immer noch grundlegend: Noonan (1957), Baldwin (1959) und De Roover (1958); neuere Forschungen bei Langholm (1998, 1979) und Todeschini (1994); für die ältere deutsche Forschung Kaulla (1904), Schachtschabel (1939), Galambos (1937), Brinkmann (1967) und Hagenauer (1931).

Bei dem „gerechten Preis" handelte es sich um den Preis, der in seinen Grundsätzen der Tauschgerechtigkeit entsprach. Diese war gegeben, wenn im Austauschverhältnis eine Tauschgleichheit vorherrschte und somit gleiche Gegenwerte ausgetauscht wurden. Der Maßstab zur Operationalisierung des Wertes war dabei der bezahlte, am Markt gültige Preis (Schneider 2001, S. 116).

Ethisch-religiöse Wertvorstellungen bestimmten die Preisbildung insbesondere während des ausgehenden Mittelalters, und auch die bedeutendsten Prediger des ausgehenden Mittelalters, Martin Luther und Johann Geiler von Kaysersberg, steuerten entsprechende Überlegungen zu einer gerechten und ethisch einwandfreien Preisgestaltung bei (Kolb 1997, S. 15; Penndorf 1950, S. 6). Die Menschen haben sich spätestens seit der Antike mit preispolitischen Tatbeständen beschäftigt (Monti 2010, S. 39). Diese Auseinandersetzung war bis in die Neuzeit jedoch stark von politischen und religiösen Grundmotiven geprägt. Wurden die Preise als zu niedrig oder zu hoch empfunden, erregte dies Anstoß und die Konsequenzen waren von der Obrigkeit fixierte Verbote (vgl. Michell 1947).[2] Somit existierte eine besondere moralische Einstellung zum Einsatz des Preisinstrumentariums, die noch nicht den Weg für ein durchdachtes und auf Absatzmehrung ausgerichtetes Pricing freimachen konnte (Monti 2010, S. 40). Unentwegt wurde von einem „ehrenhaften" Preis gesprochen, der so gesetzt werden sollte, dass „christliche" Profite daraus entstehen konnten (Monti 2010, S. 40). Es interessierten dabei die Preisspannen und Margen, welche den Gewinn eines Gewerbetreibenden ausmachten, also die Differenz zwischen Einkaufspreis und Verkaufspreis, das sogenannte „lucrum" (Spicciani 1977, S. 211). Die Preisberechnung im Mittelalter beinhaltete im Wesentlichen die Arbeits- und die Materialkosten. Bei der Ermittlung des gerechten Preises spielte die Veranschlagung des sachlichen und persönlichen Aufwandes eine entscheidende Rolle. Geschicklichkeit, der Einsatz der persönlichen Kräfte und Fähigkeiten (labor) und der sachlichen Aufwendungen (expensae) waren die wichtigsten Faktoren der Preisbestimmung (vgl. Spicciani 1977, S. 162; Endemann 1874, S. 43; Penndorf 1950, S. 12; Finkelstein 2006, S. 271).[3] Gemeinschaftlich definierte Produktionsverfahren, der gemeinschaftliche Einkauf, die gemeinsamen Lohntaxen, die Definition des Umsatzes mittels Vorschriften zur Höchstzahl an Angestellten, zur erlaubten Produktionskapazität und der maximalen Arbeitszeit, bedingten die Preispolitik des zunftmäßig organisierten Betriebes bis in die Neuzeit (Monti 2010, S. 44). Die Wirtschaftspolitik der Zunft war auf das Auskommen der einzelnen Mitglieder ausgerich-

---

[2] Bekanntes Beispiel aus der antiken Zeit ist die Diokletianische Preisfestsetzung im Jahre 301, bei welcher Preise für 800 Produkte per Edikt festgelegt wurden.

[3] Dies sind diejenigen Kostenelemente, die zum ersten Mal von dem einflussreichsten Philosophen und Theologen des Mittelalters, Thomas von Aquin, aufgezeigt wurden und welche die Gelehrten des Zeitalters der Scholastik weiter ausformuliert haben.

tet. Die Richtschnur war dabei der gerechte Preis und die Ethik des „Auskommens". Dies sollte expansive Tendenzen in Absatz und Produktion limitieren. Jedes Gewinnstreben nach oben und unten über den standesgemäßen Umfang hinaus, wurde von den Anschauungen der christlichen Weltordnung begrenzt. Die Hauptsorge galt der Aufrechterhaltung der gleichen Nahrung für alle Mitglieder, das Produktionsziel war der standesgemäße Unterhalt und die Subsistenz (Schneider 2001, S. 115).

Die Grenze zwischen dem, was erlaubt und möglich war, und dem, was unerlaubt und sündhaft war, blieb in dieser Zeit sehr verschwommen. Der Kaufmann war mit seinem Handeln dem Postulat des gerechten Preises unterworfen und es galt, die Preisbildung innerhalb eines religiös-ethischen Codes zu reglementieren (Lütge 1966, S. 171 f.). Eine verwinkelte Kasuistik entstand, wenn es galt, alle möglichen Grundsätze aufzuzeigen, was denn nun eigentlich der Geschäftsmann bezüglich der Preissetzung tun und nicht tun dürfe. Anleitungen zu ehrenhaftem Handel in Wirtschaft und Handel entstanden schon seit der frühesten Zeit des Mittelalters. Es lassen sich Schriften zu Ehre, Moral und Geschäftssinn schon seit dem frühen Mittelalter nachweisen, ausführlich bei Brennig (1993), für das 13. Jahrhundert bei Friedland (1996) und Irsigler (1985) sowie für das 14. Jahrhundert im universitären Umfeld bei Nuding (2004). Anleitungen zum ehrenhaften kaufmännischen Handeln aus dem arabischen Raum wurden identifiziert, die noch vor dem 12. Jahrhundert verfasst wurden, vgl. Ritter (1916). Die Preisbildung konnte sich nicht an einzelwirtschaftliche Überlegungen richten, sondern stand im Diktat einer standesgemäßen Ordnung. Preiskalkulation war nicht das Instrument des Kaufmanns und seines Strebens nach Erfolg in Handel und Gewerbe, sondern sie diente der Aufrechterhaltung eines auf Risikominimierung und Gerechtigkeit beharrenden ständischen Wirtschaftslebens (Goez 1982, S. 24 f.). Die Preisbildung konnte nicht die Funktion eines Absatzinstruments einnehmen, welches Umsätze und Gewinne für den Gewerbetreibenden sichern sollte. Nicht erlaubt waren explizite Hochpreis- oder Niedrigpreisstrategien oder sonstige Maßnahmen, welche die Zahlungsbereitschaft der Kunden besser ausschöpfen konnten. Die Preisbildung sollte einzig und allein kostenorientiert erfolgen, mit angemessenem Gewinnzuschlag (Sombart 1928, S. 44 ff.). Die Sorge um die objektive Preisgerechtigkeit führte zu einer Wirtschaftspolitik mit etlichen Regelungen und Rechtssätzen, Distinktionen und Limitationen in Bezug auf die Preisgestaltung (Monti 2010, S. 43). Spätestens mit dem Aufkommen des 18. Jahrhunderts verloren die ethisch-religiös geprägten Ansichten jedoch ihre Gültigkeit als Wertmaßstäbe bei der Preisfindung (Löffelholz 1935, S. 139). Kluges und rationales Handeln stellte nunmehr das Zentrum einer wirtschaftlichen Tätigkeit dar. Aus der Entwicklung eines betrieblichen Kostenbewusstseins ergab sich konsequenterweise eine Stärkung der gewinnorientierten Preisbildung. Die Entdeckung des Betriebes als einzelwirtschaftliche Einheit mit moderner Arbeitsteilung und eine Rationalisierung der Methoden zum Gewinnstreben setzten ein (Tucci 1990, S. 80). Das Thema Nachhaltigkeit hatte im historischen Kontext jedoch freilich noch keine angemessene Bedeutung. Ein verantwortlicher Umgang mit den vorhandenen Ressourcen ist allerhöchstens im 17. und 18. Jahrhundert Gegenstand von kameralistischen Betrachtungen und erhält beileibe nicht die praxisrelevante Bedeutung wie die Gestaltung eines

„gerechten Preises". Jedoch ist für das frühe 18. Jahrhundert eine erste theoretische wie auch praktische Auseinandersetzung mit dem Thema der Nachhaltigkeit zu konstatieren (Schneider 2015, S. 29). Belegt ist bspw. für die 1710 gegründete Porzellanmanufaktur Meißen, dass diese, um sich mit dem benötigten Brennholzvorrat einzudecken, um das Jahr 1720 stets die marktüblichen Preise zahlen musste und sich als fürstlicher Betrieb nicht mit staatlich subventionierten Preisen mit der Ressource eindecken konnte. Weiterhin deckte die Manufaktur den Holzbedarf durch insgesamt acht unterschiedliche Lieferanten, um so die Last der Holzlieferung auf mehrere Wälder zu verteilen. Dadurch sollte die Manufaktur, damals im Besitz des Fürstentums Sachsen, zu einem nachhaltigen Umgang mit dem Brennstoff animiert werden (Monti 2010, S. 107, 219).

3   Pricing und CSR im gemeinsamen Kontext

Die Auseinandersetzung mit einer nachhaltigen und fairen Preispolitik kann als ein Teilaspekt der Marketingethik angesehen werden (Smith und Murphy 2012, S. 47). Spätestens seit den 1980er-Jahren wurde die Forderung stärker, Elemente des CSR in einen Marketingkontext zu implementieren. Nicht von ungefähr wurde in einer Umfrage unter 450 Marketingverantwortlichen die Preisbildung als eine der schwierigsten ethischen Herausforderungen angesehen (Smith und Murphy 2012, S. 12, 16). Die Verbindung zwischen CSR und Ethik wird grundlegend durch drei Prinzipien beschrieben. Im sogenannten instrumentellen Ansatz hat ein Unternehmen die Motivation, CSR zu betreiben, nur falls diese CSR-Aktivitäten sich als profitabel erweisen (Frederiksen und Nielsen 2013, S. 19). Der ethische Ansatz hingegen fokussiert auf einen ethischen Normenkatalog, der nicht unbedingt zur Gewinnerzielung dienen kann (Frederiksen und Nielsen 2013, S. 19). Der Normenkatalog wird dennoch vom Unternehmen eingesetzt, da es sich nahezu komplett von ethisch-moralischen Werten leiten lässt und die Gewinnabzielungssicht in den Hintergrund rückt. Gleichsam als Kompromisslösung wird schließlich der hybride Ansatz verstanden, der eine Balance zwischen sozialen und ökonomischen Interessen erzielen möchte und somit das inhärente Konfliktpotenzial zwischen finanziellen und moralischen Interessen in Einklang bringen möchte (Frederiksen und Nielsen 2013, S. 19). Nachfolgend soll aber derjenige Ansatz in den Fokus rücken, nach welchem insbesondere Stakeholder und Interessensgruppen eines Unternehmens auf eine ethische und faire Art und Weise behandelt werden sollten (Freeman 1984, S. 46; Hopkins 2009, S. 2). Im Sinne einer unternehmerischen und gesellschaftlichen Wertschöpfung entwickelt sich CSR zum Kernbestandteil einer zukunftsgerichteten Managementstrategie, welche gesellschaftliche Verantwortung im konstanten Dialog mit den Stakeholdern übernimmt, um damit eine Balance zwischen den ökonomischen, ökologischen und gesellschaftlichen Zielen herzustellen (Schneider 2015, S. 35).

Konzepte, die auf die Erhöhung des Shareholder-Value ausgerichtet sind, z. B. Value-based-Managementansätze, werden bisweilen als komplementär zu CSR-Konzepten angesehen (Martin et al. 2009, S. 11). So haben CSR und Value-orientierte Ansätze das

Potenzial, die Grundlage zu schaffen für eine Win-win-Situation sowohl für Shareholder wie auch für Stakeholder, um im sogenannten „Value(s)-based-Management" zu kulminieren (Martin et al. 2009, S. 10). Entscheidend ist es, CSR-Strategien gleichsam zur Grundlage der Organisations- und Geschäftsmodellgestaltung werden zu lassen (Smith und Lenssen 2009, S. 489). Dies ist umso wichtiger, da Marketing als eine kundenzentrierte Disziplin die Befriedigung von Bedürfnissen durch Bereitstellung eines einzigartigen Wertbeitrags ermöglichen soll. Die Weiterentwicklung der Grundidee einer solchen Win-win-Situation hat in den letzten Jahren zur Ausarbeitung des Shared-Value-Konzeptes geführt. Maßgeblich geprägt worden ist hier der Diskurs durch Porter und Kramer (2006) und Porter und Kramer (2011). Die ökonomische Wettbewerbsfähigkeit eines Unternehmens und die Mehrung von sozialem Wohlstand treten miteinander in Wechselwirkung (Porter und Kramer 2015, S. 145). Neben wichtigen sozialen und politischen Gründen, für eine nachhaltige Unternehmens- und Managementpolitik zu sorgen, tritt im Shared-Value-Ansatz der Gedanke auf, dass gerade der freiwillige Einsatz für gesellschaftliche und ökologische Fragestellungen die Suche nach neuen Geschäftsfeldern und -modellen zur Etablierung von strategischen Wettbewerbsvorteilen vorantreibt (Porter und Kramer 2015, S. 147). Unternehmen, welche im Sinne eines Shared Value die vielfältigen Elemente des CSR in das Management einbinden, werden deutlich bessere Unternehmens- und Produktstrategien treffen, sich somit einen wesentlichen Differenzierungsvorteil erobern, um letztlich Marktanteile zu sichern und die Profitabilität zu erhöhen. Ein guter Weg, dies zu erreichen, führt über das Pricing.

3.1   Nachhaltiges und verantwortungsbewusstes Pricing

In diesem Lichte betrachtet nimmt somit die Preispolitik eine zentrale Bedeutung in einem nachhaltigen Marketingmix ein. Die nachfolgende schematische Darstellung Abb. 1 eines Pricingprozesses zeigt die wesentlichen Elemente und Ansätze einer umfassenden und zielgerichteten Preispolitik.

In der ersten Phase der *Preisstrategie* muss die grundlegende Preisrichtung im Unternehmen festgelegt werden. Entscheidungen müssen getroffen werden, um Fragen der Gewinnerzielung oder der Marktanteile eindeutig zu klären. Ebenfalls müssen in dieser ersten Phase die Zielkunden klar in den Fokus rücken. Letztlich muss diese strategische Phase auch die Entscheidung fällen, ob ein Unternehmen Preisführerschaft aufbauen und den Markt führen kann, oder ob es klüger sein kann, lediglich dem Preisführer zu folgen. Die zweite Phase der *Preissetzung* ist stärker operativ geprägt, und beinhaltet die Kernentscheidungen bezüglich Preismodell und -metrik. Eine Preissetzung wird ohne genaue Kenntnis des gebotenen Kundennutzens nur schwerlich erfolgreich sein, weswegen die Ermittlung der Werttreiber und die anschließende Preiskalkulation von hoher Bedeutung sind. Gleichsam als Finalisierung in dieser Phase kann eine Justierung der Preise im Wege der Preisdifferenzierung erfolgen, um zusätzliche Zahlungsbereitschaft abschöpfen zu können. Schließlich müssen in einer dritten Phase der *Preisdurchsetzung* die zuvor

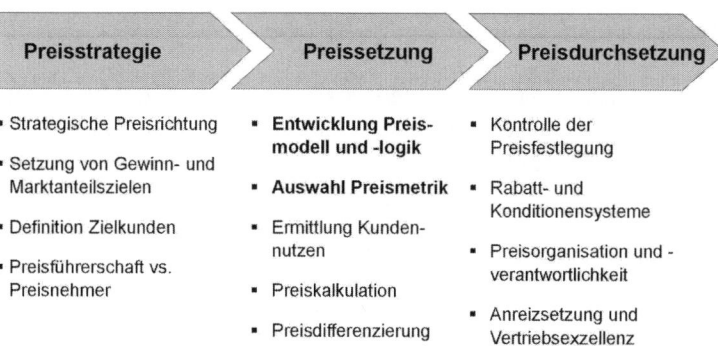

Abb. 1 Schematische Darstellung des Pricingprozesses. (Eigene Darstellung)

ermittelten optimalen Preise auch im Markt realisiert werden. Neben der Frage der richtigen Kontrolle und Organisation des Preisgefüges, stehen hier eindeutig Rabatt- und Konditionensysteme im Zentrum. Es muss im Wege der Vertriebsexzellenz und guter Anreizsetzung darauf geachtet werden, durch kluge Rabatte und Konditionen möglichst viel von den zuvor ermittelten Preisen im Markt durchzusetzen. Aufgrund des Umfangs der Implikationen für die einzelnen Preisaspekte in Bezug auf eine nachhaltige Preispolitik, werden in diesem Beitrag nur ausgewählte Aspekte dieses dargestellten Prozesses berücksichtigt. Sie sind in der Abbildung fett hervorgehoben, stellen mit die wichtigsten Entscheidungen dar, die im Rahmen eines nachhaltigen Pricing zu treffen sind, und werden in den nachfolgenden Abschn. 3.2 und 3.3 eingehend untersucht.

Eine explizite Auseinandersetzung mit Nachhaltigkeit und Preispolitik ist bisher in der Forschung kaum oder nur unzureichend geleistet worden (Vachani und Smith 2004, S. 118). Dies mag auch daran liegen, dass der Themenkomplex des CSR eng auch mit den Bereichen Fairness und Verhaltensforschung zu tun hat. In diesem Feld des „Behavioural Pricing" sind bisher umfangreiche Forschungsleistungen getätigt worden. Beispielhaft seien hier genannt Frey und Pommerehne (1993), Campbell (1999), Martins und Monroe (1994), Xia et al. (2004), Bolton et al. 2003. So ist bspw. das Konzept einer Preisfairness Gegenstand umfassender Studien und Analysen. Okun (1981, S. 170) argumentiert, dass ein faires Verhalten seitens des Unternehmens beitragen kann, die langfristigen Gewinne zu sichern, und dass Kunden beim Verdacht einer unfairen Behandlung (bspw. im Falle einer Preiserhöhung aufgrund von hohem Nachfrageüberschuss) durch zu hohe Preise sich nach Alternativen umschauen. Fairness beeinflusst offensichtlich das unternehmerische Handeln im Sinne einer Gewinnmaximierung (Piron und Fernandez 1995, S. 75). Empirische Studien belegen, dass insbesondere eine Preisanpassung im Falle eines Nachfrageüberschusses als besonders unfair von den Konsumenten angesehen wird (Frey und Pommerehne 1993, S. 296). Nachhaltig wurde der Diskurs der Fairness in der Preisfindung von Kahnemann et al. (1986) geprägt, die das Konzept einer Referenztransaktion eingeführt haben, anhand derer Konsumenten sich berufen fühlen, den Preis dieser

Referenztransaktion zu verlangen, und Unternehmen ihrerseits ein Anrecht auf den entstehenden Referenzgewinn haben. Die Preisanpassungen werden nach dieser auch als „Dual Entitlement" genannten Theorie in der Tendenz als fair empfunden, wenn sie ausdrücklich aufgrund von Kostenänderungen erfolgen und nicht aufgrund von Marktmacht oder Ausnutzung von Marktungleichgewichten zwischen Angebot und Nachfrage resultieren oder letztlich dazu dienen, die Gewinne eines Unternehmens wieder auf Höhe des Referenzpunktes zu bringen (Kahnemann et al. 1986, S. 738). Weitere Forschungen zeigen, dass auch die Ansichten der Konsumenten in Bezug auf vergangene Preise, Wettbewerbspreise und Unternehmenskosten den Eindruck der Fairness nachhaltig beeinflussen (Bolton et al. 2003).

Nach heutigem Maßstab ist ein nachhaltiges Pricing konsistent mit der unternehmerischen Verantwortung gegenüber der Gesellschaft und muss nicht zwingend die ökonomischen Interessen des Unternehmens negativ beeinflussen (Vachani und Smith 2004, S. 118). Dies war noch zu Beginn des 20. Jahrhunderts anders, als Henry Ford den Preis seiner Autos senken wollte um so einem größeren Kundenkreis den Kauf eines Autos zu ermöglichen. Die Aktionäre des Unternehmens klagten 1916 umgehend, da sie als wichtigste Aufgabe eines Unternehmens die Generierung von Gewinnen für die Aktionäre ansahen und durch diese Maßnahme dieses Ziel in Gefahr gebracht wurde. Vor Gericht wurde dieser Auffassung gefolgt (Henderson 2007).

So kann es bedeuten, im Rahmen einer nachhaltigen Unternehmensstrategie auch höhere Preise durchzusetzen. Gedacht sei hier bspw. an Kaffeehändler, die einen höheren Preis zahlen, um fair gehandelten Kaffee zu erstehen und somit lokale Kleinbauer zu unterstützen, oder auch an Endkonsumenten, die für fair gehandelte Produkte bereit sind, einen Preisaufschlag zu bezahlen (Hansen 2004). Empirisch ist die erhöhte Zahlungsbereitschaft für einen moralischen Zusatznutzen gut belegt (vgl. Balderjahn 2013, S. 229 ff.). Die meisten nachhaltigen (landwirtschaftlichen) Produkte werden aufgrund von Arbeitsintensität, fehlender Größen- und Spezialisierungsvorteile in der Produktion und höherer Marktrisiken tendenziell höhere Preise erfordern. Höhere Preise – und höhere Profite – werden dabei von den Konsumenten als fair eingestuft, wenn sie den Eindruck gewinnen, dass das Unternehmen ein gemeinnütziges Ziel verfolgt und sich seiner sozialen Verantwortung besonders bewusst ist, statt lediglich auf Profitmaximierung aus zu sein (Gielissen et al. 2008, S. 374). So wird eine Preiserhöhung für Mineralwasser nach einer Naturkatastrophe als unfair eingestuft, wenn der Anbieter lediglich Kapital aus der Knappheitssituation schlagen will. Falls der Anbieter aber im Wege der Preisanpassung eine Rationierung der knappen Wasservorräte durchführen will, um so möglichst vielen Menschen den Konsum der knappen Ressource zu ermöglichen, so wird diese Preiserhöhung als fair eingestuft (Campbell 1999, S. 190). Der Anbieter „räumt" einen Markt mit (temporärem) Nachfrageüberschuss nicht durch Preisanpassung, sondern konzentriert sich darauf, nachhaltig Reputation, Goodwill und Verantwortung gegenüber der lokalen Gemeinde zu zeigen (Haddock und McChesney 1994, S. 567). Jedoch scheint ein höherer Preis, der durch einen besonders nachhaltigen und fairen Umgang mit Stakeholdern argumentiert wird und eindeutig einem Ziel der sozialen Verantwortung folgt, nicht immer die ökonomisch beste Lösung darzustellen. Am Beispiel von fair gehandelten Kaffee wurde gezeigt, dass häufig höhere Löhne und Preise nicht oder nur in geringem Maße den Anbauern zugutekommen (Johannessen und Wilhite 2010). Ebenso ist eine Diskussion um überteuerte Verkaufspreise für lebensrettende, innovative Medikamente in Entwicklungs- und Schwellenländern (z. B. AIDS-/HIV-Medikation) entstanden. Im Jahre seiner Markteinführung, 1987, wurde das erste Medikament gegen AIDS/HIV, „Azidothymidin (AZT)", mit nahezu 10.000 US\$ für eine jährliche Behandlung bepreist, was es zum teuersten verschreibungspflichtigen Medikament machte (Garfield 1993). Ein nachhaltiges Pricing ist in so einem Fall von kritischen und lebensrettenden Gütern, z. B. Medikamenten, nur unter gemeinsamer Koordination aller Stakeholder (UN, WTO, WHO, NGOs und nationale Regierungen) zu erreichen (Vachani und Smith 2004, S. 130).

3.2 Preismetriken und CSR

Unter Preismetriken oder auch Preisvariablen werden diejenigen Komponenten und Maßeinheiten der Preispolitik verstanden, die der finalen Preiskalkulation zugrunde liegen, somit also die Bemessungsgrundlage darstellen. Häufig sind hier Mengeneinheiten zu nennen (Preis pro Stück), aber auch Zeiteinheiten (Preis pro Woche), Maßeinheiten (Preis pro kg) oder Flächeneinheiten (Preis pro m^2). Die Entscheidung, eine geeignete Preismetrik zu finden, ist häufig die wichtigste preispolitische Entscheidung. Denn eine gute und effektive Bemessungsgrundlage bei der Preisfindung kann dafür sorgen, dass genau der Wert des Produktes oder Dienstes preislich abgebildet werden kann. Ferner können durch eine sinnvolle Zusammensetzung unterschiedlicher Preismetriken auch entsprechend unterschiedliche Kundenkategorien differenzierter angesprochen werden. Für viele Unternehmen ist es entscheidend, eine Synchronisierung zwischen tatsächlicher Nutzung und Inanspruchnahme eines Produktes oder einer Dienstleistung und zwischen den für diese Nutzung zu leistenden Zahlungen zu ermöglichen. Dadurch können sich im Idealfall erhebliche Kaufwiderstände abmildern lassen.

Wie lässt sich nun die Bemessungsgrundlage im Pricing mit den Vorstellungen des CSR vereinbaren? Abb. 2 zeigt die wichtigsten Dimensionen, die für eine nachhaltige Preismetrik verantwortlich sein können.

Im Bereich der *Unternehmensdimension* ist zu beachten, wie die zu wählende Bemessungsgrundlage mit den grundsätzlichen Unternehmenszielen vereinbar ist. Falls ein Unternehmen das Thema „Transparenz" als besonders beachtenswert in seinen Statuten erachtet, so muss natürlich die Preismetrik diesem Transparenzgrundsatz ebenfalls genügen. Die *Wettbewerbsdimension* der Preismetrik ist dafür verantwortlich, dass hier einerseits Referenzwerte ermittelt und gesetzt werden. Andererseits muss bei dieser Dimension die Einschätzung erfolgen, ob bspw. durch eine Preismetrik keine unerwünschten Preiskriege eingeleitet werden, die im schlimmsten Fall nicht zu nachhaltigen und sozial gewünschten Allokationsergebnissen führen können. Wichtig ist es somit, bei der Preispolitik auf nachhaltige und belastbare Preisgrundsätze zu setzen, die stärker die Dif-

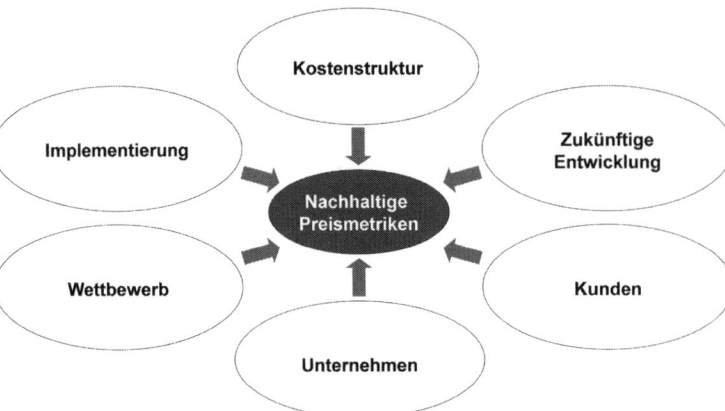

Abb. 2 Dimensionen für eine nachhaltige Preismetrik. (Eigene Darstellung)

ferenzierung des Produktangebots anstatt die Marktkonfrontation im Fokus haben. Bei der *Implementierung* muss eine Preismetrik insbesondere fair, nachhaltig, verständlich, messbar und auch durchsetzbar sein, da sonst die Kosten der Einführung, der Berechnung und Umstellung der Preismetrik in keinem Verhältnis zum erhofften Nutzen sein werden. Die tatsächliche *Kostenstruktur* muss für die Entwicklung einer nachhaltigen Preismetrik berücksichtigt werden, da hier nicht nur eine entsprechende Kalkulation notwendig ist, sondern auch Aspekte wie die Anpassung an Kostentreiber entscheidend sind. *Zukünftige Entwicklungen* betonen die Möglichkeit der bestmöglichen Skalierbarkeit einer Preismetrik im Falle einer Nachfrageausweitung. Schließlich muss die Einbeziehung der *Kundensicht* dafür Sorge tragen, dass Werttreiber für die Konsumenten durch die Preismetrik optimal gehoben werden können und nicht durch eine falsche Preisvariable beeinträchtigt werden.

Insbesondere die Kundensicht ist in einem auf Nachhaltigkeit orientierten Marketingkontext von entscheidender Bedeutung. Eine Preismetrik, damit sie nachhaltig und von den Konsumenten als fair erachtet wird, muss vor allem von den Kunden beeinflussbar bleiben. Als Negativbeispiel mögen die 1999 testweise von Coca-Cola eingeführten hitzesensiblen Getränkeautomaten gelten. Bei diesen Automaten wurde ein Sensor zur Messung der Außentemperatur angebracht, mit steigenden Temperaturen wurde der Preis der Coca-Dosen im Automaten entsprechend nach oben automatisch angepasst (Hays 1999). Aus einer reinen ökonomischen Perspektive ist diese Preisdifferenzierung sehr gut geeignet, um an heißen Sommertagen die hohe Zahlungsbereitschaft für ein kühles Getränk noch besser abschöpfen zu können. Die Variationen des Preises beruhen hierbei jedoch auf einer impliziten Preismetrik „Preis pro Grad Celsius". Diese ist von den Konsumenten nicht beeinflussbar, im Gegensatz z. B. zu verbrauchsorientierten und somit kontrollierbaren Metriken wie „Preis pro Minute" oder „Preis pro Kilogramm". Mit anderen Worten: Die Allokation der gekühlten Limonade erfolgt aus Kundensicht rein willkürlich und wird somit als unfair eingestuft. Ebenso ist diese Preismetrik nicht als nachhaltig anzusehen, da sie wirksam diejenigen Kunden vom Konsum des Getränks ausschließen kann, die bei normalen Verhältnissen sich das Getränk kaufen könnten, ab bestimmten Schwellentemperaturen jedoch ihren Prohibitivpreis erreichen und somit das Produkt nicht (mehr) kaufen können. Ebenso werden tendenziell wärmere Länder durch diese Preismetrik zusätzlich benachteiligt, da hier bei konsistenter Anwendung der Preismetrik „Preis pro Grad Celsius" im Durchschnitt stets ein höherer Preis anzusetzen ist als in Ländern mit gemäßigterem Klima. Zudem gilt der Vertriebskanal der Getränkeautomaten als sehr hochpreisig und somit profitabel, da hier üblicherweise keine Rabatte gegeben werden und die Automaten häufig an exponierten Stellen positioniert sind, so dass Alternativen in der Getränkeversorgung meistens fehlen (Hays 1999). Eine weitere Preisanpassung im ohnehin schon hochpreisigen Vertriebskanal der Getränkeautomaten verstärkt weiter den Eindruck einer unausgewogenen und unfairen Preispolitik.

3.3 Preismodelle und CSR

Innerhalb der Preispolitik lassen sich viele unterschiedliche Preismodelle ausmachen. Insbesondere in der digitalen Ökonomie lassen sich mitunter komplexe und mehrdimensionale Preismodelle abbilden, die in der klassischen Ökonomie aufgrund mehrerer Parameter nur schwer zu implementieren sind (Monroe 2003, S. 604). All diese Preismodelle lassen sich jedoch bei genauerer Betrachtung in vier Kategorien einteilen:

Die erste Kategorie sind *verbrauchsorientierte Preismodelle*. Diese zeichnen sich wesentlich dadurch aus, dass es ein „Preis-nach-Verbrauch"-Prinzip gibt. Der Preis einer Dienstleistung und/oder eines Gutes bemisst sich demnach direkt in Relation zu seiner Inanspruchnahme. In dieser Kategorie können dabei zusätzliche sogenannte mehrteilige Tarife entstehen, wenn bspw. ein verbrauchsorientiertes Preismodell entweder mit einer Grundgebühr oder einem Höchstpreis gekoppelt wird oder der Preis sich nicht linear mit dem Verbrauch bemisst, sondern entweder progressiv oder degressiv gestaffelt ist (Pechtl 2014, S. 289 ff.). Dies kann angebracht sein, um entsprechende Anreize für eine intensivere oder weniger intensivere Nutzung zu geben. Die zweite Kategorie stellen *Pakete und Bündel* dar. Bei diesen Preismodellen wird eine nutzungsunabhängige Bepreisung durchgeführt. Mehrere Produkte und/oder Dienstleistungen werden dabei gebündelt und als Gesamtpaket angeboten. Varianten bei diesem Preismodell sehen vor, dass häufig ein Paketpreis mit nutzungsabhängigen Elementen kombiniert wird und auch Preisabstufungen durchgeführt werden. Eine dritte Kategorie wird von der sogenannten *Flatrate* gebildet. Mit einem nutzungsunabhängigen Pauschalpreis wird die gesamte Inanspruchnahme eines Gutes oder einer Dienstleistung abgebildet und somit eine theoretisch unbegrenzte Nutzung ermöglicht (Simon und Fassnacht 2009, S. 284). Die Abb. 3 zeigt eine Übersicht über diese drei Kategorien.

Mit der vierten Kategorie sollen *partizipative Preismodelle* beschrieben werden. Bei diesen Preismodellen wird die Preissetzung nicht – wie bei den anderen drei Kategorien –

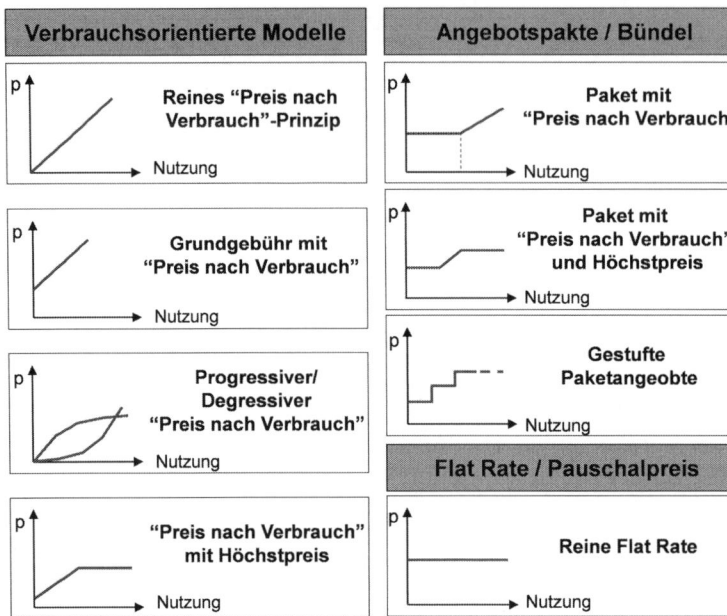

Abb. 3 Darstellung von ausgewählten Preismodellen. (Eigene Darstellung)

dem Anbieter überlassen. In diesen Modellen entscheiden die Anbieter und Nachfrager in einem interaktiven Prozess, welchen Preis sie für eine bestimmte Dienstleistung oder ein bestimmtes Produkt bezahlen möchten (Skiera et al. 2005, S. 289 ff.; Chandran und Morwitz 2005, S. 249 f.). Bekannt sind solche Preismodelle auch unter der Bezeichnung „Reverse Pricing" oder „Name-your-own-price (NYOP)" sowie „Pay-what-you-want (PWYW)". Bei NYOP werden Nachfrager dazu aufgefordert, ein Preisgebot zu nennen, bei welchem sie sich verpflichten, ein Produkt oder eine Dienstleistung auch tatsächlich zu erwerben. Falls der Verkäufer mit dem abgegebenen Preisgebot zufrieden ist oder das abgegebene Gebot eine zuvor festgelegte minimale Preisschwelle erreicht hat, kommt der Kauf zustande (Bernhardt et al. 2005, S. 104). Im Extremfall des PWYW kann auch ein Preis von Null genannt werden, der Verkäufer hat keine Mindestpreisschwelle angegeben und hat den gesamten Preissetzungsprozess in die Verantwortung des Nachfragers gegeben (Kim et al. 2009, S. 44 f.).

In Bezug auf die Nachhaltigkeit der dargestellten Modelle ergibt sich ein differenziertes Bild. Insbesondere bei Flatrate-Preismodellen muss davon ausgegangen werden, dass hier keine nachhaltige Nutzung des entsprechenden Gutes möglich ist. So wurde in der Literatur schon ausführlich auf die sogenannten „Flatrate-Bias" verwiesen (Lambrecht und Skiera 2006a, 2006b). Nachfrager schätzen ihr tatsächliches Nutzungsverhalten falsch ein und erachten ein Flatrate-Angebot als günstig, obwohl es für ihre tatsächliche Inanspruchnahme zu teuer ist. Zudem ist bei einer Flatrate der Bezahlvorgang (in der Regel eine monatliche Pauschale) von der tatsächlichen Inanspruchnahme entkoppelt, weswegen diese Fehleinschätzung zu übermäßigem Konsum des Produktes verleiten kann.

Dem gegenübergestellt sind die verbrauchsabhängigen Preismodelle. Deren Abrechnung nach Verbrauch sorgt dafür, dass Kunden durch die Nutzung unmittelbar Einfluss nehmen können auf den Preis. Jede zusätzlich verbrauchte Einheit ist nur zu einem höheren Preis zu haben, weswegen hierdurch der Konsum und somit letztlich auch eine Inanspruchnahme von Ressourcen begrenzt werden können. Es kann argumentiert werden, dass solche Preismodelle mit einer Kopplung zwischen Kosten, Verbrauch und Preis im Sinne einer zuvor postulierten Nachhaltigkeit im Einklang mit der CSR-Definition sind. Diese Erkenntnis steht im Einklang mit den Forschungsergebnissen des „Behavioural Pricing". Hier zeigt sich nämlich, dass eine kostenorientierte Preisfindung (eine Preisbildung im sogenannten „Cost-plus"-Verfahren) im Allgemeinen von Nutzern und Konsumenten als fair empfunden wird (Dickson und Kalapurakal 1994, S. 432, 437; Gielissen et al. 2008, S. 380). Ebenso hat sich gezeigt, dass eine Entkopplung von Preis und Nutzung bei Inanspruchnahme der Leistung in unterschiedlichen Zeitintervallen (jährlich oder monatlich) auch unterschiedliche Nutzungsintensitäten generieren wird – überdurchschnittlich viel Leistung und somit Ressourcenverbrach wird abgerufen zum Zeitpunkt der Zahlung, wenig Leistung wird abgerufen hingegen in der folgenden Zeit nach der Zahlung (Gourville und Soman 1998).

Bezüglich partizipativer Preismodelle wie NYOP oder PWYW wird argumentiert, dass diese von Konsumenten tendenziell bevorzugt werden, da es sich um innovative Modelle handelt, eine hohe Aufmerksamkeit unter Konsumenten generiert wird und den Nachfragern ein hohes Maß an Kontrolle zugestanden wird (Chandran und Morwitz 2005, S. 250). In Lichte der Nachhaltigkeit könnte ein Anbieter mit diesen Preismodellen sogar Nachfrager beliefern, die unter einem klassischen nicht-partizipativen Preismodell von der Transaktion ausgeschlossen und somit aus dem Markt gepreist worden wären. Deshalb kann argumentiert werden, dass solche Preismodelle das untere Ende einer vergleichsweise zahlungsschwächeren Nachfrage adressieren können, was unter Nachhaltigkeitsaspekten wünschenswert ist. Modelle wie NYOP und PWYW stehen auch der neoklassischen Annahme der Nutzenmaximierung der Haushalte entgegen, da anders als erwartet die Verbraucher das Modell nicht ausnutzen und nicht ausnahmslos Preise in Höhe von Null wählen (Kim et al. 2009, S. 46). Hier treten soziale Austauschnormen wie eine proportionale Allokation von Ressourcen, Fairness in der Entlohnung einer Leistung, prozedurale Fairness der Preisgestaltung oder gar Altruismus in den Vordergrund, da der Marktaustauschmechanismus durch die vollständige Preiskontrolle in den Händen der Nachfrager nahezu komplett ausgeschaltet wird. Werden diese sozialen Normen und Konventionen verletzt – im Extremfall von PWYW durch einen Preis von Null – wird dies nicht als sozial wünschenswert und nachhaltig angesehen (Kim et al. 2009, S. 46). Maßgeblich hierzu die von Heyman und Ariely (2004) geleisteten Untersuchungen zu den zwei Kategorien der menschlichen Interaktion, nämlich ökonomische Austauschbeziehungen und soziale Austauschbeziehungen. Die beiden Methoden NYOP und PWYW eigenen sich besonders gut bei Angeboten mit hohen Fixkosten und möglichst geringen variablen Kosten und geringen Grenzkosten (bspw. in Restaurants oder Zoos, da für den Anbieter die Gefahr von Preisen unterhalb der Kosten geringer ist). Ebenfalls eignen sich die partizipativen Methoden bei Produkten und Dienstleistungen mit Kapazitätsbeschränkungen, da mit den Preismodellen eine bessere Auslastung erreicht werden kann (z. B. an besucherschwachen Tagen in Kinos oder Museen). Schließlich können die partizipativen Preismodelle sowohl zu Profitabilität wie auch zu sozialer Nachhaltigkeit beitragen. In einer großen Feldstudie mit über 113.000 Teilnehmern wurde gezeigt, dass die Anwendung eines PWYW-Modells in Kombination mit CSR-Elementen sogar das profitabelste Preismodell sein kann (Gneezy et al. 2010, S. 326). Kunden eines Freizeitparks konnten nach Beendigung einer Achterbahnfahrt ein Erinnerungsfoto, welches während der Fahrt gemacht wurde, erwerben. Zum Standardpreis von 12,95 US$ pro Foto wurde experimentell ein PWYW-Modell ergänzend eingeführt, bei welchem die Hälfte des von den Kunden gewählten Preises an eine karitative Einrichtung gespendet wurde. Zusätzlich wurde auch beim Standardpreis die Variante getestet, 50 % des Preises an eine karitative Einrichtung zu spenden. Im PWYW-Modell waren nicht nur die Take-up-Raten des Erinnerungsfotos höher (0,5 % Kaufrate beim Standardpreis; 0,5 % Rate beim Standardpreis mit Spende sowie 4,5 % Kaufrate im Experiment mit PWYW und Spende), sondern insgesamt waren die Profite signifikant höher (da die Kunden im Durchschnitt etwas mehr als 5 US$ pro Foto freiwillig zu zahlen bereit waren). Dies führte zu einem Gewinn pro Kunde von 0,2 US$, gegenüber einem Gewinn pro Kunde in Höhe von 0,07 US$ bei Setzung des Standardpreises (Gneezy et al. 2010, S. 326). Auf diese Art und Weise wurde wesentlich mehr soziale Wohlfahrt durch das partizipative Preismodell generiert, da sich mehr Nachfrager für das Preismodell mit einer sozialverantwortlichen Komponente entschieden haben, was im Sinne einer CSR-kompatiblen Preispolitik ist. Zusätzlich hat sich das Preismodell in dieser Konstellation auch als das profitabelste erwiesen. Weitere Forschungen bestätigen, dass PWYW-Modelle prinzipiell profitabel sein können (Riener und Traxler 2012). Offenbar wurde das siebte Studioalbum der Musikgruppe „Radiohead" im Jahr 2007 ebenfalls profitabel im PWYW-Modell vertrieben (siehe auch o.V. 2007). In PWYW-Modellen ist insbesondere die Profitabilität über einen längeren Zeitraum jedoch eines der Hauptprobleme für den Erfolg des Preismodells, da im Zeitablauf und mit zunehmenden Transaktionen der durchschnittlich von den Konsumenten gewählte Preis sinkt (Schons et al. 2014). Eine derartige Preispolitik steht im Einklang mit dem schon erwähnten Shared-Value-Ansatz, in dem ökonomische Wettbewerbsfähigkeit und Profitabilität in vorteilhafter Wechselwirkung treten mit Elementen einer sozialverantwortlichen und nachhaltigen Unternehmenspolitik.

4 Fazit

Die Preispolitik hat innerhalb eines marktorientierten CSR-Konzeptes eine wichtige Bedeutung. Das Instrument des Preises sorgt als stärkster Gewinnhebel wie kein anderes Element des Marketingmixes für die Profitabilität. Aus diesem Grund muss eine ausgewogene Balance gefunden werden zwischen der Fokussierung auf den Gewinn, der

Verantwortung für Gesellschaft und Ökologie und der fairen und nachhaltigen Preisfindung gegenüber den Kunden. Dabei ist der Gedanke eines „gerechten Preises" kein neues Phänomen, sondern stammt aus einer jahrhundertelangen ethisch-religiös geprägten Diskussion. Wie kann nun ein modernes Pricing ausgestaltet sein, um mit CSR-Konzepten konform zu sein?

In erster Linie gilt im Pricing nicht automatisch, dass eine Preissenkung oder -erhöhung per se gut oder schlecht sein muss aus CSR-Perspektive. Wie so oft kommt es hier auf den gesellschaftlichen Kontext an. Eine Preissenkung wird zwar die Profitabilität begrenzen, jedoch mehr Menschen den Konsum des entsprechenden Produktes ermöglichen. Eine Preiserhöhung kann insbesondere bei Nachfrageüberschüssen als Korrektiv eingesetzt werden, um durch Rationierung möglichst vielen Menschen Zugang zu und gleichzeitig Konsum von Ressourcen zu ermöglichen. Es ist somit nicht die reine Preisrichtung entscheidend. Aus marketingstrategischer Sicht ist es hingegen empfehlenswert, sich insbesondere um die Elemente der Preismetrik und des Preismodells zu kümmern. Es wurde gezeigt, dass eine Preismetrik, welche Kosten, Kundenperspektive, zukünftige Entwicklungen, Unternehmensperspektive, Wettbewerbsumfeld und Implementierung berücksichtigt, zu einer nachhaltigen Preisgestaltung führen kann. Es ist auch angezeigt, eine von Kunden beeinflussbare und verständliche Preismetrik zu wählen. Dies sorgt für den bestmöglichen verantwortungsvollen und nachhaltigen Umgang mit der Variable Preis. Ebenfalls wurde gezeigt, dass unter den vier Preismodellkategorien (nutzungsabhängig, Paket, Flatrate und partizipativ) erhebliche Unterschiede in den Wirkungen auf Nachhaltigkeit und Fairness bestehen. Nutzungsabhängige Preismodelle sind gut geeignet, mittels Kopplung von Zahlung und Nutzung auf einen möglichst schonenden Umgang mit Ressourcen hinzuarbeiten. Paket- und Flatrate-Angebote bergen die Gefahr – so sehr sie auch attraktiv sind in der Marketingkommunikation –, aufgrund der Fehleinschätzung der tatsächlichen Nutzung durch die Konsumenten einen übermäßigen Gebrauch von Ressourcen zu induzieren. Die vierte Kategorie der partizipativen Preismodelle erscheint als interessante Alternative, um Marketingstrategie und soziale Nachhaltigkeit wirksam miteinander zu kombinieren. Aus einer Marketingperspektive lassen sich hier gleichsam zwei Fliegen mit einer Klappe schlagen: Den Kunden wird die Kontrolle über die Preissetzung gegeben, sodass dies eine hohe Aufmerksamkeit generieren kann. Gleichzeitig entschärft ein Anbieter den Wettbewerb, da nunmehr nicht mehr um den Preis konkurriert werden kann, sondern tatsächlich um Produkte und ihren Wertbeitrag für die Kunden. Um jedoch das Ausnutzen des Modells zu verhindern, wird der PWYW-Ansatz um eine soziale Komponente ergänzt. Das als PWYW vorgestellte Modell mit integrierter anteiliger Spende an karitative Einrichtungen muss dabei als „ehrliches" Konstrukt aufgebaut werden. Klare transparente Regeln sollen den Kunden signalisieren, wie und wohin die Gelder gespendet werden. Den Kunden wird eine offene und ehrliche Geschäftspolitik signalisiert, die durch die Kopplung von PWYW und Aufruf zur Spende zu mehr Nachhaltigkeit und sozialer Verantwortung beitragen kann. Die zuvor erwähnten Effekte der sozialen Austauschbeziehungen (proportionale Allokation von Ressourcen, Fairness in der Entlohnung einer Leistung, prozedurale Fairness, Altruismus etc.) kommen in einem solchen PWYW-

Modell besonders zum Tragen. Ein derart ausgestaltetes Preismodell, inklusive einer fairen Preismetrik, kann profitabel und nachhaltig zugleich betrieben werden, wie auch erste empirische Erkenntnisse gezeigt haben.

Im Rahmen des Beitrags mussten etliche weiterführende Aspekte eines nachhaltigen Pricings ausgelassen werden, die andernfalls den Rahmen gesprengt hätten. Es ist erstrebenswert, für zukünftige Forschungsbemühungen weitere Aspekte des Pricingprozesses unter dem Aspekt ihrer Kompatibilität zu CSR-Konzepten zu untersuchen. So wird bspw. angenommen, dass die Preisdifferenzierung ein wirksames Instrument für mehr Nachhaltigkeit im Marketingmix sein kann (Vachani und Smith 2004, S. 122). Preisdifferenzierungen können jedoch in erheblicher Weise diskriminierend und unfair wirken, weshalb die Einbettung dieses Marketinginstrumentes im CSR-Kontext genauer untersucht werden sollte. Ebenso erkenntnisreich könnte auch die Untersuchung von Anreizsystemen in der Preisdurchsetzung sein. Preis- und Konditionenmodelle im Vertrieb können mitunter erheblich negative Anreize setzen, die zu keinem nachhaltigen und sozialverantwortlichen Handeln der Marktteilnehmer führen können.

Literatur

Altenburger R (2015) „Nachhaltiges Innovationsmanagement". In: Schneider A, Schmidpeter R (Hrsg) Corporate Social Responsibility. Verantwortungsvolle Unternehmensführung in Theorie und Praxis, 2. Aufl. Springer, Berlin, S 595–605

Balderjahn I (2004) „Nachhaltiges Marketing-Management: Möglichkeiten einer umwelt- und sozialverträglichen Unternehmenspolitik". Lucius & Lucius, Stuttgart

Balderjahn I (2013) „Nachhaltiges Management und Konsumentenverhalten". UVK, Konstanz

Baldwin JW (1959) "The medieval theories of the just price: romanists, canonists and theologians in the twelfth and thirteenth centuries". Trans Am Philos Soc 49(4):5–91

Bernhardt M, Spann M, Skiera B (2005) Reverse pricing. Betriebswirtschaft 65:104–107

Bolton L, Warlop L, Alba JW (2003) Consumer perceptions of price (un)fairness. J Consum Res 29(4):474–491

Brennig HR (1993) Der Kaufmann im Mittelalter: Literatur – Wirtschaft – Gesellschaft. Centaurus, Pfaffenweiler

Brinkmann C (1967) Geschichtliche Wandlungen in der Idee des gerechten Preises. In: Montaner A (Hrsg) Geschichte der Volkswirtschaftslehre. Kiepenheuer & Witsch, Köln:, S 356–373

Campbell MC (1999) Perceptions of price unfairness. Antecedents and consequences. J Mark Res 36(2):187–199

Chandran S, Morwitz VG (2005) Effects of participative pricing on consumers' cognitions and actions: a goal theoretic perspective. J Consum Res 32(2):249–259

Dickson PR, Kalapurakal R (1994) The use and perceived fairness of price-setting rules in the bulk electricity market. J Econ Psychol 15(3):427–448

Diller H (2008) Preispolitik, 4. Aufl. UTB, Stuttgart

Endemann W (1874) Studien in der romanisch-kanonistischen Wirthschafts- und Rechtslehre Bd. 2. J. Guttentag, Berlin

Finkelstein A (2006) The grammar of profit: the price revolution in intellectual context. Brill, Leiden

Frederiksen CS, Nielsen MEJ (2013) The ethical foundations for CSR. In: Okpara J, Idowu SO (Hrsg) Corporate social responsibility: challenges, opportunities and strategies for the 21st century. Springer, London, S 17–35

Freeman RE (1984) Strategic management: a stakeholder approach. Pitman, Boston

Frey BS, Pommerehne WW (1993) On the fairness of pricing – an empirical survey among the general population. J Econ Behav Organ 30(3):295–307

Friedland K (1996) Weltbild und Kaufmannsmoral im 13. Jahrhundert. In: Elkar RS et al (Hrsg) Vom rechten Mass der Dinge": Beiträge zur Wirtschafts- und Sozialgeschichte; Festschrift für Harald Witthöft zum 65. Geburtstag, Bd. 2. Teilband. Scripta Mercaturae, Sankt Katherinen, S 672–678

Galambos P (1937) Der Gerechte Preis. Deuticke, Wien

Garfield S (1993) The rise and fall of AZT: It was the drug that had to work, The Independent. http://ind.pn/1tEpqFn. Zugegriffen: 12. Jul. 2015

Gelbmann U, Baumgartner RJ (2015) Strategische Implementierung von CSR im Unternehmen mit Schwerpunkt auf KMU. In: Schneider A, Schmidpeter R (Hrsg) Corporate Social Responsibility. Verantwortungsvolle Unternehmensführung in Theorie und Praxis, 2. Aufl. Springer, Berlin, S 427–440

Gielissen R, Dutilh CE, Graafland JJ (2008) Perceptions of price fairness: an empirical research. Bus Soc A J Interdiscip Explor 47(3):370–389

Gneezy A, Gneezy U, Nelson L, Brown A (2010) Shared social responsibility: a field experiment in pay-what-you-want pricing and charitable giving. Science 329:325–327

Goez W (1982) Das Ringen um den ‚gerechten Preis' in Spätmittelalter und Reformationszeit. In: Herrmann J et al (Hrsg) Der ‚Gerechte Preis': Beiträge zur Diskussion um das ‚pretium iustum'. Universitätsbund, Erlangen, S 21–32

Gourville TS, Soman D (1998) Payment depreciation: the behavioural effects of temporally separating payments from consumption. J Consum Res 25(2):160–174

Günther E (2015) CSR und Rechnungslegung. In: Schneider A, Schmidpeter R (Hrsg) Corporate Social Responsibility. Verantwortungsvolle Unternehmensführung in Theorie und Praxis, 2. Aufl. Springer, Berlin, S 557–569

Haddock D, McChesney F (1994) Why do firms contrive shortages? The economics of intentional mispricing. Econ Inq 32:562–581

Hagenauer S (1931) Das ‚justum pretium' bei Thomas von Aquino. Ein Beitrag zur Geschichte der objektiven Werttheorie. Kohlhammer, Stuttgart

Hansen A (2004) Wenn Kaffee bitter schmeckt, in: Zeit Online. http://www.zeit.de/wirtschaft/2014-08/fairtrade-kaffee/. Zugegriffen: 09. Jul. 2015

Hays CL (1999) Variable-Price Coke Machine Being Tested, in: New York Times. http://www.nytimes.com/1999/10/28/business/variable-price-coke-machine-being-tested.html. Zugegriffen: 13. Jul. 2015

Henderson M (2007) Everything old is new again: lessons from Dodge v. Ford Motor Company, in: University of Chicago Olin working paper no. 373. http://www.law.uchicago.edu/files/files/373.pdf. Zugegriffen: 23. Jul. 2015

Heyman J, Ariely D (2004) Effort for payment: a tale of two markets. Psychol Sci 15(11):787–793

Hopkins M (2009) Corporate social responsibility and international development. Is business the solution? Earthscan, London

Irsigler F (1985) Kaufmannsmentalität im Mittelalter. In: Meckseper C, Schraut E (Hrsg) Mentalität und Alltag im Spätmittelalter. Vandenhoeck & Ruprecht, Göttingen, S 53–75

Johannessen S, Wilhite H (2010) Who really benefits from Fairtrade? An analysis of value distribution in fairtrade coffee. Globalizations 7(4):525–544

Kahnemann D, Knetsch JL, Thaler RH (1986) Fairness as a constraint on profit seeking: entitlements in the market. Am Econ Rev 76(4):728–741

Kaulla R (1904) Die Lehre vom Gerechten Preis in der Scholastik. Z Gesamte Staatswiss 60(4):579–602

Kim J, Natter M, Spann M (2009) Pay-what-you-want – a new participative pricing mechanism. J Mark 73(1):44–58

Kolb G (1997) Geschichte der Volkswirtschaftslehre: dogmenhistorische Positionen des ökonomischen Denkens. Vahlen, München

Lambrecht A, Skiera B (2006a) Paying too much and being happy about it: existence, causes and consequences of tariff-choice biases. J Mark Res 43(2):212–223

Lambrecht A, Skiera B (2006b) Ursachen eines Flatrate-Bias – Systematisierung und Messung der Einflussfaktoren. Z Betriebswirtsch Forsch 58:588–617

Langholm O (1979) Price and value in the Aristotelian tradition. Universitetsforlaget, Bergen

Langholm O (1998) The legacy of scholasticism in economic thought: antecedents of choice and power. Cambridge University Press, Cambridge

Löffelholz J (1935) „Geschichte der Betriebswirtschaft und der Betriebswirtschaftslehre". Poeschel, Stuttgart

Lütge F (1966) Deutsche Sozial- und Wirtschaftsgeschichte. Ein Überblick, 3. Aufl. Springer, Berlin

Martin J, Petty J, Wallace J (2009) Value-based management with corporate social responsibility. Oxford University Press, Oxford

Martins M, Monroe KB (1994) Perceived price fairness: a new look at an old construct. Adv Consum Res 21(1):75–78

Michell H (1947) The edict of diocletian: a study of price fixing in the roman empire. Can J Econ Polit Sci 13(1):1–12

Monroe KB (2003) Pricing: making profitable decisions, 3. Aufl. McGraw Hill, Boston

Monti A (2010) Der Preis des weißen Goldes – Preispolitik und -strategie im Merkantilsystem am Beispiel der Porzellanmanufaktur Meißen. Oldenbourg, München, S 1710–1830

Noonan J (1957) The scholastic analysis of usury. Harvard University Press, Cambridge

Nuding M (2004) Geschäft und Moral: Schriften ‚de contractibus' an mitteleuropäischen Universitäten im späten 14. und frühen 15. Jahrhundert. In: Miethke J, Niesner M (Hrsg) Schriften im Umkreis mitteleuropäischer Universitäten um 1400: lateinische und volkssprachige Texte aus Prag, Wien und Heidelberg; Unterschiede, Gemeinsamkeiten, Wechselbeziehungen. Brill, Leiden, S 40–62

o.V. (2007) David Byrne and Thom Yorke on the Real Value of Music. Wired. http://archive. wired.com/entertainment/music/magazine/16-01/ff_yorke?currentPage=all. Zugegriffen: 20. Jul. 2015

Okun A (1981) Prices and quantities: a macroecnomic analysis. Brookings Institution, Washington

Osburg TH (2015) Strategische CSR und Kommunikation. In: Schneider A, Schmidpeter R (Hrsg) Corporate Social Responsibility. Verantwortungsvolle Unternehmensführung in Theorie und Praxis, 2. Aufl. Springer, Berlin, S 737–747

Pechtl H (2014) Preispolitik, 2. Aufl. UVK, Konstanz

Penndorf B (1950) Entwicklungsgeschichte des Betriebslebens. Handelshochschule 3(1):1–60

Piron R, Fernandez L (1995) Are fairness constraints on profit-seeking important? J Econ Psychol 16(1):73–79

Porter ME, Kramer M (2006) Strategy and society: the link between competitive advantage and corporate social responsibility. Harv Bus Rev 84(12):78–92

Porter ME, Kramer MR (2011) Creating shared value. Harv Bus Rev 89(1–2):62–77

Porter ME, Kramer MR (2015) Shared Value – Die Brücke von Corporate Social Responsibility zu Corporate Strategy. In: Schneider A, Schmidpeter R (Hrsg) Corporate Social Responsibility. Verantwortungsvolle Unternehmensführung in Theorie und Praxis, 2. Aufl. Springer, Berlin, S 145–160

Riener G, Traxler C (2012) Norms, moods, and free lunch: Longitudinal evidence on payments from a pay-what-you-want restaurant. J Socio Econ 41(4):476–483

Ritter H (1916) Ein arabisches Handbuch der Handelswissenschaft. Reimer, Berlin

De Roover R (1958) The concept of the just price: theory and economic policy. J Econ Hist 18(4):418–434

Schachtschabel HG (1939) Der gerechte Preis – Geschichte einer wirtschaftsethischen Idee. Juncker & Dünnhaupt, Berlin

Schiebel W (2015) CSR und Marketing. In: Schneider A, Schmidpeter R (Hrsg) Corporate Social Responsibility. Verantwortungsvolle Unternehmensführung in Theorie und Praxis, 2. Aufl. Springer, Berlin, S 705–720

Schneider A (2015) Reifegradmodell CSR – eine Begriffserklärung und -abgrenzung. In: Schneider A, Schmidpeter R (Hrsg) Corporate Social Responsibility. Verantwortungsvolle Unternehmensführung in Theorie und Praxis, 2. Aufl. Springer, Berlin, S 21–42

Schneider D (2001) Geschichte und Methoden der Wirtschaftswissenschaft. Betriebswirtschaftslehre, Bd. 4. Oldenbourg, München

Schons LM, Rese M, Wieseke J, Rasmussen W, Weber D, Strotmann W (2014) There is nothing permanent, not even change – Analyzing individual price dynamics in 'pay-what-you-want' situations. Mark Lett 25(1):25–36

Simon H, Fassnacht M (2009) Preismanagement. Gabler, Berlin

Simpson J, Taylor J (2013) Corporate governance, ethics and CSR. Kogan Page, London

Skiera B, Spann M, Walz U (2005) Erlösquellen und Preismodelle für den Business-to-Consumer-Bereich im Internet. Wirtschaftsinformatik 47(4):285–294

Smith NC (2003) Corporate social responsibility: whether or how? Calif Manage Rev 45(4):52–76

Smith NC, Lenssen G (2009) Mainstreaming corporate responsibility. Wiley, West Sussex

Smith NC, Murphy PE (2012) Marketing ethics: a review of the field, INSEAD faculty & research working paper. http://www.insead.edu/facultyresearch/research/doc.cfm?did=51665. Zugegriffen: 15. Jul. 2015

Sombart W (1928) Das europäische Wirtschaftsleben im Zeitalter des Frühkapitalismus, vornehmlich im 16., 17. und 18. Jahrhundert", Halbband 1. Der moderne Kapitalismus, Bd. 2. Duncker & Humblot, München

Spicciani A (1977) La Mercatura e la formazione del prezzo nella riflessione teologica medioevale. Atti Della Accademia Nazionale Dei Lincei Memorie Cl Di Scienze Morali Storiche E Filologiche 8(20):127–287 (Faszikel 3)

Todeschini G (1994) Il prezzo della salvezza. Lessici medievali del pensiero economico. La Nuova Italia Scientifica, Rom

Tucci U (1990) Benedetto Cotrugli. Il libro dell'arte di mercatura. Arsenale, Venedig

Vachani S, Smith C (2004) Socially responsible pricing: lessons from the pricing of AIDS drugs in developing countries. Calif Manage Rev 47(1):117–144

Wagner R (2015) CSR-Kommunikation und Social Media. In: Schneider A, Schmidpeter R (Hrsg) Corporate Social Responsibility. Verantwortungsvolle Unternehmensführung in Theorie und Praxis, 2. Aufl. Springer, Berlin, S 807–821

Winterstein H (1982) Der gerechte Preis – heute noch Gegenstand der volkswirtschaftlichen Forschung. In: Herrmann J et al (Hrsg) Der ‚Gerechte Preis': Beiträge zur Diskussion um das ‚pretium iustum'. Universitätsbund, Erlangen, S 33–38

Xia L, Monroe KB, Cox JL (2004) The price is unfair! A conceptual framework of price fairness perceptions. J Mark 68(4):1–15

CSR-Produkte und Preisbereitschaft – die Van-Westendorp-Methode am Beispiel von nachhaltigem Kaffee

Franziska Struve und Christopher Stehr

Studien zeigen, dass Unternehmen die Bereitschaft der Kunden bei ihrer Kaufentscheidung Nachhaltigkeitsaspekte miteinzubeziehen als hoch einschätzen (vgl. Accenture 2013, S. 36 ff.). Zudem nimmt der Anteil der Konsumenten zu, die sich für die Qualität, Herkunft und Produktionsweise interessieren und in diesem Zusammenhang eine höhere Preisbereitschaft haben, dennoch ist und bleibt der Preis neben der Frische und dem Gesundheitswert eines Produktes eines der Haupteinkaufskriterien (vgl. Baschin et al. 2012, S. 82 f.; Accenture 2013, S. 36–39). Um diese Relation näher zu untersuchen und einen ersten Eindruck von der Relation der Kaufkriterien Nachhaltigkeit und Preis zu erhalten, soll die Van-Westendorp-Methode als Erweiterung der direkten Preisabfrage dienen.

Ein Produkt, welches in Deutschland unter Nachhaltigkeitslabeln verkauft wird, ist Kaffee (vgl. Deutscher Kaffeeverband e. V. 2016). Die Preise von Produkten, die beispielsweise unter dem Label Transfair vermarktet werden, liegen über dem eigentlichen Marktpreis, wobei die Preisdifferenz zum Ausgleich von sozialen Benachteiligungen genutzt werden soll. Diese Qualitätsaspekte sind keine direkten Produkteigenschaften, haben aber trotzdem einen entscheidenden Einfluss auf die Wahrnehmung des Kunden (vgl. Spiller 2010, S. 199).

Das Preisbewusstsein der Verbraucher ist jedoch nicht mit der Zahlungsbereitschaft gleichzusetzen. So wählen weniger als 10 % der befragten Frauen bei Kaffee immer das günstigste Produkte, wohingegen sie bei Reis, Mineralwasser und Pasta 20 % zuerst auf den Preis achteten (vgl. Stöckl 2013, S. 26).

F. Struve (✉) · C. Stehr
German Graduate School of Management and Law gGmbH
Bildungscampus 2, 74076 Heilbronn, Deutschland
E-Mail: franziska.struve@ggs.de

C. Stehr
E-Mail: christopher.stehr@ggs.de

© Springer-Verlag GmbH Deutschland 2017
C. Stehr und F. Struve (Hrsg.), *CSR und Marketing*,
Management-Reihe Corporate Social Responsibility, DOI 10.1007/978-3-662-45813-6_7

Zudem sind Preise von Produkten mit häufiger Kauffrequenz, welche zudem intensiv beworben werden, z. B. Kaffee und Butter, beim Verbraucher leichter bekannt als Preise von Produkten mit heterogener Verpackung (vgl. Lüth 2005, S. 10).

Da sowohl explizites Preiswissen als auch die deutliche Vermarktung als nachhaltiges Produkt notwendige Bedingungen für die Untersuchung der Preisbereitschaft mit der Van-Westendorp-Methode sind, wurde das Produkt Kaffee als Untersuchungsgegenstand ausgewählt.

Ziel dieser Untersuchung ist es, einen ersten Ansatzpunkt dafür zu finden, ob Kunden bereit sind für Produkte mit nachhaltigen Attributen (in diesem Fall soziale und/oder ökologische Produktionsbedingungen) mehr zu bezahlen. Auf diese Weise können Rückschlüsse für das Produktmarketing und die Ausgestaltung des Marketingmixes gezogen werden.

1 Van Westendorp Methode

Die Van-Westendorp-Methode bzw. das Price Sensitivity Measurement dient der Ermittlung der akzeptablen Preisspanne für ein Produkt (vgl. Ipsos Marketing Science 2014). Sie setzt als ein Standardverfahren der Preisforschung voraus, dass der Befragte leicht auf explizites Preiswissen des zu untersuchenden Produktes zurückgreifen kann. Da explizites Preiswissen in einem Großteil der Produktkategorien gering ausgeprägt ist (vgl. Stöckl 2013, S. 27), wird Kaffee als sogenannter Eckartikel mit vergleichsweise hohem Preiswissen untersucht.

Es wird davon ausgegangen, dass es für jedes Produkt einen eigenen Spielraum bei der Preisfestsetzung gibt. Zur Erhebung der Daten, wird die Methode der Kundenbefragung angewandt. Die zu beantwortenden Fragen sind:

1. Wie unterscheidet sich die Preisbereitschaft für nachhaltig angebauten Kaffee von konventionellem Kaffee?
2. Was lässt sich daraus für das Marketing ableiten?

Hierbei wird die Preisbereitschaft für 500 g Kaffee mit verschiedenen Eigenschaften abgefragt:

1. konventionell produzierter Kaffee,
2. sozial produzierter Kaffee (Verbesserung der sozialen Produktionsbedingungen),
3. ökologisch produzierter Kaffee (umweltschonend),
4. ökologisch und sozial produzierter Kaffee (Kombination von 2. und 3.).

Vorgehen
Zu Beginn der Befragung wird dem Probanden der zu erforschende Artikel (in diesem Fall Kaffee) vorgestellt. Anschließend wird der Befragte aufgefordert, vier Preise für diesen zu

benennen. Es handelt sich bei dieser Methode immer um die gleichen vier Fragen (vgl. Lipovetsky 2006, S. 2–3):

1. Bis zu welchem Preis würden Sie denken, dass das Produkt **günstig** ist und ein Kauf für Sie in Frage kommt?
2. Bis zu welchem Preis würden Sie denken, dass das Produkt zwar **teuer** ist, aber Sie zu einem Kauf noch bereit wären?
3. Ab welchem Preis würden Sie denken, dass das Produkt **zu teuer** ist, um einen Kauf in Betracht zu ziehen?
4. Ab welchem Preis würden Sie denken, dass dieses Produkt **zu billig** ist, sodass Sie an der Qualität zweifeln?

In der grafischen Darstellung wird der Preis ansteigend auf der Abszisse und der Anteil der Befragten, auf die dieser Preis zutrifft, in Prozent auf der Ordinate dargestellt.

Die Auswertung dieser vier Fragen ergibt vier ansteigende Graphen in der Reihenfolge (Frage 4 zu billig, Frage 1 günstig, Frage 2 teuer und Frage 3 zu teuer). Zudem werden die Inversen (Umkehrfunktionen) der Kurven „günstig" und „teuer" als zusätzliche Kurven „nicht günstig" (Inverse von günstig) und „nicht teuer" (Inverse von teuer) ergänzt.

▶ **Definition** Der Punkt der marginalen Günstigkeit (der untere akzeptable Preis) (PMC) ergibt sich grafisch am Schnittpunkt der Graphen „zu billig" und „nicht günstig" (inv.).

Der Punkt des marginalen Teuerseins (der obere akzeptable Preis) (PME) ergibt sich als Schnittpunkt der Graphen „zu teuer" und „nicht teuer" (inv.) (vgl. Pepels 2013, S. 168).

Der Bereich zwischen der Preisuntergrenze (PMC) und Preisobergrenze (PME) ist der akzeptable Preisbereich (vgl. Wildner 2003, S. 6).

Der optimale Preis (OPP) ergibt sich als Schnittpunkt der Graphen „zu teuer" und „zu billig", also dort, wo sich beide Meinungen ausgleichen.

Der Indifferenzpreis (IPP) ergibt sich als Schnittpunkt der Graphen „teuer" und „günstig" (vgl. Pepels 2013, S. 168).

2 Auswertung

Die Befragung nach der Van-Westendorp-Methode wurde mit $n = 141$ Probanden durchgeführt. Die Stichprobe enthält 56 männliche und 85 weibliche Meinungen, dies entspricht einer prozentualen Verteilung von 39,7 % männlicher und 60,3 % weiblicher Probanden. Die Altersverteilung der Stichprobe ist in die Kategorien jung (0–25/bis einschließlich 1990), mittel (1989–1970/26–45) und alt (über 45/nach 1970) unterteilt. Die Stichprobe ist durch eine extreme Ungleichverteilung in Richtung der jungen Probanden gekennzeichnet. Insgesamt 113 der Probanden gehören zur jungen Kategorie, 26 zur mittleren Kategorie und nur 2 zur alten Kategorie. Dies entspricht einer prozentualen Verteilung von 80, 18,4 und 1,6 %.

2.1 Optimaler Preiskorridor: Preisuntergrenze und Preisobergrenze

Die Abb. 1 bis 4 zeigen die Ermittlung der Preisuntergrenze (PMC) und der Preisobergrenze (PME). Abb. 1 zeigt die Schnittpunkte der Graphen „zu günstig" und (der Inverse des Graphen) „günstig" als Schnittpunkt 1 = untere Preisgrenze, welcher bei 3,41 € liegt. Der zweite dargestellte Schnittpunkt entsteht durch die Graphen (der Inverse von) „teuer" und „zu teuer", wobei dieser als obere Preisgrenze bezeichnet wird und bei 5,91 € liegt (siehe Abb. 1).

Zwischen diesen beiden Punkten liegt somit der optimale Preiskorridor für konventionellen Kaffee. Dieser Preiskorridor hat eine Spanne von 2,50 €, welche den Spielraum der Preisgestaltung darstellt.

Abb. 2 zeigt demgegenüber den optimalen Preiskorridor für sozialen Kaffee. Dieser Preiskorridor liegt aufgrund der unteren und oberen Preisgrenzen im Bereich zwischen 4,34 und 7,38 € und weist somit einen Spielraum von 3,04 € auf (siehe Abb. 2).

In Abb. 3 ist der optimale Preiskorridor für ökologischen Kaffee dargestellt. Die untere Preisgrenze liegt hierbei bei 4,25 € und die obere Preisgrenze liegt bei 6,88 €. Hieraus ergibt sich ein preislicher Spielraum von 2,63 €.

Abb. 4 zeigt den optimalen Preiskorridor für die Kombination aus ökologischem und sozialem Kaffee. Hierbei liegt der Preiskorridor zwischen 5,10 und 8,32 € und lässt somit einen preislichen Spielraum von 3,22 € zu (siehe Abb. 4).

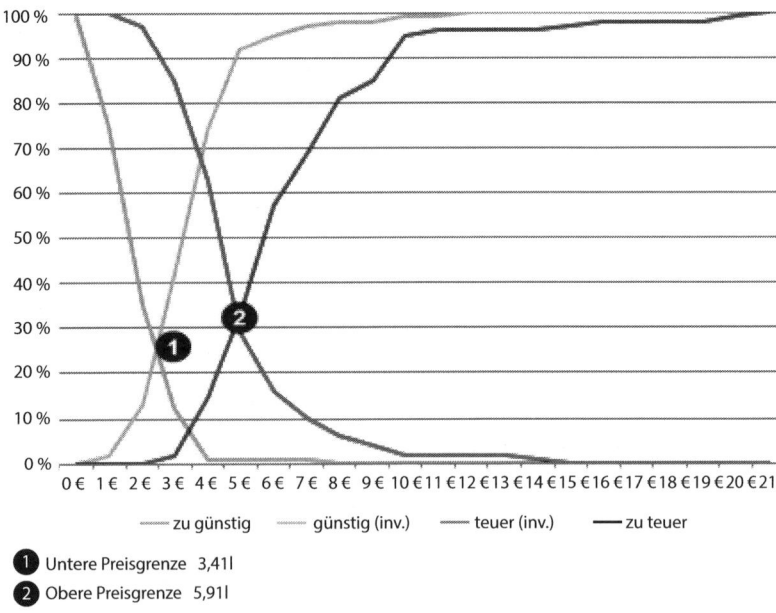

Abb. 1 Optimaler Preiskorridor konventioneller Kaffee. (Eigene Darstellung)

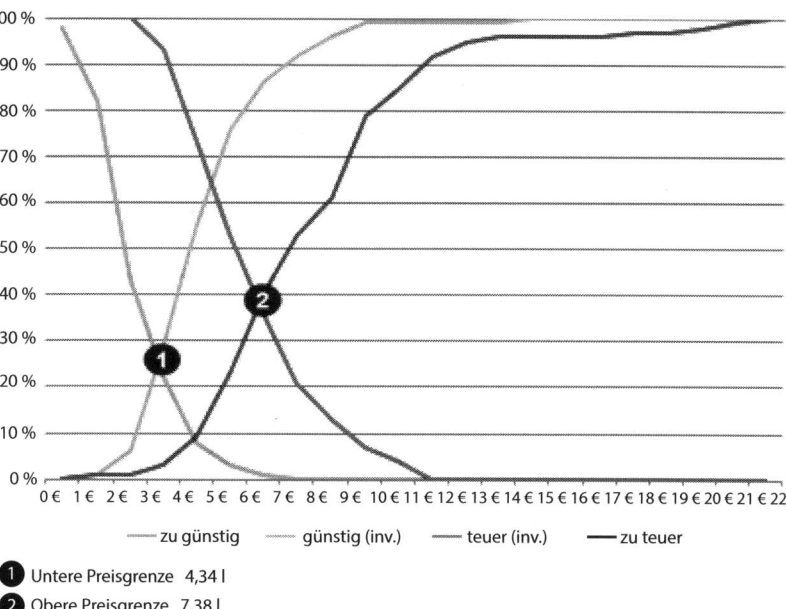

Abb. 2 Optimaler Preiskorridor für sozial produzierten Kaffee. (Eigene Darstellung)

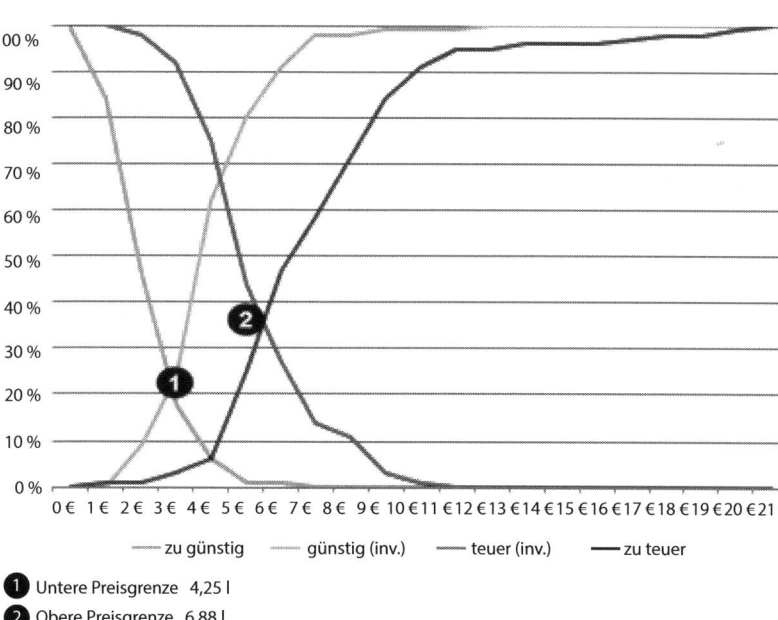

Abb. 3 Optimaler Preiskorridor für ökologisch (umweltschonend) produzierten Kaffee. (Eigene Darstellung)

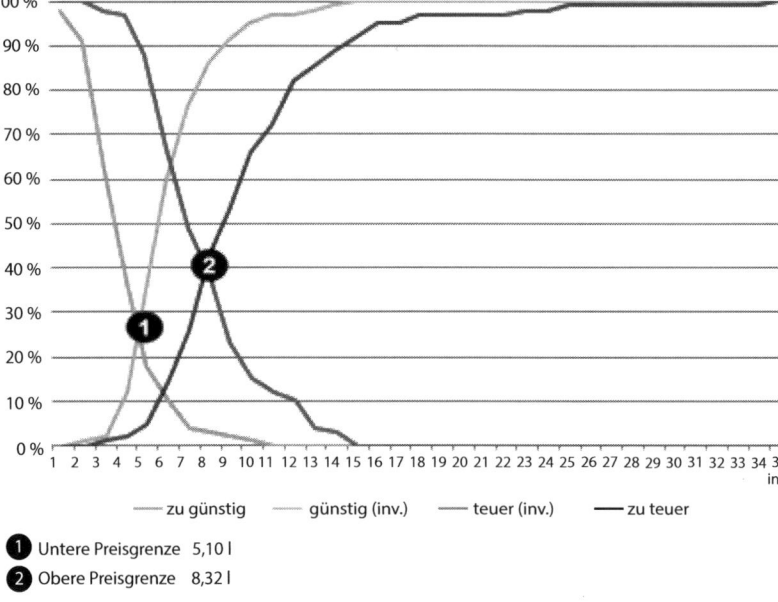

Abb. 4 Optimaler Preiskorridor für ökologisch und sozial produzierten Kaffee. (Eigene Darstellung)

Insgesamt kann gesagt werden, dass die preisliche Gestaltung der Kaffeesorten im einem Preiskorridor von 3,41 € (konventioneller Kaffee – untere Preisgrenze) bis 8,32 € (ökologischer und sozialer Kaffee – obere Preisgrenze) liegt. Die Preisspannen variieren zwischen 2,50 € (konventioneller Kaffee) und 3,22 € (ökologischer und sozialer Kaffee) (vgl. Tab. 1).

Im Vergleich der vier unterschiedlich produzierten Kaffeepakete wird eine Hierarchie der Preisbereitschaft und der Steigerung dieser deutlich. So weist der konventionelle Kaffee sowohl bei der unteren als auch bei der oberen Preisgrenze den niedrigsten Wert im Vergleich zu den anderen Kaffeesorten auf. Der ökologische Kaffee führt zur nächsthöhe-

Tab. 1 Gegenüberstellung PMC, PME und potenzielle Preisspanne. (Eigene Darstellung)

Kaffeesorte	Untere Preisgrenze (PMC)	Obere Preisgrenze (PME)	Potenzielle Preisspanne
Konventionell	3,41 €	5,91 €	2,50 €
Ökologisch	4,25 €	6,88 €	2,63 €
Sozial	4,34 €	7,38 €	3,04 €
Ökologisch und sozial	5,10 €	8,32 €	3,22 €

Basierend auf $n = 141$

ren Preisbereitschaft, gefolgt vom sozialen sowie dem ökologischen und sozialen Kaffee (vgl. Tab. 1).

2.2 Price stress – Penetrationspreis und Indifferenzpreis

Die Abb. 5 zeigt beispielhaft die Schnittpunkte der Graphen „zu günstig" und „zu teuer" als Penetrationspreis sowie die Schnittpunkte der Graphen „teuer" und „günstig" als Indifferenzpreis.

Diese liegen in diesem Beispiel für konventionellen Kaffee bei 4,41 € für den Penetrationspreis (OPP) und bei 4,79 € für den Indifferenzpreis (IPP). Da in diesem Fall der Indifferenzpreis größer ist als der Penetrationspreis, liegt ein sogenannter negativer Preisstress vor. Dieses Phänomen tritt dann auf, wenn ein Anbieter/Produkt als potenziell minderwertig angesehen wird oder der Anbieter ein schlechtes Image aufweist (siehe Tab. 2).

Wie der Tab. 2 zu entnehmen ist, tritt dieses Phänomen bei allen abgefragten Kaffees auf.

▶ **Definition** Negativer Preisstress ist gegeben, wenn der Penetrationspreis (OPP) kleiner ist als der Indifferenzpreis (IPP). In diesem Fall werden Produkte als minderwertig wahrgenommen und/oder das Unternehmen/die Marke weisen ein negatives Image auf.

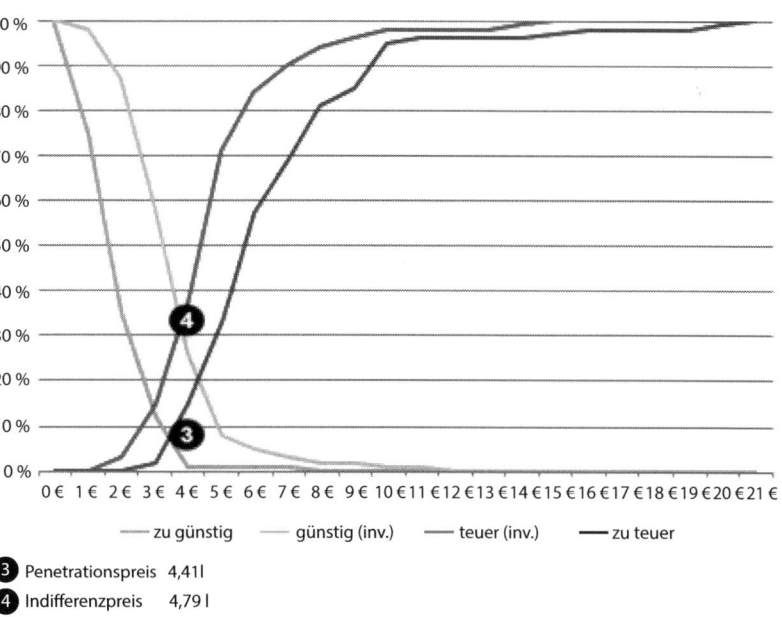

Abb. 5 Preisstress bei konventionell produziertem Kaffee

Tab. 2 Gegenüberstellung Penetrationspreis und Indifferenzpreis

Kaffeesorte	OPP	IPP	Preisstress (OPP – IPP)	Bedeutung
Konventionell	4,41 €	4,79 €	−0,38	Negativer Preisstress
Ökologisch	5,39 €	5,66 €	−0,27	Negativer Preisstress
Sozial	5,45 €	5,94 €	−0,49	Negativer Preisstress
Ökologisch und sozial	6,26 €	6,71 €	−0,45	Negativer Preisstress

Positiver Preisstress entsteht, wenn der Penetrationspreis größer ist als der Indifferenzpreis. Dieses Phänomen tritt auf, wenn ein Produkt als besonders innovativ wahrgenommen wird und dadurch kurzfristig einen Preisbonus erhält.

Da durch die angewendete Methode keine Rückschlüsse auf das Unternehmen oder eine Marke gewonnen werden konnten, können diese Kriterien nicht zur Analyse des entstandenen negativen Preisstresses herangezogen werden. Dennoch ist bei einem Produkt wie ein herkömmliches 500 g Paket Kaffee nicht zu erwarten, dass ein positiver Preisstress durch „Innovativität" entsteht, da insbesondere in diesem Bereich durch Pads etc. zahlreiche Innovationen im Markt sind.

3   Fazit

Auf Basis der vorliegenden Untersuchung wird deutlich, dass die Preisbereitschaft der Probanden mit zunehmenden Nachhaltigkeitsattributen des Kaffees steigt. So liegt der optimale Preis des konventionellen Kaffee bei 4,41 € und der Preis von ökologischem und sozialem Kaffee bei 6,26 €, was einer **Steigerung der Preisbereitschaft um 42 %** entspricht.

Das preisliche Potenzial des nachhaltig produzierten Kaffees wird aus der Differenz des niedrigsten Preises (Preisuntergrenze des konventionellen Kaffees) 3,41 € und dem höchsten Preis (Preisobergrenze des sozialen und ökologischen Kaffees) 8,32 € deutlich. Auf diese Weise liegt das Potenzial der **Preisgestaltung durch die Hinzunahme von Nachhaltigkeitsattributen bei 244 %** des niedrigsten vertretbaren Preises.

Auf diese Weise zeigt sich das enorme ökonomische Potenzial der Kennzeichnung und Kommunikation von nachhaltigen Produktattributen Kap. Nachhaltiges Konsumentenverhalten – Welche Nachhaltigkeitssiegel beeinflussen den Verbraucher? (vgl. Accenture 2013, S. 36–39; Kap. „Corporate Social Responsibility aus Kundensicht – Können sich Unternehmen ein gutes Image kaufen?").

Zur Vertiefung der Erkenntnisse können bei folgenden Studien weitere Attribute abgefragt werden: Handelt es sich bei dem Probanden um einen Kaffeetrinker? (Informationsstand des Befragten) zudem werden Nachfragebündelungen nicht erfasst (vgl. Wildner 2003, S. 6), weshalb eine Abfrage bzgl. des Kaufentscheiders des Haushalts sinnvoll sein könnte. Insgesamt scheinen Nachhaltigkeitsattribute ein hohes Potenzial insbesondere für die Preispolitik aber auch für die Kommunikationspolitik von Unternehmen aufzuweisen. Es gilt allerdings, die Übertragbarkeit auf weitere Produktgruppen mit einer höheren Probandenanzahl zu verifizieren.

Literatur

Accenture (2013) The UN global compact Accenture CEO study on sustainability 2013 – architects of a better world

Baschin J, Holzendorf U, Hrouda T, Schreiner F (2012) Nachhaltigkeitsaspekte bei Kaufentscheidungen von Lebensmitteln. Haushalt Bild Forsch (1):82–88. http://www.budrich-journals.de/index.php/HiBiFo/article/view/10104/8703

Deutscher Kaffeeverband e. V. (2016) Nachhaltigkeit. http://www.kaffeeverband.de/kaffeewissen/nachhaltigkeit. Zugegriffen: 12. Sep. 2016

Ipsos Marketing Science (2014) Price Sensitivity Measurement. Welche Preisvorstellungen haben Konsumenten/Kunden von meinem Produkt? http://www.ipsos.de/assets/files/docs/32/FS_MS_Price%20Sensitivity_V2.pdf. Zugegriffen: 12. Sep. 2016

Lipovetsky S (2006) Van Westendorp price sensitivity in statistical modeling. Int J Oper Quant Manag 12(2):1–16

Lüth M (2005) Zielgruppensegmente und Positionierungsstrategien für das Marketing von Premium-Lebensmitteln, Diss. Georg-August-Universität Göttingen, S 10

Pepels W (2012) Handbuch des Marketing, 6. Aufl. Oldenbourg Wissenschaftsverlag, München, S 649

Spiller A (2010) Marketing Basics. Georg-August-Universität, Göttingen, S 199

Stöckl G (2013) Spielerisch zum optimalen Preis. In: Müller-Peters H (Hrsg) marktforschung.dossier Preisforschung – wenn „zu billig" zu teuer wird, S 26–27

Wildner R (2003) Marktforschung für den Preis. Jahrb Absatz- Verbrauchsforsch 49(1):4–25

Kommunikation von CSR

Tue Gutes und rede darüber?

Erfolgreiche Corporate-Social-Responsibility-Strategie und Kommunikation durch Verständnis von Kundenpräferenzen und -skepsis

Laura Marie Schons

> *„If you do things well, do them better. Be daring, be first, be different, be just"* (Anita Roddick, Gründerin von The Body Shop).

1 Corporate-Social-Responsibility-Strategie und -Kommunikation als Herausforderung für Marketingmanager

Seit einigen Jahrzehnten ist ein kontinuierlicher Wertewandel in den Gesellschaften der westlichen Welt zu beobachten, der mit veränderten Erwartungen an das Verhalten von Unternehmen einhergeht. Der Diskurs um die Corporate Social Responsibility (CSR), d. h. die soziale Verantwortlichkeit von Unternehmen, hat sich in diesem Zuge von der Frage des „Ob" zur Frage des „Wie" gewandelt (Du et al. 2007). Dies wurde von einem beachtlichen Anstieg der Ausgaben für CSR-Aktivitäten in den Unternehmen begleitet: So investierten in 2012 laut Berichten des Reputation Institute (http://www.reputationinstitute.com/) Microsoft 904 Mio. US\$, Walt Disney 248,5 Mio. US\$ und Sony 54,5 Mio. US\$ in soziale Maßnahmen.

Nicht zuletzt eine große Zahl aktueller Forschungsergebnisse, die auf wünschenswerte Resultate von CSR-Aktivitäten auf Unternehmensebene hinweisen, haben dazu geführt, dass CSR nun als integraler Bestandteil der Unternehmensstrategie angesehen wird (z. B. Cochran und Wood 1984; McWilliams und Siegel 2001; Barnett 2007; Luo und Bhattacharya 2006). Diese vorteilhaften Effekte zeigen sich auf Kundenebene in einer gesteigerte Kundenzufriedenheit (Luo und Bhattacharya 2006), Kundenloyalität sogar bei negativer Berichterstattung (Klein und Dawan 2004), einer erhöhten Zahlungsbereitschaft (Creyer

L. M. Schons (✉)
University of Mannheim I Business School I Chair of Corporate Social Responsibility
Schloss, O 053, 68131 Mannheim, Deutschland
E-Mail: schons@bwl.uni-mannheim.de

© Springer-Verlag GmbH Deutschland 2017
C. Stehr und F. Struve (Hrsg.), *CSR und Marketing*,
Management-Reihe Corporate Social Responsibility, DOI 10.1007/978-3-662-45813-6_8

und Ross 1996; Mohr und Webb 2005) und einem gesteigerten Anteil am Einkaufsvolumen (Lichtenstein et al. 2004).

Doch was sollen wir genau unter CSR verstehen? Die DIN ISO 26000 definiert CSR wie folgt:

▶ **Definition** Corporate Social Responsibility ist die Verantwortung einer Organisation für die Auswirkungen ihrer Entscheidungen und Aktivitäten auf die Gesellschaft und die Umwelt durch transparentes und ethisches Verhalten, das zur nachhaltigen Entwicklung, Gesundheit und Gemeinwohl eingeschlossen, beiträgt, die Erwartungen der Anspruchsgruppen berücksichtigt, anwendbares Recht einhält und im Einklang mit internationalen Verhaltensstandards steht, in der gesamten Organisation integriert ist und in ihren Beziehungen gelebt wird.

Somit umfasst das aktuelle Verständnis der Unternehmensverantwortung einerseits viel mehr als nur die reine Profitmaximierung innerhalb der Begrenzung der gesetzlichen Rahmenbedingungen, wie von Milton Friedman in seinem berühmten Zitat angenommen:

Hintergrundinformation
there is one and only one social responsibility of business – to use its resources and engage in activities designed to increase its profits so long as it stays within the rules of the game, which is to say, engages in open and free competition without deception or fraud (Friedman 1970).

Andererseits impliziert diese aktuelle Definition der unternehmerischen Verantwortung aber auch deutlich mehr, als sich nur durch philanthropische Wohltätigkeit einen sozialen Anstrich zu geben ohne aber den Kern der Unternehmung ökologisch nachhaltiger oder sozial verantwortungsvoller zu organisieren. Einige Unternehmen tendieren genau hierzu: Aus dem Gefühl heraus, dem CSR-Trend folgen zu müssen um nicht als Nachzügler dazustehen, entscheiden sich diese Unternehmen für sehr sichtbare und leicht implementierbare, vom Kern der Unternehmung aber teils völlig entkoppelte und rein symbolische CSR-Aktivitäten, z. B. Spenden für willkürliche gute Zwecke. Porter und Kramer (2006) nennen solche Reaktionen auf Druck von außen, sich nachhaltiger zu verhalten, „kosmetische CSR".

Beispiel
Die **Krombacher Regenwald-Kampagne**, die scherzhaft auch als „Saufen für den Regenwald" bezeichnet wurde, ist ein passendes Beispiel einer CSR-Aktivität, die völlig entkoppelt vom Kerngeschäft des Unternehmens auf eine Steigerung der Verkaufszahlen bzw. eine Verbesserung des Images abzielte. Das Krombacher-Beispiel zeigt aber auch noch ein interessantes Phänomen: Unternehmen, die sehr aggressiv über ihre guten Taten berichten und diese offensichtlich als Verkaufsförderungsinstrument einsetzen, ziehen die gesteigerte Aufmerksamkeit von NGOs, Aktivisten und an dem Thema Nachhaltigkeit interessierte Kundensegmente auf sich. Als die Aktion 2002 mit dem Slogan **1 Kasten Krombacher = 1 qm Regenwald** und mit Günther Jauch als

prominentem Celebrity Endorser startete, wurden schnell Nachfragen nach der Nachhaltigkeit der Geschäftsprozesse innerhalb des Unternehmens laut. „Was macht Ihr eigentlich für die Umwelt in Eurem Unternehmen" (http://www.taz.de/!100176/)? Dieser gewachsene Druck von Seiten des Marktes brachte das Unternehmen schließlich dazu, den „Worten" (im Sinne von symbolischen CSR-Aktivitäten) Taten folgen zu lassen und mittlerweile einen eigenen Nachhaltigkeitsbericht vorzulegen.

Mit der steigenden Anzahl von Unternehmen, die sich auf den Märkten über solche symbolischen CSR-Aktivitäten als soziale Akteure präsentierten, geht aber auch eine *wachsende Skepsis* gegenüber den Motiven für dieses Verhalten in der Bevölkerung einher. Einige Wissenschaftler prangern solche CSR-Strategien sogar als Werkzeuge der multinationalen Konzerne an, um von anderen unverantwortlichen Geschäftspraktiken abzulenken, die Marktmacht der Konzerne zu stärken und die Macht der externen Anspruchsgruppen sukzessive zu mindern (Banerjee 2008).

Auf Konsumentenebene hat sich gezeigt, dass sich die Skepsis gegenüber Unternehmenskommunikation im Allgemeinen und gegenüber CSR-Kommunikation im Speziellen drastisch verstärkt hat. Vermehrt werden öffentlich Klagen des „Greenwashings" laut, in denen Unternehmen vorgeworfen wird, sich den grünen bzw. sozialen Anstrich nur deshalb zu geben, um sich individuelle Wettbewerbsvorteile zu verschaffen – oft aber ohne reale Taten folgen zu lassen. Insgesamt wird geschätzt, dass bis zu ¾ der Bevölkerung solcher Kommunikation mit einer stark skeptischen Prägung begegnet (Fein und Hilton 1994; Calfee und Ringold 1994; Wagner et al. 2009; Spiller 2006; Sheeran 2002; Vlachos et al. 2009; Elvin 2013; Singh et al. 2008; Chang und Cheng 2015).

▶ **Definition Skepsis** stammt aus dem Altgriechischen und bedeutete dort „Sehen" oder „Betrachten". Heutzutage wird der Begriff synonym mit Bedenken, Misstrauen, Skrupel oder Zweifel verwendet. Ist ein Kunde skeptisch, schaut er also genauer hin und hinterfragt die Botschaften eines Unternehmens kritischer. In der Literatur wird dabei zwischen einer **dispositionalen Skepsis** und einer **situativen Skepsis** unterschieden (Forehand und Grier 2003). Die dispositionale Skepsis stellt einen individuellen Differenzfaktor dar und zeigt an, wie sehr ein Kunde prädisponiert ist, skeptisch zu reagieren. Die situative Skepsis beschreibt die in einer konkreten Situation geweckte Skepsis gegenüber einer bestimmten Botschaft oder Aktivität eines Unternehmens. Diese wird häufig mit einer extrinsischen Attribution der Unternehmensmotive für die CSR-Maßnahmen gleichgesetzt. Das bedeutet, dass die Kunden in diesem Fall eher ein Profitmotiv hinter den guten Taten vermuten. Die dispositionale Skepsis als „Vorprägung" fördert diese Zuschreibung extrinsischer Motive in konkreten Situationen und wird durch das sich häufende Auftreten von Unternehmensskandalen verstärkt, die ein gänzlich anderes Bild von Unternehmen zeigen als das von dem um das Gemeinwohl bemühten „Corporate Citizen".

Als theoretische Grundlage der neuen, weiteren Ansätze der Unternehmensverantwortung dient die Stakeholdertheorie (Freeman und Reed 1983; Freeman 1984; Freeman und Gilbert 1987; Freeman und Evan 1990; Donaldson und Preston 1995). Die Stakeholdertheorie versteht ein Unternehmen als einen *Nexus verschiedenster Interessengruppen* (Stakeholder). Diese vielfältigen Interessen sind der Grund, warum das Unternehmen existiert (d. h. das Unternehmen existiert nicht, wie im Friedmanschen „Shareholder View of the Firm" postuliert, nur um ein Maximum an Gewinnen für die Anteilseigner zu erwirtschaften). Wichtige unternehmensinterne Stakeholder sind hierbei Manager, Mitarbeiter und Eigentümer. Als externe Stakeholder sind Investoren, Lieferanten, Kunden, Regierungen und die Gesellschaft zu nennen (Freeman 1984). Verantwortliches unternehmerisches Handeln kann im Sinne der Stakeholdertheorie als eine ausgewogene Berücksichtigung der Interessen dieser verschiedenen Anspruchsgruppen angesehen werden (Donaldson und Preston 1995).

Hintergrundinformation
Die Interessen, die die einzelnen Stakeholdergruppen am Unternehmen haben, sind dabei sehr divers und stehen nicht selten in Konflikt zueinander. **Mitarbeiter** suchen einen Arbeitsplatz, der nicht nur hilft, das eigene Einkommen zu sichern, sondern auch, ihr Arbeitsleben mit Sinn zu erfüllen (Bhattacharya et al. 2008, 2009). Hierbei spielt das verantwortliche Verhalten des Arbeitgebers eine immer stärkere Rolle, da Mitarbeiter nach einem Arbeitgeber suchen, mit dessen Werten sie sich identifizieren können. **Lieferanten** sind an langfristigen und vertrauensvollen Geschäftsbeziehungen interessiert, wobei die Verantwortlichkeit eines Unternehmens ein wichtiges Signal darstellt (Homburg et al. 2013). **Investoren** versprechen sich Gewinne aus Investitionen, wobei immer häufiger auch das Thema Unternehmensverantwortung an Relevanz gewinnt, da dies als Absicherung der Unternehmensreputation (oder als „moralisches Kapital" nach Godfrey 2005; Godfrey et al. 2009) angesehen werden kann (Skarmeas und Leonidou 2013). **Kunden** erwarten sichere (und vermehrt nachhaltig und sozial verträglich hergestellte) Produkte mit einem fairen Preis-Leistungsverhältnis.

Man kann sich nun fragen, in welcher Beziehung das Marketing zu dem Thema Unternehmensverantwortung steht. Nicht selten wird die Marketingdisziplin selber ja skeptisch beäugt oder sogar als unethisch verurteilt. Tatsächlich ist das Thema CSR aber von höchster Relevanz für Marketingentscheider. Erstens obliegt in vielen Unternehmen, die über keine eigene CSR-Abteilung verfügen, die Ausgestaltung der CSR-Aktivitäten der Marketingabteilung. Das Marketing wird typischerweise als ein Konzept der marktorientierten Unternehmensführung verstanden (Homburg und Krohmer 2006). Unter dem Gesichtspunkt einer solchen marktorientierten Unternehmensführung kann es sich kein Unternehmen (egal aus welcher Branche) mehr leisten, die veränderten Erwartungen der wichtigen Stakeholdergruppen an die ökologische und soziale Verantwortlichkeit der Anbieter zu ignorieren. Zweitens stellt das Marketing die primäre kommunikative Schnittstelle zu den externen Stakeholdern des Unternehmens dar und hat auf diese eine nicht zu unterschätzende *Beeinflussungsmacht*. Mit dieser Macht sollten Unternehmen im Sinne eines „nachhaltigen Marketings" verantwortungsvoll umgehen (z. B. Belz 2005). Nicht selten wird das schlechte Image auf Fehler der Vergangenheit zurückgeführt, bei denen Marketingentscheider die ihnen in die Hände gelegte Macht unverantwortlich nutzten, wie das folgende Zitat veranschaulicht:

Beispiel

People love to say they hate advertising. **I think we've earned this bad reputation by not caring enough about what our messages say and how they can affect the choices people make in their lives.** I believe that advertising has a responsibility to be more informative, more relevant, more reliable, more honest. Our industry has unique access to shape our culture (Mike Fromowitz on Feb 17, 2012, President and Chief Brand Officer of Mantra Partners, a full-service advertising and branding agency).

Aus Sicht der Marketingforschung sowie auch -praxis ist es deshalb von großem Interesse, durch empirische Studien Forschungsergebnisse zu generieren, die die CSR-Entscheidungen der Unternehmen leiten können. Im Speziellen stellt sich hier die Frage nach der Entwicklung und Umsetzung einer CSR-Strategie und -Kommunikation, die die Präferenzen der Stakeholder ausgewogen berücksichtigt. Im Folgenden wird ein kurzer Überblick über aktuelle Forschungsarbeiten im Bereich der Unternehmensverantwortung mit einem speziellen Fokus auf die internen und externen Kunden eines Unternehmens als wichtige Stakeholdergruppen gegeben.

2 Die sich verändernde Rolle der Unternehmen und die neue Verantwortung der Kunden

Die Tatsache, dass das Interesse an der Verantwortung privatwirtschaftlicher Akteure so stark zugenommen hat, ist auf ihre veränderte Rolle in globalisierten Märkten zurückzuführen:

Multinationale Konzerne
verfügen in unserer globalisierten Welt über immer mehr **Macht** (Webb und Mohr 1998). Typischerweise kontrollieren sie substanzielle Ressourcen und haben gleichzeitig die Freiheit, sich die legalen Rahmenbedingungen auszusuchen, unter denen sie agieren möchten (Palazzo und Scherer 2008). In vielen Fällen geht das Geschäftsverhalten dieser großen Konzerne mit negativen Konsequenzen für die Umwelt, lokale Bevölkerung, politische Stabilität und soziale Entwicklung einher. Traditionelle Regulationsmechanismen greifen zudem häufig nicht, weil die Aktivitäten der multinationalen Konzerne Ländergrenzen überschreiten und oft schwierig zurückzuverfolgen sind. Im Gegensatz hierzu nutzen viele große Konzerne ihre Macht aber auch in einem positiven Sinn und engagieren sich für die Durchsetzung von Menschenrechten, stellen wichtige öffentliche Güter bereit oder unterstützen philanthropische Maßnahmen. Somit haben Konzerne täglich aufs Neue die Wahl, ihre Macht entweder auf Kosten anderer Marktakteure zur Erwirtschaftung individueller Profite einzusetzen oder dazu beizutragen, **Shared Value** zu generieren (Porter und Kramer 2006, 2011).

Individuelle Kaufakte von Konsumenten werden aus diesen Gründen neuerdings des Öfteren mit einem Gang ins Wahllokal verglichen (Hansen und Schrader 1997): Durch den Kauf der Produkte eines Unternehmens geben oder entziehen Konsumenten den Unternehmen Ressourcen und haben damit selber die Macht, als Regulationsmechanismus zu wirken. Aus diesem neuen Verständnis von Kaufakten als „Politik mit dem Warenkorb" resultiert eine **geteilte Verantwortung von Unternehmen und Konsumenten** (Fricke und Schrader 2014): Unternehmen tragen die Verantwortung, ihre Wertschöpfungsaktivitäten verantwortungsvoll zu managen und die Bedürfnisse der verschiedenen Stakeholdergruppen zu berücksichtigen. Konsumenten tragen die Verantwortung, durch bewusste Konsumentscheidungen das Verhalten der Unternehmen zu belohnen und zu sanktionieren und so die Unternehmenslandschaft nach ihren Werten mit zu formen (Devinney et al. 2006).

Tatsächlich lässt sich beobachten, dass viele Konsumenten sich ihrer Verantwortung und ihrer Nachfragemacht immer mehr bewusst sind und Wert auf nachhaltige, ethisch produzierte Güter und Dienstleistungen legen. Mittlerweile finden sich aufgrund einer gestiegenen Nachfrage in jedem Lebensmitteldiscounter „Bio"-(Eigen)marken (Sparkes und Cowton 2004), nachhaltige Geschäftsmodelle der Sharing-Economy sprießen vielerorts aus dem Boden (Belk 2014; Scaraboto 2015) und das Verhalten von Unternehmen wird, auch durch die mit zunehmender **Digitalisierung** einhergehende **Transparenz**, immer mehr hinterfragt (Schildhauer und Voss 2009).

> **Beispiel**
>
> Sogar in Branchen, in denen Geschäftspraktiken bisher wenig auf ihre Nachhaltigkeit und ethische Korrektheit überprüft wurden, weisen kleine Start-ups mit ihren innovativen Geschäftsmodellen auf bisherige Mängel und Nachlässigkeiten hin. So war zum Beispiel das durch Crowdfunding finanzierte **Fairphone**-Projekt (https://www.fairphone.com/) aus Holland, das die Herstellungsprozesse im Smartphonemarkt transparent machte, zeitweise mit einer so starken Nachfrage konfrontiert, dass es lieferunfähig wurde. Als Konsequenz hieraus wurden die Gebrauchtgeräte zeitweise zu den gleichen Preisen gehandelt wie die Neuauslieferungen.

Betrachtet man die andere Seite der Medaille – unverantwortliches Verhalten von Unternehmen (oder **Corporate Social Irresponsibility; CSI**) – so hat auch hier die aktuelle Forschung aufgezeigt, dass Kunden sich für viele Arten eines solchen Fehlverhaltens durch ihren Konsum mitschuldig fühlen und dass dieses Schuldgefühl sie dazu bringt, die Unternehmen zu boykottieren (Scheidler et al. 2015a). Insbesondere bei Skandalen, z. B. dem Einsturz der Rana Plaza Textilproduktion in Bangladesch, sehen viele Konsumenten ihre eigene Nachfrage nach billiger und in jeder Saison wechselnder Modebekleidung als eine wichtige Ursache, fühlen sich schuldig und geben an, in Zukunft Textildiscounter wie Primark & Co. meiden zu wollen. Ob diese Absichten dann allerdings tatsächlich in die Tat umgesetzt werden, ist natürlich aus diesen Ergebnissen nicht ersichtlich und bleibt vor dem Hintergrund des vielfach gezeigten „Attitude-Behavior-Gaps" (Sen und Bhattacharya 2001), also einem Auseinanderfallen von Verhaltensabsichten und realen Taten, fraglich. Zudem empfinden Konsumenten nicht für alle Arten von Unternehmensskandalen eine Mitverantwortung, die sie dazu motiviert, das Unternehmen zu boykottieren. Finanzskandale, z. B. die durch Gier und Profitstreben des Managements verursacht wurden, lösen nicht annähernd das gleiche Gefühl der Mitverantwortung hervor (Scheidler et al. 2015a).

Ein weiterer wichtiger Bereich, der in aktueller Forschung näher beleuchtet wurde, ist die Rolle der **internen Kunden** des Unternehmens, also der Mitarbeiter, und ihrer Wahrnehmung der Verantwortlichkeit des eigenen Arbeitgebers. Konsens ist hier, dass CSR ein immer wichtigeres Instrument darstellt, um hoch qualifizierte Arbeitskräfte zu werben und an das Unternehmen zu binden (Bhattacharya et al. 2008). Bei bestehenden Mitarbeitern führt CSR zu einer höheren Identifikation mit dem Arbeitgeber und einem gesteigerten Selbstwertgefühl durch das Bewusstsein, für ein Unternehmen zu arbeiten, das zum Wohle aller beiträgt (Kim et al. 2010). Sind die Mitarbeiter von der sozialen Verantwortlichkeit ihres Arbeitgebers überzeugt, stellen sie als **Boundary-Spanner** zudem die wichtigsten Kommunikatoren dieses verantwortungsvollen Images nach außen dar (Korschun et al. 2014). Allerdings haben aktuelle Beiträge auch aufgezeigt, welche Stolpersteine Unternehmen hier zu beachten haben. Zum Beispiel zeigen aktuelle Studien (Scheidler et al. 2015b), dass Unternehmen, die dem Trend folgen wollen und übereilt eine unternehmensexterne CSR-Strategie implementieren, ohne diese dabei durch unternehmensinterne CSR-Maßnahmen auszubalancieren, Gefahr laufen, von ihren Mitarbeitern als „scheinheilig" wahrgenommen zu werden. Dies führt dann in Folge zu einer erhöhten emotionalen Erschöpfung und Kündigungsabsicht bei Mitarbeitern, welche sich in einer real gesteigerten Mitarbeiterfluktuation niederschlägt und der Unternehmensprofitabilität schaden kann.

> **Beispiel**
>
> Ein medial stark diskutiertes Beispiel hierfür ist die Kette **Walmart**, die sich durch zwei sehr unterschiedliche Gesichter auszeichnet. Einerseits positioniert sich das Unternehmen nach außen sehr stark über das Thema CSR, spendete allein in 2013 1 Mrd. US$ und spricht auf seiner Webseite von einer **Responsibility to lead**. Andererseits stand das Unternehmen in den letzten Jahren immer wieder im Scheinwerferlicht der US-Medien, da Walmart-Mitarbeiter so geringe Löhne verdienten, dass viele von ihnen staatliche Unterstützung benötigten, um ihre Familien zu ernähren.

Die oben genannten Forschungsbeiträge und Praxisbeispiele veranschaulichen, dass externe sowie interne Kunden des Unternehmens den Unternehmensaktivitäten immer skeptischer gegenüberstehen und über eine immer stärkere Belohnungs- und Sanktionsmacht verfügen. Durch zunehmende Markttransparenz können sie zudem verstärkt von dieser Macht Gebrauch machen wenn ihre Skepsis geweckt wird. Das Management, und in vielen Fällen das Marketing des Unternehmens, stehen also in einem ersten Schritt vor der Herausforderung, eine CSR-Strategie zu entwickeln und zu implementieren, die die vielfältigen Interessen und Bedürfnisse der Stakeholder ausgewogen berücksichtigt und in einem zweiten Schritt vor dem Problem, wie sie diese CSR-Maßnahmen an die jeweiligen Stakeholder kommunizieren können, ohne Misstrauen und Skepsis zu erzeugen.

► Im Folgenden werden drei aktuelle empirische Studien vorgestellt, die sich mit genau diesen Fragen beschäftigt haben. Genauer gesagt untersuchen alle drei Studien Kundenwahrnehmungen von CSR-Aktivitäten und ihre jeweiligen Reaktionen auf diese Maßnahmen. Interessant ist dabei, dass die Studien als **Feldexperimente in Kooperation mit einem großen internationalen Einzelhandelsunternehmen** durchgeführt wurden, das sich ebenfalls für diese Fragen interessierte und aus diesem Grund mit unserem Forscherteam kooperierte. Es handelt sich also im Folgenden um *reale Kunden, reale CSR-Aktivitäten und Kommunikationsbotschaften* und auch um *reale Reaktionen* in Form von sich veränderndem Kaufvolumen.

3   Feldexperiment 1: Der richtige CSR-Mix – „Was tun?"

Eine der ersten Fragen, die sich ein Unternehmen bei der Entwicklung einer CSR-Strategie stellen muss, ist, in welcher Form es sich engagieren will. Da, wie in der Einleitung anhand von Zahlen belegt, CSR-Strategien häufig signifikante Ausgaben für das Unternehmen bedeuten, sollten diese im Sinne der Stakeholdertheorie die Interessen der Anspruchsgruppen ausgewogen widerspiegeln. Da diese Kosten aus Ressourcen des Unternehmens finanziert werden, sollten externe Stakeholder zudem über die Verwendung dieser Budgets informiert werden. Auf die Fragen, wie man Budgets aufteilen und über welche Aktivitäten man externe Stakeholder informieren sollte, bieten sich unerschöpflich viele Antworten. Unternehmen stehen vor der Herausforderung, den richtigen „CSR-Mix" oder das richtige „CSR-Portfolio" (Scheidler et al. 2015b) zu finden.

Hintergrundinformation
Vor dem Hintergrund potenziell **konfligierender Stakeholderinteressen** ist zu beachten, dass das, was für die eine Stakeholdergruppe einen Vorteil darstellt, für eine andere schnell einen Nachteil bedeuten kann. Investiert das Unternehmen z. B. stark in verbesserte Arbeitsbedingungen für die eigenen Mitarbeiter (zu Hause oder an Übersee-Standorten) kann sich dies schnell in erhöhten Produktpreisen für die Konsumenten niederschlagen. Andererseits kann ein günstiger Preis für Konsumenten für die Mitarbeiter bedeuten, dass sie sich mit schlecht(er)en Konditionen abfinden müssen.

Im Rahmen der CSR-Kommunikation stellt sich zudem die Frage, an welchen Informationen externe Stakeholdergruppen, z. B. Kunden, das größte Interesse haben. In der Praxis kann man beobachten, dass CSR-Kommunikation sehr häufig philanthropische Maßnahmen (z. B. Spenden für wohltätige Projekte) zum Inhalt hat (Angermüller und Schwerk 2004). Darüber hinaus findet sich vereinzelt auch Kommunikation über ressourcensparende Produktion und Engagement in lokalen Gemeinden. Am seltensten sprechen Unternehmen aber über das Engagement für die Mitarbeiter im eigenen Unternehmen und die verantwortungsvolle Gestaltung unternehmensinterner Geschäftsprozesse. Besonders vor dem Hintergrund aktueller Skandale, z. B. dem **Burger King oder dem Amazon-Skandal** (bei dem den beiden Unternehmen vorgeworfen wurde, die Mitarbeiter unter inakzeptablen Bedingungen zu beschäftigen), könnte allerdings gerade dieser Bereich ein Thema darstellen, welches die Kunden besonders interessiert und positiv anspricht.

Aktuelle qualitativ-empirische Studien (Öberseder et al. 2013) zeigen erste Evidenz dafür, dass diese Annahme berechtigt sein könnte. Wir erkundeten diesen Zusammenhang des Weiteren in einem quantitativ-empirischen Feldexperiment mit unserem Partnerunternehmen (Schons et al. 2015). Über den Newsletter des Unternehmens wurden verschiedenen Gruppen von Kunden unterschiedliche Botschaften über CSR-Aktivitäten des Unternehmens zugesandt. Insgesamt gab es vier Gruppen: Gruppe 1 erhielt eine Botschaft bezüglich einer Spendenaktion des Unternehmens; Gruppe 2 erfuhr, dass das Unternehmen sich für nachhaltige Energienutzung engagiert; Gruppe 3 wurde über das Engagement des Unternehmens in lokalen Gemeinden informiert; Gruppe 4 erfuhr, dass das Unternehmen sich über gesetzliche Standards hinaus für das Wohl der Mitarbeiter einsetzt. Anschließend wurden den Teilnehmern einige Fragen zu der Wahrnehmung der Maßnahmen und zu ihren persönlichen Einstellungen gestellt. Manipulationschecks zeigten, dass die Kunden das Unternehmensengagement nach der Informationsgabe in dem jeweils vorgestellten inhaltlichen Bereich als am stärksten wahrnahmen.

Wir untersuchten dann die Wirkung der verschiedenen Botschaften auf das Kaufverhalten der Kunden in den folgenden Monaten. Tatsächlich zeigten die Ergebnisse eine signifikant gesteigerte Kunden-Unternehmensidentifikation bei denjenigen Kunden, die die Kommunikation zu der mitarbeiterbezogenen Maßnahme erhalten hatten. Dieser Effekt ließ sich empirisch (über in einem Fragebogen erhobene Konstrukte) mit einer erhöhten Wahrnehmung der intrinsischen Motivation des Unternehmens durch die Kunden erklären (Kelley 1967; Ellen et al. 2000, 2006): Im Falle des Engagements für die Mitarbeiter glaubten die Kunden signifikant stärker an die **ehrliche Motivation des Unternehmens**, etwas Gutes tun zu wollen als bei allen anderen Aktivitäten. Der Grund hierfür kann einerseits darin gesehen werden, dass wenig Unternehmen über Mitarbeitermaßnahmen berichten und diese Art der Kommunikation nicht so leicht in die „Schublade" der CSR-Werbung fällt. Zudem können sich Kunden, die in vielen Fällen selber Mitarbeiter eines Unternehmens sind, leicht mit den Empfängern der Hilfe identifizieren und sich in deren Situation hineinversetzen. Diese als intrinsisch wahrgenommene Motivation führte in Folge dazu, dass die Kunden sich stärker mit dem Unternehmen identifizierten und es durch ihr Kaufverhalten unterstützen. Der Effekt trat besonders stark bei denjenigen Kunden auf, die Unternehmenskommunikation per se skeptisch gegenüberstehen (d. h. die sich durch eine hohe dispositionale Skepsis auszeichnen).

Hintergrundinformation
Zusätzliche **Fokusgruppeninterviews** zeigten weitere interessante Erkenntnisse: Tatsächlich äußerten die Kunden, dass das Engagement von Unternehmen zuerst bei den eigenen Geschäftsprozessen ansetzen sollte. Zum Beispiel formulierte ein Befragter:

> Wenn Lidl mir erzählt, sie spenden jedes Jahr für den Regenwald aber behandeln trotzdem ihre Mitarbeiter wie den letzten Dreck, dann können die so viel spenden wie sie wollen, dann glaub ich denen das nicht. Dann sag ich: Seht doch erstmal zu, dass es den eigenen

Leuten gut geht und wenn dann noch was übrig bleibt, könnt ihr es ja für den Regenwald oder so ausgeben, aber bitte doch nicht die eigenen Leute ausbeuten! (Fokusgruppenteilnehmer, anonym)

Diese Unterscheidung zwischen CSR-Aktivitäten, die an den Geschäftsaktivitäten des Unternehmens ansetzen bzw. von ihnen entkoppelt sind, findet sich bereits in vergangenen konzeptionellen Forschungsbeiträgen. Porter und Kramer (2006) z. B. argumentieren nachdrücklich, dass bisherige konzeptionelle Ansätze der Unternehmensverantwortung darauf abzielten, die Spannung zwischen Unternehmen und Gesellschaft abzubauen und dass dadurch immer eine Trennung der beiden Bereiche angenommen wurde (Porter und Kramer 2006). Im Gegensatz hierzu plädieren die Autoren dafür, Unternehmen und Gesellschaft als interdependent anzusehen. Dies bedeutet für die Autoren, dass jede der beiden Seiten nur dann prosperieren kann, wenn sie im Sinne beider handelt und versucht, „Shared Value", also gemeinsame Werte, zu schaffen. Dies ist laut der Autoren besonders da möglich, wo eigene Geschäftsprozesse bzw. die „Value-Chain"-Elemente des Unternehmens sozial verantwortlicher und ökologisch nachhaltiger gestaltet werden.

Fazit: Unternehmen sollten einen „Inside-Out"-Ansatz zur Gestaltung der CSR-Aktivitäten wählen
Die erste feldexperimentelle Studie in Kooperation mit unserem Partnerunternehmen zeigt, dass auch Kunden die Perspektive vertreten, dass Veränderungen in Richtung sozialer Verantwortlichkeit und ökologischer Nachhaltigkeit zuerst bei den Geschäftsprozessen des Unternehmens ansetzen sollten und dass dies sogar auf

Abb. 1 Die Sphären der Unternehmensverantwortung. (Eigene Darstellung)

Ebene der realen Kaufentscheidungen sichtbar wird. Nicht die als am wirksamsten vermuteten und häufig beworbenen Spendenaktivitäten werden am stärksten belohnt, sondern die in seltensten Fällen kommunizierten Maßnahmen zur Verbesserung der Geschäftsprozesse im eigenen Unternehmen (Mitarbeiterunterstützung). Unternehmen sollten also einen **„Inside-Out"-Ansatz** zur Gestaltung ihrer CSR-Aktivitäten wählen (siehe Abb. 1), indem sie zuerst ihre eigenen Geschäftsprozesse innerhalb (siehe Abb. 1, Sphäre 1) und außerhalb (siehe Abb. 1, Sphäre 2) des Unternehmens ökologisch nachhaltig und sozial verantwortlich gestalten, bevor sie sich nach außen proaktiv als engagierten „Corporate Citizen" präsentieren (siehe Abb. 1, Sphäre 3).

4 Feldexperiment 2: Sollten Kunden in die Auswahl der CSR-Maßnahmen eingebunden werden?

Aktuell ist zu beobachten, dass einige Unternehmen versuchen, ihre Kunden in ihre CSR-Strategie einzubinden. Diese **„Involvement-Strategien"** reichen von einer Möglichkeit zur Feedbackgabe durch Kunden bis hin zu der Einbindung der Kunden in die Konzeption der CSR-Strategie, indem diese bspw. mitentscheiden können, welcher gute Zweck von dem Unternehmen unterstützt werden soll (Morsing und Schultz 2006).

Beispiel

Ein Beispiel für eine solche Strategie ist eine „Cause-Promotion"-Kampagne des Unternehmens **Gap** (ein US-amerikanischer Bekleidungshersteller), bei der die Preise der Produkte für einen begrenzten Zeitraum um 30 % gesenkt wurden und zudem weitere 5 % des Preises an ein soziales oder Umweltprojekt gespendet wurden, welches die Kunden an der Kasse auswählen konnten (Robinson et al. 2012). Einen noch stärkeren Grad der Einbindung versucht **Vodafone** dadurch zu erreichen, den Kapitalmarkt, die Öffentlichkeit, Meinungsführer und Kunden in die Identifikation von geeigneten CSR-Projekten einbinden (Morsing und Schultz 2006).

Durch diese Einbindung wächst der Grad der Übereinstimmung zwischen CSR-Strategie und Präferenzen der Stakeholder und zudem übernehmen die Stakeholder zu einem gewissen Grad Mitverantwortung für die Ausgestaltung der CSR-Maßnahmen. Vor dem Hintergrund dieser neuen Entwicklung in den Märkten stellt sich für viele Unternehmen die Frage: Für welche Strategie (welchen Grad des Stakeholder-/Kundeninvolvements) sollten sie sich entscheiden?

Die einzige Studie, die sich bisher empirisch mit dem Thema Kundeninvolvement im CSR-Bereich befasst hat (Robinson et al. 2012), beschränkt sich auf den Bereich des „Cause-Related-Marketing" und betrachtet Situationen ähnlich der Kampagne von Gap, in der Kunden das Projekt, an welches gespendet werden soll, selbst aussuchen können. Die Autoren zeigen, dass sich alleine der Akt des Auswählens auf die Zufriedenheit auswirkt, weil die Kunden das Gefühl haben, stärker zu der guten Tat beigetragen zu haben. Bisher gänzlich unbearbeitet ist die Frage, wie sich eine tatsächliche Einbindung der Kunden in die Ausgestaltung der CSR-Strategie auf die Beziehung zwischen Kunde und Unternehmen und die Kundenwahrnehmung des Unternehmens auswirkt. Wir untersuchten genau diesen Zusammenhang in einem Feldexperiment mit unserem Partnerunternehmen (Schons et al. 2013). Wir nahmen dabei Bezug auf das konzeptionelle Modell von Morsing und Schultz (2006), welches auf dem Public-Relations-Modell von Grunig und Hunt (1984) basiert und zwischen drei Involvement-Stufen unterscheidet:

Hintergrundinformation
Stufe 1: auch **Stakeholder-Information-Strategy** genannt. Hierbei werden Kunden in Form einer *einseitigen Kommunikation* über die CSR-Aktivitäten des Unternehmens informiert. Dies geschieht durch Informationsbroschüren, über die Webseite oder über Nachhaltigkeitsberichte.

Stufe 2: auch **Stakeholder-Response-Strategy** genannt. Kunden werden über die CSR-Aktivitäten des Unternehmens informiert und bekommen die Möglichkeit, Feedback zu den Maßnahmen zu geben. Es handelt sich hierbei um eine *zweiseitige, aber asymmetrische Kommunikation*. Diese kann über spezifische Feedbackmöglichkeiten auf Webseiten oder durch Befragungen realisiert werden. Das Unternehmen bittet die Kunden hierbei um ihre Meinung. Die Kunden erhalten aber keine weitere Rückmeldung des Unternehmens über daraus folgende Handlungsabsichten.

Stufe 3: auch **Stakeholder-Involvement-Strategy** genannt. Kunden werden nicht nur gebeten, dem Unternehmen Feedback zu den durchgeführten CSR Aktivitäten zu geben, sondern werden sogar in die Auswahl der durchzuführenden Aktivitäten eingebunden. Dies wird im Sinne einer *zweiseitigen, symmetrischen Kommunikation* realisiert, in der das Unternehmen die Meinung der Kunden hört, diese in die Auswahl und Planung der CSR Maßnahmen einfließen lässt und den Kunden wiederum hierüber informiert.

In einem Feldexperiment mit dem Partnerunternehmen untersuchten wir, wie sich diese drei verschiedenen Formen des Involvements auf wichtige Kundeneinstellungen und schließlich auf das reale Kaufverhalten auswirken. Hierzu wurden Kunden in 3 Gruppen aufgeteilt. Gruppe 1 wurde lediglich über die Maßnahmen des Unternehmens informiert (Stakeholder-Information-Strategy). Gruppe 2 wurde über die Maßnahmen informiert und zudem gebeten, Feedback zu diesen Maßnahmen zu geben (Stakeholder-Response-Strategy). In Gruppe 3 (Stakeholder-Involvement-Strategy) wurde der höchste Grad des Involvements umgesetzt: hier wurde den Kunden eine aktuelle CSR-Aktivität des Unternehmens präsentiert und im Anschluss wurden die Kunden gebeten abzustimmen, in welchen Bereichen sich das Unternehmen zukünftig vermehrt einsetzen sollte. Die meisten Kunden gaben an, das Unternehmen solle sich vermehrt in den Bereichen Mitarbeiterunterstützung und Förderung umweltschonender Geschäftsprozesse engagieren. Das Meinungsbild wurde den Kunden kommuniziert und das Unternehmen kündigte zudem an, dieses Meinungsbild in die Ausgestaltung der zukünftigen CSR-Aktivitäten einfließen zu lassen. Außerdem wurden die 3 Gruppen jeweils noch in zwei Untergruppen unterteilt:

der ersten Untergruppe wurde als aktuelle CSR-Aktivität des Unternehmens eine philanthropische Spendenaktivität vorgestellt und der zweiten Untergruppe eine Maßnahme zur Mitarbeiterunterstützung. Es handelt sich also um ein 3×2-Zwischengruppen-Design (Involvement = 3 Stufen; CSR-Bereich = 2 Stufen). Als abhängige Variable wurden die Identifikation der Kunden mit dem Unternehmen sowie das reale Kaufvolumen gemessen.

Überraschenderweise wirkt sich eine Involvierung der Kunden abhängig vom CSR-Bereich (philanthropische Spende oder Mitarbeiterunterstützung) sehr unterschiedlich auf deren Identifikation mit dem Unternehmen aus. Während in der Gruppe, in der eine philanthropische Spendenaktivität vorgestellt wurde, das Involvement zu einem starken Anstieg in Kunden-Unternehmensidentifikation führte, war der Effekt in der Gruppe, in der eine Mitarbeiterförderungsmaßnahme vorgestellt wurde, viel schwächer: hier führte eine Involvierung der Kunden zu einem viel geringeren Anstieg der Kunden-Unternehmensidentifikation. Die Kunden-Unternehmensidentifikation hing zudem signifikant mit dem realen Kaufvolumen in den Folgemonaten zusammen.

Hintergrundinformation

Fokusgruppeninterviews, die wir zusätzlich durchführten, zeigten, dass dieser moderierte Effekt des CSR-Bereiches durch die vom Kunden wahrgenommenen „Grenzen der Organisation" erklärt werden kann (siehe Abb. 1). Für die Kunden gibt es das **„Kernunternehmen"** (siehe Abb. 1, Sphäre 1), in dem Entscheidungen hinsichtlich der internen Geschäftsprozesse getroffen werden. Entscheidungen in diesem Bereich sollten laut Sicht der Kunden alleine von Entscheidern im Unternehmen (ohne Zuhilfenahme des Meinungsbildes externer Stakeholder) getroffen werden. Darüber hinaus gibt es allerdings Bereiche, in denen es zu einer stärkeren Vermischung von Unternehmen und externen Stakeholdergruppen/der Gesellschaft kommt (siehe Abb. 1, Sphäre 2 und 3). Hier sprachen die Interviewten verstärkt von dem Wunsch, in Entscheidungen des Unternehmens eingebunden zu werden. So äußerte ein Befragter zum Beispiel: „Bei Spendenaktionen fände ich es schon wichtig, wenn man mitentscheiden könnte wohin das Geld geht. Im Endeffekt zahlen wir als Kunden ja auch dafür mit".

Fazit: Unternehmen sollten einen „Outside-In"-Ansatz zur Involvierung externer Stakeholder wählen

Die zweite feldexperimentelle Studie in Kooperation mit unserem Partnerunternehmen zeigt, dass Kunden das Partnerunternehmen dafür „belohnten", in Aktivitäten der Sphäre 3 (Abb. 1) involviert zu werden, wobei ein Involvement in Aktivitäten der Sphäre 1 (Abb. 1) zu signifikant schwächeren positiven Reaktionen führte. So wie das Unternehmen zu unterschiedlichen Graden auf die externen Stakeholder und die Gesellschaft einwirkt, gibt es anscheinend auf Seite der Kunden mit zunehmender Einwirkung (Sphäre 2 und 3) einen steigenden Wunsch, in CSR-Entscheidungen eingebunden zu werden. Aus diesem Grunde sollten Unternehmen bei der Involvierung der Kunden in die Entwicklung der CSR-Strategie einen **„Outside-In"-Ansatz** wählen und das Meinungsbild der Kunden primär bei denjenigen Aktivitäten erfragen, die direkte Konsequenzen für externe Stakeholder haben.

5   Feldexperiment 3: Tue Gutes und rede darüber! Aber wie?

Die CSR-Kommunikation ist bekanntlicherweise ein zweischneidiges Schwert: Auf der einen Seite ist sie unerlässlich, denn wenn die Aktivitäten nicht kommuniziert werden, können die positiven Effekte der CSR-Investitionen nicht „geerntet" werden. Außerdem zeigen Studien, dass die Kunden zwar ein hohes Interesse an den CSR-Maßnahmen der Unternehmen haben, jedoch wenig über diese Maßnahmen wissen (McWilliams und Siegel 2000; Bhattacharya und Sen 2004; Du et al. 2007). „Lauter sprechen, um gehört zu werden" ist allerdings eine gefährliche Lösung, da zu offensive Kommunikation das Misstrauen bezüglich der Motive eines Unternehmens für das CSR-Engagement auf Verbraucherseite steigert (Ashforth und Gibbs 1990; Brown und Dacin 1997) und im schlimmsten Fall zu Boykotten führen kann (Du et al. 2010; Wettstein 2010).

Hintergrundinformation
Zu der konkreten Ausgestaltung von CSR-Kommunikation gibt es bis dato allerdings kaum fundierte Forschungsergebnisse wie das folgende Zitat veranschaulicht: „there is an urgent need for both academicians and practitioners to get a deeper understanding of how to communicate CSR more effectively to stakeholders" (Du et al. 2010, S. 17). Vergangene Studien haben sich den Fragen nach den Zielgruppen der CSR-Kommunikation (Pomering und Dolnicar 2009), dem Grad der Abstraktheit und der zeitlichen Steuerung der CSR-Kommunikation gewidmet (d. h. proaktiv oder reaktiv; Vlachos et al. 2009; Klein und Dawar 2004; Becker-Olsen et al. 2006). Die Effektivität verschiedener CSR-Kommunikationsstrategien stellt bislang allerdings eine Forschungslücke dar. Mithilfe welcher Strategien können Unternehmen erfolgreich über ihre CSR Maßnahmen berichten, ohne Skepsis hervorzurufen?

Es stellt sich für die Unternehmenspraxis insbesondere die Frage nach der richtigen **Verpackung** (des sog. **Framings**) der CSR-Kommunikation. Bei der Betrachtung realer CSR-Kommunikation von Unternehmen fällt schnell ins Auge, das die meisten Unternehmen Gebrauch vom sogenannten **Storytelling** machen, also dem Verpacken der CSR-Botschaft in eine Geschichte. Hierbei wird eine Spendenaktion z. B. aus der Perspektive eines spezifischen Protagonisten dargestellt, häufig einem Kind aus einem Dritte-Welt-Land. Die Geschichte besteht neben dem Protagonisten aus einem *Setting*, also z. B. dem Heimatort des Kindes, einem *Plot*, also einer sich aufbauenden Spannung und einem *Denouement*, also der Auflösung (McAdams 1993). Die Spannung kann sich z. B. dadurch aufbauen, dass berichtet wird, dass das Kind nicht zu Schule gehen kann, weil die Eltern sich dies nicht leisten können. Die Auflösung wird dann durch die Hilfe des Unternehmens ermöglicht, z. B. hat das Unternehmen eine Stiftung gegründet, die jetzt die Familie unterstützt und damit die schulische Ausbildung des Kindes möglich macht.

Hintergrundinformation
Forschung zu der Wirksamkeit von einem solchen **Storytelling** aus Nicht-CSR-Kontexten hat gezeigt, dass Geschichten heuristischer verarbeitet werden und zu einer emotionaleren Reaktion führen als rein informative Texte (Fournier 1998). Aus diesem Grund werden sie besser erinnert und als glaubwürdiger bewertet (Adaval und Wyer 1998; Padgett und Allen 1997; Schank und Abelson

1995). Da CSR-Kommunikation aber generell eine höhere Skepsis auf Verbraucherseite hervorruft als andere Botschaften, könnte die Taktik des Geschichtenerzählens, die normalerweise aus der Werbung bekannt ist, beim Empfänger dazu führen, dass er die CSR-Kommunikation besonders stark hinterfragt. Er könnte sich fragen: „Warum muss das Unternehmen eine besonders wirksame (Werbe-)Taktik anwenden, um mich von seiner sozialen Verantwortlichkeit zu überzeugen?" Erste Hinweise hierauf liefert eine Meta-Analyse zu „Storytelling" von van Laer et al. (2014). Die Autoren spekulieren, dass es Sinn machen könnte, zwischen *kommerziellen und nicht-kommerziellen Geschichten* zu unterscheiden und stellen die Überlegung an, dass die Wirksamkeit des Geschichtenerzählens durch ein zu starkes Profitmotiv des Erzählers gemindert werden könnte. Nimmt man an, dass „CSR-Stories" als manipulativ empfunden werden, könnten die sonst positiven Effekte (Emotionalität und heuristische Informationsverarbeitung) dadurch überschattet werden. Dies könnte zu einer negativeren Wahrnehmung der Maßnahme und sukzessive zu einer verringerten Identifikation mit dem Unternehmen und einer niedrigeren Kaufbereitschaft führen.

Interessanterweise wurde die Taktik des Geschichtenerzählens trotz seiner ubiquitären Verwendung im CSR-Bereich und der möglichen negativen Effekte hier nie auf seine Effektivität getestet. Auf Basis dieser Überlegungen und der existierenden Literatur zu Manipulation und Überzeugung in Kommunikationskontexten (z. B. Friestad und Wright 1994; Campbell 1995; Craig et al. 2012) untersuchten wir (Schons et al. 2015c) die Wirksamkeit des Geschichtenerzählens im CSR-Bereich im Rahmen eines Feldexperimentes. Zwei Gruppen von Kunden unseres Partnerunternehmens wurde eine Botschaft über eine philanthropische CSR-Aktivität in zwei verschiedenen „Verpackungen" kommuniziert. Gruppe 1 erhielt eine rein informative Darstellung der Maßnahme. In Gruppe 2 wurde die gleiche Maßnahme in Form einer Geschichte erzählt.

Die Ergebnisse zeigen, dass ein Großteil der Kunden tatsächlich sehr skeptisch auf das Geschichtenerzählen reagierten. Die „CSR-Story" erzeugte bei diesen Kunden das Gefühl, vom Unternehmen manipuliert zu werden, die Kunden nahmen das CSR-Engagement als profitgetrieben wahr und konnten sich weniger mit dem Unternehmen identifizieren. Dies führte in Folge sogar zu einem signifikant reduzierten Einkaufsvolumen. Nur in der kleineren Gruppe der weniger skeptischen Konsumenten führte die Geschichte zu den bisher dokumentierten positiven Effekten.

Die negativen Effekte der Taktik des Geschichtenerzählens im CSR-Kontext lassen sich theoretisch sehr gut über einen Konflikt zwischen Markt- und Sozialnormen erklären:

Hintergrundinformation

Bezugnehmend auf die **Theorie der sozialen Interaktionsformen nach Fiske** (1992) unterscheiden Heyman und Ariely (2004) zwischen zwei grundlegenden Lebensbereichen, die von verschiedenen Handlungsnormen geleitet werden: **Markt- und Sozialinteraktionen**. Was in dem einen Bereich akzeptabel ist, kann in dem anderen Bereich zu blanker Empörung führen. Um dies zu veranschaulichen, bezieht sich Dan Ariely in seinen Vorträgen häufig auf das Beispiel eines Thanksgiving Dinners bei seiner Schwiegermutter und bittet die Zuhörer, sich Folgendes vorzustellen: Nach dem Essen sei er so gerührt von dem ausgezeichneten Essen und der tollen Atmosphäre, dass er seiner Schwiegermutter eine monetäre Belohnung von 400 US$ für den schönen Abend anbietet: „Do you think three hundred dollars will do it? No, wait, I should give you four hundred!"

"Verkaufen/ Beeinflussen"
(Marktnormen)

Corporate Social
Responsibility
(Kommunikation)
Unterstützung eines gutes
Zwecks (Sozialnorm) steht in
Konflikt zu dem Ziel der
positiven Beeinflussung von
Kunden um wirtschaftliche
Ziele zu erreichen (Marktnorm)

"Helfen/ Gutes tun"
(Sozialnormen)

Abb. 2 CSR (Kommunikation) als Konflikt von Markt- und Sozialnormen. (Eigene Darstellung)

In Situationen, in denen wir in Sozialnormen denken, führt die Anwendung von Markt-normen zu einem kognitiven Konflikt. Ebenso stellt der Bereich der CSR-Kommuni-kation einen Bereich dar, in dem Inhalte des Helfens berührt werden (Aktivierung von Sozialnormen); diese werden allerdings zum Zwecke der positiven Beeinflussung exter-ner Stakeholder und somit zur Erreichung von Geschäftszielen eingesetzt (Aktivierung von Marktnormen; siehe Abb. 2).

Dies ist insbesondere dann der Fall, wenn (1) Beeinflussungstaktiken wie das „Storytel-ling" angewendet werden, die der Empfänger der Botschaft als kommerzielle Werbetaktik einordnet und (2) der Empfänger der Botschaft sich durch eine hohe dispositionale Skep-sis auszeichnet. Unser drittes Feldexperiment zeigt, dass Unternehmen, die versuchen ihre CSR-Aktivitäten zu offensiv zu „verkaufen", sich auf sehr dünnem Eis bewegen und bei der großen Mehrheit der skeptischen Kunden auf Reaktanz stoßen werden.

> **Fazit: Fakten berichten statt Geschichten erzählen**
> Die dritte feldexperimentelle Studie in Kooperation mit unserem Partnerunterneh-men zeigt, dass tatsächlich die große Mehrheit der Kunden der CSR-Kommuni-kation sehr skeptisch gegenübersteht. Anscheinend löst die simultane Aktivierung von Sozialnormen (Gutes tun) und Marktnormen (mit den CSR-Aktivitäten werben) einen Konflikt aus, der zu negativen Reaktionen auf Einstellungs- sowie auf Ver-haltensebene führt. Angesichts dieser Tatsache sollten Unternehmen mit proaktiver CSR-Kommunikation insgesamt sehr vorsichtig umgehen und Beeinflussungstakti-ken wie das „Storytelling" vermeiden.

6 Diskussion und Ausblick

Es besteht ein weitreichender Konsens, dass die heutige Art der Menschheit, zu leben und zu wirtschaften nicht nachhaltig ist. Unser materialistischer Konsumstil lässt sich weder auf alle Menschen der Welt verallgemeinern (intragenerationale Gerechtigkeit ist nicht gegeben) noch lässt sich der damit verbundene Ressourcenverbrauch so gestalten, dass auch zukünftige Generationen ihre Bedürfnisse befriedigen können (intergenerationale Gerechtigkeit ist nicht gegeben) (Belz und Bilharz 2008). In der Vergangenheit sagte man dem Marketing nicht immer zu Unrecht nach, diese Tendenzen noch zu verstärken, indem die Marketingmix-Elemente so ausgestaltet wurden, dass auf Kosten einer nachhaltigen Entwicklung kurzfristige Wettbewerbsvorteile erzielt werden konnten. Im Gegensatz hierzu sollte ein nachhaltiges Marketing auf **langfristige Werte** setzen und **vertrauensvolle Beziehungen** zu internen und externen Stakeholdern des Unternehmens aufbauen. Dies erfordert einen **holistischen Managementansatz**, in dem die Geschäftsprozesse aus dem Kern heraus umfassend nachhaltig und verantwortungsvoll gestaltet werden, anstatt lediglich darauf abzuzielen, durch leicht zu implementierende „kosmetische" CSR-Aktivitäten Stakeholder kurzfristig zu „blenden" bzw. das Image des Unternehmens „grün zu waschen". Nur dann kann ein Unternehmen vor dem Hintergrund zunehmender Markttransparenz und Konsumentenskepsis im Wettbewerb nachhaltig bestehen. Im Marketing kann man sich vielfältige Geschäftsprozesse vorstellen, die verantwortungsvoll(er) gestaltet werden können:

> **Beispiel**
>
> **Produktpolitik:** z. B. Entwicklung nachhaltiger Produkte, Produktsicherheit, eine „grüne" und sozial verantwortliche Lieferkette, umfassende Offenlegung der Lieferkette und Inhaltsstoffe, Verzicht auf die Verwendung schädlicher bzw. unethischer Inhaltsstoffe (z. B. Pelze), Verwendung natürlicher Ressourcen, sparsame und umweltschonende Verpackung, Berücksichtigung verschiedener Marktsegmente (Bottom-of-the-Pyramid), Rücknahme und Recycling von Altprodukten (Cradle-to-Cradle-Konzepte) ...
>
> **Preispolitik:** z. B. transparente und faire Preissetzung, Offenlegung der Kostenstruktur (wie bei dem Unternehmen Fairphone), kein „Abschöpfen" exzessiver Gewinne, Implementierung innovativer Preismechanismen (z. B. Pay-what-you-want; Kim et al. 2009; Schons et al. 2014), Preisdifferenzierung zur Berücksichtigung weniger zahlungskräftiger Marktsegmente ...
>
> **Kommunikationspolitik:** z. B. hilfreiche und ehrliche Information der Kunden, Appelle zu nachhaltigeren Verhaltensweisen, Aufklärung über Potenziale für nachhaltigeren Konsum und dessen Konsequenzen, Verzicht auf manipulative Taktiken, „Weniger-ist-mehr"-Ansatz ...

Vertriebspolitik: z. B. Beachtung von Umweltaspekten beim Transport, Vermeidung manipulativer Taktiken im persönlichen Verkauf, Berücksichtigung der Bedürfnisse verschiedener Marktsegmente, Konzepte zur Unterstützung kleiner Händler, z. B. durch einen „Anti-Mengenrabatt" wie bei dem Unternehmen Premium Cola (http://www.premium-cola.de/).

Kundenbeziehungsmanagement: Aufbau langfristiger, vertrauensvoller Kundenbeziehungen, Einbezug der Präferenzen der Konsumenten in Unternehmensentscheidungen ...

Personalmanagement, internes Marketing/Employer Branding: z. B. Mitarbeiterförderung und -Weiterentwicklung, sichere Arbeitsbedingungen, Förderung der Gleichstellung, faire Vergütung, Abbau von Hierarchien, sozialverantwortlicher Mindest- und Maximallohn, Kündigungsschutz, Programme zur Unterstützung der Familien der Mitarbeiter, Maßnahmen zur Verbesserung der Work-Life-Balance ...

Research and Development/Marktforschung: z. B. Schutz der Privatsphäre und der persönlichen Daten, Kooperationen mit Universitäten, Einhaltung ethischer Verhaltensrichtlinien, Verzicht auf Tierversuche & GMO ...

Die in diesem Kapitel vorgestellten drei Feldexperimente liefern dabei wichtige Implikationen für die Forschung zu nachhaltigem Marketing sowie für die konkrete Umsetzung in der Unternehmenspraxis. **Feldexperiment 1** zeigt auf, dass Konsumenten eine reale Präferenz für CSR-Aktivtäten zeigen, die an den Geschäftsprozessen des Unternehmens ansetzen. Diese Maßnahmen werden als intrinsisch motiviert wahrgenommen, die Kunden können sich stärker mit dem Unternehmen identifizieren und unterstützen das Unternehmen durch ihr Kaufverhalten. Dies soll nicht bedeuten, dass Unternehmen ganz darauf verzichten sollten, zu Spenden oder sich proaktiv in die Gesellschaft einzubringen. Allerdings sollten zuvor nachhaltige und verantwortungsvolle Geschäftsprozesse sichergestellt werden (siehe Abb. 1).

Feldexperiment 2 zeigt, dass eine Involvierung der Kunden in die Entscheidung am meisten Sinn macht, wenn es um CSR-Aktivitäten geht, die nicht die Kernprozesse des Unternehmens betreffen. Die stärksten positiven Reaktionen zeigten die Kunden bei einer Einbindung in Entscheidungen, bei denen das Unternehmen sie um ihr Feedback zu philanthropischen Spendenmaßnahmen bat. Hierbei handelt es sich um Ergebnisse, die aus einer theoretischen Perspektive interessante Ansatzpunkte für zukünftige Forschung bieten: Wo liegen die Grenzen der Organisation „Unternehmen"? Wo vermischen sich Unternehmen mit der Gesellschaft? Wann impliziert dies einen Mitbestimmungswunsch oder vielleicht sogar ein Mitbestimmungsrecht externer Stakeholder?

Feldexperiment 3 fokussierte schließlich die Wirkung verschiedener „Verpackungen" von CSR-Botschaften. Im Gegensatz zu den bisher dokumentierten positiven Effekten des „Storytellings" in anderen Bereichen zeigt das dritte Experiment, dass die Taktik im

CSR-Bereich schnell zu negativen Effekten auf Kundenebene führen kann. Die Mehrheit der Kunden ist hoch skeptisch gegenüber CSR-Kommunikation eingestellt und fühlt sich durch die Anwendung einer „Werbetaktik", um das CSR-Engagement zu verkaufen, manipuliert. Diese Effekte lassen sich theoretisch über einen Konflikt zwischen Markt- und Sozialnormen erklären, der dem CSR-Bereich und besonders der CSR-Kommunikation inhärent ist (siehe Abb. 2). Diese theoretische Perspektive auf das Thema CSR wurde bisher nicht eingenommen und verdient es, weiter erforscht zu werden. Wann genau entsteht ein Konflikt zwischen Markt- und Sozialnormen beim Empfänger? Auf Basis unseres dritten Experimentes können wir sagen, dass es für Firmen empfehlenswert ist, angesichts der massiven Skepsis gegenüber Marketing/CSR-Kommunikation auf Kundenseite den sicheren Weg zu wählen und sachlich, ehrlich und authentisch über die eigenen Bemühungen zu berichten.

> **Konkrete Handlungsempfehlungen für das Corporate-Social-Responsibility-Management**
> Die Management-Implikationen der drei Feldexperimente lassen sich wie folgt auf den Punkt bringen:
>
> 1. Gestalte Deine eigenen Geschäftsprozesse nachhaltig und verantwortlich bevor Du Dich nach außen als sozial und ökologisch engagiertes Unternehmen präsentierst.
> 2. Involviere Deine Kunden primär in die Entwicklung derjenigen CSR-Maßnahmen, die externe Stakeholder direkt betreffen (z. B. Spenden, Engagement in lokalen Gemeinden).
> 3. Informiere externe Stakeholder sachlich und ehrlich über die durchgeführten CSR-Aktivitäten ohne diese dabei überzeugen oder beeinflussen zu wollen.

Literatur

Adaval R, Wyer RS Jr (1998) The role of narratives in consumer information processing. J Consumer Psychol 7(3):207–245. doi:10.1207/s15327663jcp0703_01

Angermüller A, Schwerk A (2004) CSR in deutschen Unternehmen: Eine explorative Studie zur kommunizierten Bedeutung von CSR in den umsatzstärksten deutschen Unternehmen. http://www2.wiwi.hu-berlin.de/institute/im/csr/html/deutsch/forschung/CSR_Kommunikation.pdf. Zugegriffen: 31. Jul. 2015

Ashforth BE, Gibbs BW (1990) The double-edge of organizational legitimation. Organ Sci 1(2):177–194. doi:10.1287/orsc.1.2.177

Banerjee SB (2008) Corporate social responsibility: the good, the bad and the ugly. Crit Sociol (Eugene) 34(1):51–79. doi:10.1177/0896920507084623

Barnett J (2007) The geopolitics of climate change. Geogr Compass 1(6):1361–1375. doi:10.1111/j.1749-8198.2007.00066.x

Becker-Olsen KL, Cudmore AB, Hill RP (2006) The impact of perceived corporate social responsibility on consumer behavior. J Bus Res 59:46–53. doi:10.1016/j.jbusres.2005.01.001

Belk R (2014) You are what you can access: sharing and collaborative consumption online. J Bus Res 67(8):1595–1600. doi:10.1016/j.jbusres.2013.10.001

Belz FM (2005) Nachhaltigkeits-Marketing: Konzeptionelle Grundlagen und empirische Ergebnisse. Nachhaltigkeits-Marketing in Theorie und Praxis. Deutscher Universitäts-verlag, Wiesbaden, S 19–39. http://ir.nmu.org.ua/bitstream/handle/123456789/137397/ecce1a514fc3a0dabb152af19968eeb3.pdf?sequence=1#page=27.

Belz FM, Bilharz M (2008) Nachhaltiger Konsum, geteilte Verantwortung und Verbraucherpolitik: Grundlagen. In: Belz FM et al (Hrsg) Nachhaltiger Konsum und Verbraucherpolitik im 21. Jahrhundert. Marburg, S 21–52. http://www.keypointer.de/fileadmin/media/Belz-Bilharz_2007_Nachhaltiger-Konsum-und-Verbraucherpolitik_Buchbeitrag.pdf. Zugegriffen: 31. Jul. 2015

Bhattacharya CB, Sen S (2004) Doing better at doing good. Calif Manage Rev 47(1):9–24

Bhattacharya CB, Sen S, Korschun D (2008) Using corporate social responsibility to win the war for talent. MIT Sloan Manag Rev 49(2). https://papers.ssrn.com/sol3/papers.cfm?abstract_id=2333549

Bhattacharya CB, Korschun D, Sen S (2009) Strengthening Stakeholder – Company Relationships through Mutually Beneficial Corporate Social Responsibility Initiatives. J Bus Ethics 85(2):257–272. doi:10.1007/s10551-008-9730-3

Brown T, Dacin PA (1997) The company and the product: corporate associations and consumer product responses. J Mark 61(1):68–84. doi:10.2307/1252190

Calfee JE, Ringold DJ (1994) The seventy percent majority: enduring consumer beliefs about advertising. J Public Policy Mark 13:228–238

Campbell MC (1995) When attention-getting advertising tactics elicit consumer inferences of manipulative intent: the importance of balancing benefits and investments. J Consm Psychol 4(3):225–254. doi:10.1207/s15327663jcp0403_02

Chang CT, Cheng ZH (2015) Tugging on heartstrings: shopping orientation, Mindset, and consumer responses to cause-related marketing. J Bus Ethics 127(2):337–350. doi:10.1007/s10551-014-2048-4

Cochran PL, Wood RA (1984) Corporate social responsibility and financial performance. Acad Manag J 27(1):42–56. doi:10.2307/255956

Craig AW, Komarova LY, Wood S, Vendemia JMC (2012) Suspicious minds: exploring neural processes during exposure to deceptive advertising. J Mark Res:361–372. doi:10.1509/jmr.09.0007

Creyer EH, Ross WT Jr (1996) Mark Lett 7(2):173–185. doi:10.1007/BF00434908

Devinney TM, Auger P, Eckhardt G, Birtchnell T (2006) The other CSR: consumer social responsibility. doi:10.2139/ssrn.901863

Donaldson T, Preston LE (1995) The stakeholder theory of the corporation: concepts, evidence and implications. Acad Manag Rev 20(1):65–91. doi:10.5465/AMR.1995.9503271

Du S, Bhattacharya CB, Sen S (2007) Reaping relational rewards from corporate social responsibility: the role of competitive positioning. Int J Res Mark 24(3):224–241. doi:10.1016/j.ijresmar.2007.01.001

Du S, Bhattacharya CB, Sen S (2010) Maximizing business returns to corporate social responsibility (CSR): the role of CSR communication. Int J Manag Rev 12(1):8–19. doi:10.1111/j.1468-2370.2009.00276.x

Ellen P, Webb DJ, Mohr LA (2006) Building corporate associations: consumer attributions for corporate socially responsible programs. J Acad Mark Sci 34(2):147–157. doi:10.1177/0092070305284976

Ellen PS, Mohr LA, Webb DJ (2000) Charitable programs and the retailer: do they mix? J Retail 76:393–406. doi:10.1016/S0022-4359(00)00032-4

Elvin WJL (2013) Scepticism and corporate social responsibility communications: the influence of fit and reputation. J Mark Commun 19(4):277–292. doi:10.1080/13527266.2011.631569

Fein S, Hilton JL (1994) Judging others in the shadow of suspicion. Motiv Emot 18:167–198. doi:10.1007/BF02249398

Fiske AP (1992) The four elementary forms of Sociality: framework for a unified theory of social relations. Psychol Rev 99:689–723. doi:10.1037/0033-295X.99.4.689

Forehand MR, Grier S (2003) When is honesty the best policy? The effect of stated company intent on consumer skepticism. J Consum Psychol 13(3):349–356. doi:10.1207/S15327663JCP1303_15

Fournier S (1998) Consumers and their brands: developing relationship theory in consumer research. J Consum Res 24:343–374

Freeman RE (1984) Strategic management: a stakeholder approach. Pitman, Boston

Freeman RE, Evan WM (1990) Corporate governance: a stakeholder interpretation. J Behav Econ 19(4):337–359

Freeman RE, Gilbert DR Jr (1987) Managing stakeholder relationships. In: Sethi SP, Falbe CM (Hrsg) Business and society. Lexington Books, Lexington, S 397–423

Freeman RE, Reed DL (1983) Stockholders and stakeholders: a new perspective on corporate governance. Calif Manage Rev 25(3):88–106

Fricke V, Schrader U (2014) Unternehmenskommunikation zur Förderung des nachhaltigen Konsums. In: Sustainable Marketing Management. Springer Fachmedien, Wiesbaden, S 205–226

Friedman M (1970) The social responsibility of business is to increase its profits. New York Times Magazine, September 13: 32–33, 122, 126.

Friestad M, Wright P (1994) The persuasion knowledge model: how people cope with persuasion attempts. J Consum Res 21(1):1–31 (http://www.jstor.org/stable/2489738)

Godfrey PC (2005) The relationship between corporate philanthropy and shareholder wealth: A risk management perspective. Acad Manag Rev 30(4):777–798. doi:10.5465/AMR.2005.18378878

Godfrey PC, Merrill CB, Hansen JM (2009) The relationship between corporate social responsibility and shareholder value: An empirical test of the risk management hypothesis. Strateg Manag J 30(4):425–445. doi:10.1002/smj.750

Grunig JE, Hunt TT (1984) Managing public relations, 1. Aufl. Holt, Rinehart and Winston Cengage Learning, New York

Hansen U, Schrader U (1997) A modern model of consumption for a sustainable society. J Consum Policy 20(4):443–468. doi:10.1023/A:1006842517219

Heyman J, Ariely D (2004) Effort for payment: A tale of two markets. Psychol Sci 15(11):787–793. doi:10.1111/j.0956-7976.2004.00757.x

Homburg C, Krohmer H (2006) Grundlagen des Marketingmanagements. Einführung in Strategie, Instrumente, Umsetzung und Unternehmensführung Bd. 3.

Homburg C, Stierl M, Bornemann T (2013) Corporate social responsibility in business-to-business markets: how organizational customers account for supplier corporate social responsibility engagement. J Mark 77(6):54–72. doi:10.1509/jm.12.0089

Kelley HH (1967) Attribution theory in social psychology. In: Levine D (Hrsg) Nebraska symposium on motivation. University of Nebraska Press, Lincoln, S 192–238

Kim HR, Lee M, Lee HT, Kim NM (2010) Corporate social responsibility and employee-company identification. J Bus Ethics 95(4):557–569. doi:10.1007/s10551-010-0440-2

Kim JY, Natter M, Spann M (2009) Pay what you want: a new participative pricing mechanism. J Mark 73(1):44–58. doi:10.1509/jmkg.73.1.44

Klein J, Dawar N (2004) Corporate social responsibility and consumers' attributions and brand evaluations in a product-harm crisis. Int J Res Mark 21:203–217. doi:10.1016/j.ijresmar.2003.12.003

Korschun D, Bhattacharya CB, Swain SD (2014) Corporate social responsibility, customer orientation, and the job performance of frontline employees. J Mark 78(3):20–37. doi:10.1509/jm.11.0245

Van Laer T, De Ruyter K, Visconti LM, Wetzels M (2014) The extended transportation-imagery model: a meta-analysis of the antecedents and consequences of consumers' narrative transportation. J Consum Res 40(5):797–817. doi:10.1086/673383

Lichtenstein DR, Drumwright ME, Braig BM (2004) The effect of corporate social responsibility on customer donations to corporate-supported Nonprofits. J Mark 68:16–33. doi:10.1509/jmkg.68.4.16.42726

Luo X, Bhattacharya CB (2006) Corporate social responsibility, customer satisfaction, and market value. J Mark 70(4):1–18. doi:10.1509/jmkg.70.4.1

McAdams DP (1993) The stories we live by. Guilford Press, New York

McWilliams A, Siegel D (2000) Corporate social responsibility and financial performance: correlation or misspecification? Strateg Manag J 21(5):603 (http://escholarship.org/uc/item/111799p2)

McWilliams A, Siegel D (2001) Corporate social responsibility: a theory of the firm perspective. Acad Manag Rev 26:117–127. doi:10.5465/AMR.2001.4011987

Mohr L, Webb D (2005) The effects of corporate social responsibility and price on consumer responses. J Consum Aff 39:121–147. doi:10.1111/j.1745-6606.2005.00006.x

Morsing M, Schultz M (2006) Corporate social responsibility communication: stakeholder information, response and involvement strategies. Bus Ethics 15(4):323–338. doi:10.1111/j.1467-8608.2006.00460.x

Öberseder M, Schlegelmilch BB, Murphy PE, Gruber V (2013) Consumers' perceptions of corporate social responsibility – scale development and validation. J Bus Ethics:1–15. doi:10.1007/s10551-013-1787-y

Padgett D, Allen D (1997) Communicating experiences: a narrative approach to creating service brand image. J Advert 25(4):8–27. doi:10.1080/00913367.1997.10673535

Palazzo G, Scherer AG (2008) Corporate social responsibility, democracy, and the politicization of the corporation. Acad Manag Rev 33(3):773–775. doi:10.5465/AMR.2008.32465775

Pomering A, Dolnicar S (2009) Assessing the prerequisite of successful CSR implementation: are consumers aware of CSR initiatives? J Bus Ethics 85(2):285–301. doi:10.1007/s10551-008-9729-9

Porter ME, Kramer MR (2006) The link between competitive advantage and corporate social responsibility. Harv Bus Rev 84(12):78–92

Porter ME, Kramer MR (2011) Creating shared value. Harv Bus Rev 89(1/2):62–77

Robinson SR, Irmak C, Jayachandran S (2012) Choice of cause in cause-related marketing. J Mark 76(4):126–139. doi:10.1509/jm.09.0589

Scaraboto D (2015) Selling, sharing, and everything in between: The hybrid economies of collaborative networks. Journal of Consumer Research 42(1):152-176.

Schank RC, Abelson RP (1995) Knowledge and memory: the real story. In: Wyer RS (Hrsg) Knowledge and memory: the real story. Lawrence Erlbaum, Hillsdale, S 1–85

Scheidler S, Schons LM, Wieseke J (2015a) Not guilty? The many faces of corporate social irresponsibility and the role of consumers' perceived guilt as a determinant of boycotting. C(I)RC Workshop – Corporate (Ir-)Responsibility and its global Consequences, Bochum.

Scheidler S, Schons LM, Spanjol J, Wieseke J (2015b) Scrooge posing as mother Theresa? Exploring the detrimental effects of imbalanced corporate social responsibility portfolios on employees. AMA Summer Marketing Educators' Conference, Chicago.

Schildhauer T, Voss H (2009) Kundenkommunikation im Zeitalter von Transparenz und Digitalisierung. In Kommunikation als Erfolgsfaktor im Innovationsmanagement. Gabler, Doi, S 259–270 doi:10.1007/978-3-8349-8242-1_14

Schons LM, Scheidler S, Sen S, Wieseke J (2013) Talk is silver, silence is golden? A field-experimental study on determinants of successful CSR communication. AMA Winter Marketing Educators' Conference, Las Vegas.

Schons LM, Rese M, Wieseke J, Rasmussen W, Weber D, Strotmann WC (2014) There is nothing permanent except change – analyzing individual price dynamics in "pay-what-you-want" situations. Mark Lett 25(1):25–36. doi:10.1007/s11002-013-9237-2

Schons LM, Scheidler S, Bartels J (2015) Tell me how you treat your employees! A field-experimental study on customers' preferences for companies' CSR efforts in the employee domain. C(I)RC Workshop – Corporate (Ir-)Responsibility and its global Consequences, Bochum.

Schons LM, Scheidler S, Sen S, Wieseke J (2015c) I don't buy your story! A field experimental study on the detrimental effects of narrative storytelling in corporate social responsibility communication. EMAC Conference, Leuwen.

Sen S, Bhattacharya CB (2001) Does doing good always lead to doing better? Consumer reactions to corporate social responsibility. J Mark Res 38(2):225–243. doi:10.1509/jmkr.38.2.225.18838

Sheeran P (2002) Intention – behavior relations: a conceptual and empirical review. Eur Rev Soc Psychol 12(1):1–36. doi:10.1080/14792772143000003

Singh J, de los Salmones Sanchez M, del Bosque IR (2008) Understanding corporate social responsibility and product perceptions in consumer markets: a cross-cultural evaluation. J Bus Ethics 80:597–611. doi:10.1007/s10551-007-9457-6

Skarmeas D, Leonidou CN (2013) When consumers doubt, watch out! The role of CSR skepticism. J Bus Res 66(10):1831–1838. doi:10.1016/j.jbusres.2013.02.004

Sparkes R, Cowton CJ (2004) The maturing of socially responsible investment: a review of the developing link with corporate social responsibility. J Bus Ethics 52(1):45–57. doi:10.1023/B:BUSI.0000033106.43260.99

Spiller A (2006) Zielgruppen im Markt für Bio-Lebensmittel: Ein Forschungsüberblick. Department für Agrarökonomie und Rurale Entwicklung, Georg-August-Universität Göttingen, Göttingen

Vlachos PA, Tsamakos A, Vrechopoulos AP, Avramidis PK (2009) Corporate social responsibility: attributions, loyalty, and the mediating role of trust. J Acad Mark Sci 37(2):170–180. doi:10.1007/s11747-008-0117-x

Wagner T, Lutz RJ, Weitz BA (2009) Coprorate hyporisy: overcoming the threat of inconsistent corporate social responsibility perceptions. J Mark 73:77–91. doi:10.1509/jmkg.73.6.77

Webb DJ, Mohr LA (1998) A typology of consumer responses to cause-related marketing: From skeptics to socially concerned J Public Policy Mark, 226-238.

Wettstein F (2010) For better or for worse. Bus Ethics Q 20(2):275–283. doi:10.5840/beq201020220

Wirksamkeit von CSR-Kommunikationsmaßnahmen am Beispiel der BERA GmbH

Jacqueline Koegel, Franziska Struve und Christopher Stehr

„Wir brauchen Unternehmen, die sich als Bürger dieser Gesellschaft verstehen und sich über ihre normale Geschäftstätigkeit hinaus für die Gesellschaft engagieren" (BERA GmbH 2011, S. 1), betonte der ehemalige Bundesfinanzminister Hans Eichel anlässlich der Ernennung von Bernd Rath, Geschäftsführer der BERA GmbH, zum Botschafter der weltweit agierenden Hilfsorganisation Habitat for Humanity (vgl. Habitat for Humanity Deutschland e. V. o.J.).

Die BERA GmbH lebt Corporate Social Responsibility (CSR) durch ihre Werte: Partnerschaft, Nachhaltigkeit und Innovation (vgl. BERA GmbH 2016a). Diese Werte sind Bestandteil der Unternehmensphilosophie und beeinflussen den Arbeitsalltag. Unter dieser Prämisse und aufgrund der regionalen Verbundenheit des Mittelständlers war es von Anfang an selbstverständlich, sich als Unternehmen sozial zu engagieren und gesellschaftliche Verantwortung zu übernehmen, so das Credo der Unternehmensleitung.

Gerade kleine und mittlere Unternehmen (KMU) übernehmen schon lange gesellschaftliche Verantwortung in ihrem Umfeld, da sie mit diesem in überdurchschnittlich enger Verbindung stehen (vgl. Mittelstädt et al. 2013, S. 15). Die Beteiligung an gesellschaftlichen Aktivitäten durch regionale Verbundenheit, soziales Engagement oder der faire Umgang mit den Mitarbeitern gilt als selbstverständlich. Den Verantwortlichen innerhalb der KMU fehlt jedoch oft das Bewusstsein dafür, dass es sich bei den bereits

J. Koegel (✉)
BERA GmbH
Bahnhofstraße 22, 74523 Schwäbisch Hall, Deutschland
E-Mail: jacqueline.koegel@bera.eu

F. Struve · C. Stehr
German Graduate School of Management and Law gGmbH
Bildungscampus 2, 74076 Heilbronn, Deutschland
E-Mail: franziska.struve@ggs.de

C. Stehr
E-Mail: christopher.stehr@ggs.de

© Springer-Verlag GmbH Deutschland 2017
C. Stehr und F. Struve (Hrsg.), *CSR und Marketing*,
Management-Reihe Corporate Social Responsibility, DOI 10.1007/978-3-662-45813-6_9

existierenden Ansätzen um unter CSR subsumierbare Aktivitäten und Maßnahmen handelt. Für diese Unternehmen ist CSR keine kommunikationsstrategische Entscheidung, sondern eine logische Folge der Unternehmenstätigkeit, aufgrund ihrer Einstellung und ihrer Werthaltung (vgl. Mittelstädt et al. 2013, S. 15).

1 Ein revolutionärer Ansatz?

Trotz dieser scheinbar besonderen Stellung von KMU erscheint das Engagement der BERA GmbH ungewöhnlich: Bei dem Mittelständler handelt es sich um einen Personaldienstleister, ein Zeitarbeitsunternehmen. In den Regionen Heilbronn-Franken, Süd-Thüringen und im Allgäu sind fast 1000 Beschäftigte an andere Unternehmen überlassen (BERA GmbH 2016b). Als Geschäftsführer Bernd Rath die BERA GmbH im Jahr 2002 gründete, wollte er seine Vorstellung von einem Unternehmen umsetzen, das sich „ethischen Werten verpflichtet sieht" (BERA GmbH 2010, S. 3). Keiner glaubte damals, dass es als Personaldienstleister möglich ist, wirtschaftlichen Erfolg zu haben und gleichzeitig seine Mitarbeiter wertzuschätzen, sie fair zu behandeln und gerecht zu entlohnen (vgl. BERA GmbH 2010, S. 3). Wie die BERA GmbH diesem scheinbaren Konflikt durch ihr Handeln und ihre Kommunikation begegnet, wird nachfolgend dargestellt.

Mehr als gute Vorsätze
In einer Branche, die von ihrem schlechten Ruf gezeichnet ist und unter einem großen öffentlichen Druck steht, bewirken Worte und Versprechen schon lange nichts mehr. Was da zählt, sind nachhaltige und überprüfbare Standards, gelebt von Personaldienstleistern, die Transparenz nicht verteufeln, sondern gestalten (vgl. IQZ o.J.; vgl. Spiegel Online GmbH 2014).

Ausgehend von den Werten der BERA GmbH – Partnerschaft, Nachhaltigkeit und Innovation – wurden seit der Gründung im Jahr 2002 vielfältige Projekte umgesetzt, die sich unter dem Begriff CSR zusammenfassen lassen. Zusätzlich zur Umsetzung von CSR im Arbeitsalltag fanden von Anfang an vielfältige Sponsoring- und Spendenprojekte statt (Spenden und Sponsoringprojekte zählen genauer zum Bereich Corporate Citizenship, vgl. Lin et al. 2010, S. 357–372). Um über Spenden und Sponsoring hinauszugehen, plante die BERA GmbH, Zeit ihrer Mitarbeiter zu spenden (vgl. Corporate Volunteering, Grant 2012, S. 589–615), um das Bewusstsein für CSR innerhalb des Unternehmens zu stärken und gleichzeitig einen Beitrag für die Gesellschaft zu leisten. Dieses Engagement basiert auf der Zusammenarbeit der BERA GmbH mit der deutschen Vertretung der internationalen christlichen Hilfsorganisation Habitat for Humanity (HfHD).

Die Non-Profit-Organisation baut sichere und angemessene Unterkünfte für bedürftige Familien, organisiert den Wiederaufbau in Katastrophengebieten und wird dabei unter anderem von Partnerunternehmen durch Spenden und freiwillige Helfer unterstützt (vgl. Habitat for Humanity Deutschland e. V. o.J.). Insbesondere der Ansatz, dass Unternehmen selbst ein Team stellen, um vor Ort im Katastrophengebiet zu arbeiten, war für die

BERA GmbH 2010 ein ausschlaggebender Aspekt bei der Wahl dieses Kooperationspartners. Durch dieses Konzept werden sowohl das Projekt von HfHD gefördert als auch ein verbessertes „Wir-Gefühl" im teilnehmenden Unternehmen erzeugt, so eine der Zielsetzungen des Unternehmens.

Beispielprojekt: Dorf der Hoffnung

Im Rahmen der Zusammenarbeit mit Habitat for Humanity besuchte das Unternehmen 2012, anlässlich seines zehnjährigen Jubiläums, Äthiopien und damit eines der ärmsten Länder der Welt (vgl. BERA GmbH 2012b, S. 1). Ein „Dorf der Hoffnung" sollte von 27 Mitarbeitern der BERA GmbH, die sich freiwillig gemeldet hatten, gebaut werden. Während der Reise vom 12. bis 20. Mai 2012 entstanden 10 Häuser für bedürftige und teils von Lepra gezeichnete Familien. Zusätzlich wurde eine 3000 m lange Trinkwasserleitung mit vier Brunnen und einer Handpumpe, die zukünftig 1800 Menschen versorgen konnte, installiert. Unterstützung erhielten sie von den Familien, die später in die Häuser einzogen und diese nun nach und nach in kleinen Raten abbezahlen. Für vier Familien, deren „Haupternährer" krankheitsbedingt nicht erwerbsfähig war, übernahm die BERA GmbH die Kosten für das Haus.

Der Fokus der CSR-Projekte der BERA GmbH, wie beispielsweise der Baureise nach Äthiopien, liegt auf dem freiwilligen Beitrag der Mitarbeiter des Unternehmens für die Gesellschaft, wozu auch die Planung und Durchführung der Projekte zählen. Im Vordergrund steht also nicht in erster Linie die Kommunikation des Engagements. Doch insbesondere aufgrund der scheinbar „branchenatypischen" Verhaltensweise des Unternehmens, sieht die BERA GmbH die offene Kommunikation ihrer Maßnahmen als einen Teil ihrer Verantwortung an, um Inspiration und bestenfalls Vorbild für andere Unternehmen sein zu können.

2 Herausforderungen der CSR-Kommunikation: die richtige Balance finden

„Tue Gutes und rede darüber" (Zedtwitz-Arnim 1961), betitelte Georg Volkmar Graf Zedtwitz-Arnim sein 1961 erschienenes Buch, eines der ersten deutschsprachigen Handbücher für Public Relations. In der öffentlichen Wahrnehmung kann es dazu kommen, dass das „Rede darüber" im Vordergrund zu stehen scheint und die eigentliche gute Tat verdrängt. Das legt vielfach den verkürzten Schluss nahe, CSR sei PR oder Werbung (vgl. Raupp et al. 2011, S. 15). Dabei handelt es sich um zwei getrennte Managementbereiche, die sich gegenseitig ergänzen und zusammen ungeahnte Wirkungen entfalten können. Wie schon Graf Zedtwitz-Arnim betonte, folgt auf das „Tue Gutes" die direkte Konsequenz „Rede darüber". Corporate Social Responsibility und Kommunikation lassen sich nicht trennen, da ernst gemeinte CSR de facto Kommunikation ist (vgl. Schneider und Schmidpeter 2012, S. 484) oder wie Schillinger es ganz direkt formulierte: „Ohne Kommunikation funktioniert CSR nicht" (Schillinger 2010, S. 10).

Corporate Social Responsibility und PR müssen dabei jedoch angemessen kombiniert werden. Kommunikation besitzt in der CSR eine zentrale Rolle, die oft unterschätzt oder übersehen wird, mit dem Ergebnis, dass die Unternehmen das Potenzial von CSR nicht oder nur ungenügend ausschöpfen (vgl. Schneider und Schmidpeter 2012, S. 481). Überwiegt jedoch die Kommunikation und wird sie dazu noch falsch gehandhabt, gerät man schnell in den Verdacht des „Schönredens" oder des sogenannten „Greenwashings" (vgl. Agostino et al. 2016, S. 120–140).

Bei der Kombination von CSR und Kommunikation kommt es auf das richtige Verhältnis an, um u. a. Dialoge mit den unterschiedlichsten Zielgruppen des Unternehmens zu eröffnen. Durch die Beachtung der Besonderheiten im Umgang mit Medien und Stakeholdern in Bezug auf CSR können entscheidende Wettbewerbsvorteile entstehen (vgl. Mast 2010, S. 443).

CSR-Kommunikation durch Social Media – am Beispiel der Baureise

Durch die mediale Kommunikation der Baureise 2012 sollten alle Daheimgebliebenen, wie die Kollegen im Unternehmen sowie Familie, Freunde und Angehörige der Mitreisenden, in das Projekt einbezogen und dieses erlebbar gemacht werden. Sie sollten Gelegenheit haben, sich über den aktuellen Baufortschritt und das Geschehen vor Ort zu informieren und daran teilzuhaben. Auf diese Weise sollte das CSR-Projekt im Unternehmen nicht Top-down von der Führungsebene initiiert und getragen werden, sondern durch die Einbindung der Mitarbeiter und über die Kommunikation die Identifikation aller Beschäftigten mit dem Unternehmen stärken und CSR-bewusstseinsbildend wirken (Universum 2009).

In der praktischen Umsetzung stellten sich die Online-Medien wie Social Media als am wichtigsten heraus. Als Kommunikationskanal zwischen den Nutzern und dem Unternehmen (vgl. Schillinger 2010, S. 22) sorgten diese für größtmögliche Transparenz und schafften eine Plattform für die Integration und den direkten Dialog mit der Zielgruppe.

Im Gegensatz zur historisch anmutenden Pressearbeit von Graf Zedtwitz-Arnim, nutzen PR-Manager heute Kommunikationskanäle, z. B. Twitter, Facebook und Xing, in Echtzeit. Diese Entwicklungen im Bereich Social Media haben die Möglichkeiten der Informationsverbreitung und somit auch den Druck von außen auf Unternehmen und Institutionen verstärkt, da diese neue, vielfältige und schnellere Möglichkeiten zur Kritik oder Bewertung von Unternehmen und deren Tätigkeiten bieten (vgl. Schneider und Schmidpeter 2012, S. 484).

Viele Unternehmen sehen genau darin die große Gefahr, da der Dialog im Internet und vor allem in den sozialen Netzwerken einen gewissen Kontrollverlust bedeuten kann. Unternehmen sehen sich hier oft hilflos der öffentlichen Meinung ausgesetzt und erscheinen dadurch auch in ihrer Identität verletzbar (vgl. PR-Agentur Fink & Fuchs Public Relations 2012).

Social Media: Interaktive Berichterstattung trotz bewusster Risiken

Im Falle des „Dorfs der Hoffnung" entschied man sich bei der BERA GmbH für die Nutzung von Social Media, obwohl bei solchen Projekten immer mit Kritik zu rechnen ist. Man stellte sich freiwillig dieser möglicherweise „gefährlichen" Transparenz.

Eine der wichtigsten Plattformen wurde hierfür Facebook, auf dem ein mitgereister Mitarbeiter der BERA GmbH regelmäßig von seinen Eindrücken berichtete und auf diese Weise das gesamte Bauprojekt in Echtzeit aus seiner Sicht verfolgt werden konnte. Die Follower erhielten zeitnah Informationen zur Baureise und konnten schon vorab Berichte und Bilder der Vorbereitungstreffen einsehen. Sie konnten somit einen Blick „hinter die Kulissen" werfen und tiefere Einblicke in das Unternehmen mit seinen Strukturen und Prozessen gewinnen. Dadurch wurde die BERA GmbH transparenter und die Verbundenheit mit den sogenannten „Fans" gestärkt.

Viele der Projektteilnehmer nutzten die von Facebook angebotenen Funktionen und beteiligten sich von sich aus aktiv durch Kommentare, „Gefällt mir"-Angaben, eigene Beiträge oder das Teilen der Beiträge mit ihrem persönlichen Freundeskreis. Ziel war es, den „Fans" zu zeigen, dass hinter dem Projekt echte Menschen stecken, die sich daran aus unterschiedlichen Motiven beteiligten, ohne vom Unternehmen rekrutiert worden zu sein, und die sich nicht versteckten, sondern sich persönlich damit identifizierten.

3 Messung von Social-Media-Erfolgen

Zur Erfolgsmessung von Social-Media-Kommunikation kann aufgrund vielfältiger Auswertungsprogramme eine große Anzahl von Kennzahlen herangezogen werden. Die Schwierigkeit besteht daher darin, relevante Zahlen zu definieren und diese richtig zu interpretieren. Da das primäre Ziel der Kommunikation die Einbeziehung aller Daheimgebliebenen und Angehörigen sowie die Schaffung einer interaktiven Plattform war, stellte sich die Messung der Interaktion und Aktivität auf Facebook als entscheidend heraus. Eine Herausforderung hierbei ist die eingeschränkte Vergleichbarkeit der Werte mit denen anderer Facebook-Fanseiten. Bei der Analyse wurde deutlich, dass das Projekt auf großes Interesse stieß und eine hohe Aktivität bei den Facebook-Nutzern hervorrief. Obwohl die Fanpage der BERA GmbH erst wenige Monate zuvor erstellt worden war, wurde eine große Anzahl von Nutzern über diesen Kanal erreicht.

Während der Baureise vom 12. bis 20. Mai 2012 wurde ein starker Anstieg der Fanzahlen um fast 75 % registriert. Deutlich wird die Aktivität der Fans, wenn man sich die Werte einer Kennzahl ansieht, die von Facebook „eingebundene Nutzer" genannt wird (vgl. Facebook Inc. 2012, S. 6). Diese Klicks können Likes, Kommentare oder das Teilen eines Beitrages sein und haben unter anderem zur Folge, dass ein Beitrag weiter verbreitet und gesehen wird. Posts zum Projekt wurden durchschnittlich 36-mal angeklickt. Bei Beiträgen zu anderen Themen auf derselben Seite lag der Wert lediglich bei 23. Mit Beiträgen zum „Dorf der Hoffnung" wurde also deutlich mehr interagiert und die Fans beteiligten sich mehr daran.

In der einschlägigen Literatur wird oft die Bedeutung der Viralität von Beiträgen hervorgehoben. Damit ist gemeint, wie viele Facebook-Nutzer, die selbst nicht Fan einer Seite sind, über einen Beitrag gesprochen, also mit diesem interagiert haben (vgl. Facebook Inc. 2012, S. 6). Mit dieser Kennzahl erhält man einen Eindruck davon, wie hoch die Reichweite eines Beitrags außerhalb der eigenen Fangemeinde ist. Bei projektbezogenen Posts lag hier der Wert bei durchschnittlich 83 Personen, bei anderen Beiträgen lag die Anzahl der Personen, die diese auf der Seite eines Freundes gesehen hatten, bei 49. Bei Beiträgen zur Baureise wurde somit eine deutlich höhere Viralität erreicht, die wiederum auf eine hohe Aktivität der Fans zurückzuführen ist und auch weitere Interessensgruppen über das CSR-Projekt informierte.

4   Authentische Berichterstattung: Wo kann man ansetzen?

Zielgruppen der Kommunikation der Baureise waren primär die Angehörigen der Teilnehmer, aber auch Kunden, Bewerber und die lokale Öffentlichkeit. Da soziale Netzwerke immer nur einem begrenzten Nutzerkreis zur Verfügung stehen, wurden verschiedene Medien genutzt, um über die Vorbereitung, Durchführung und das Geschehen im Anschluss des Projektes zu berichten. Außerhalb von Social Media wurde der Fokus auf Pressearbeit und Beiträgen im lokalen Rundfunk gelegt.

Mehrere Artikel über die Baureise erschienen im redaktionellen Teil der lokalen Zeitungen, was auf eine mögliche Außergewöhnlichkeit, Aktualität und Relevanz des CSR-Projekts für die Öffentlichkeit sowie die regionale Präsenz der BERA GmbH als Nachrichtenfaktoren zurückzuführen sein könnte (prdienst.de o.J.). Die BERA GmbH nutzte beispielsweise emotionalisierende Bilder sowie das Angebot von Exklusivinterviews mit den Teilnehmern, um das Interesse der Printmedien zu wecken. Die hohe Nachfrage nach diesen Interviews zeigte, dass es bei dem Projekt nicht nur um PR des Unternehmens ging, sondern auch um die individuelle Erfahrung Einzelner. Auch für Zeitungen und Radioprogramme, von denen das Thema als CSR-Projekt eines Unternehmens sonst nicht aufgegriffen worden wäre, wurde dieses durch die persönlichen Berichte der involvierten Bauhelfer interessant. So berichteten zwei Mitarbeiter der BERA GmbH im Radiosender SWR von ihren Erlebnissen und Eindrücken.

Bilder sagen bekanntlich mehr als Worte. Daher wurden über einen Zeitraum von mehreren Monaten vor und nach der Reise mehrere selbst produzierte Videos auf der Plattform YouTube eingestellt und über andere Medien verbreitet. Auf diese Weise konnte jeder Interessierte sich von der Arbeit des Bauteams überzeugen und einen Eindruck von den Abläufen vor Ort gewinnen.

Das Videomaterial wurde im Auftrag der BERA GmbH durch ein äthiopisches Filmteam sowie einen Mitarbeiter des Unternehmens erstellt, die die Reise begleiteten. Letzterer begleitete darüber hinaus auch die Vorbereitungen, wie Informations- und Impfveranstaltungen für die Teilnehmer sowie die Nachbereitung und Nachtreffen, um so eine umfassende Zusammenfassung des Projekts zu erzielen. Das gesammelte Videomaterial wurde vom Fernsehsender Bibel TV im Anschluss an die Reise zu einem Film geschnitten und bereits mehrmals ausgestrahlt. Wichtig war es dabei, weitestgehend den Grundsatz einer objektiven Berichterstattung zu verfolgen.

Medienresonanz-Analyse

Die Häufigkeit der Veröffentlichung und Größe von Zeitungsartikeln hängt stark von den verantwortlichen Journalisten ab, die in ihrer Funktion als „Gatekeeper" steuern, was der Leser zu Gesicht bekommt, was wiederum von verschiedenen Faktoren, z. B. dem Zeitpunkt, abhängt (vgl. Frerichs o.J., S. 1). Um diesem Umstand Rechnung zu tragen, müssen bei einer Medienresonanzanalyse neben quantitativen auch qualitative Faktoren untersucht werden (vgl. Bruhn 2011, S. 779).

Aus drei Pressemitteilungen, die die BERA GmbH zum „Dorf der Hoffnung" und der Baureise veröffentlichte, wurden 30 Beiträge in Printmedien, Radio und Fernsehen generiert. Für die Beurteilung der Qualität eines solchen Beitrages, können verschiedene Kriterien herangezogen werden, wie Umfang des Artikels, Reichweite des Mediums, Übereinstimmung der Zielgruppen oder Informationsgehalt. Anhand einer Faktorgewichtung können anschließen einzelne Beiträge bewertet und verglichen werden. Die hochwertigste Berichterstattung folgte demnach auf die zweite Pressemitteilung, die unmittelbar vor Antritt der Reise veröffentlicht wurde. Vor allem bei der lokalen Presse erhielt diese besonders viel Aufmerksamkeit.

Die sekundäre Zielgruppe, bestehend aus der Öffentlichkeit, wurde also dank intensiver Pressearbeit erreicht. Dabei war vor allem die Platzierung von Interviews mit Teilnehmern in den lokalen Medien wichtig, da diese mehr Aufmerksamkeit bei Lesern erhalten und für diese weitaus glaubwürdiger sind als reine Pressetexte. Dafür spricht auch die Determinationshypothese von Baerns (1985, S. 88 f.), wonach Artikel von Journalisten meist nur aus gegebenem PR-Material bestehen und keine weiteren Quellen hinzugezogen werden (Kunczik 2002, S. 355). Die Skepsis der Leser bei Berichten, in denen die Quellen nicht so ersichtlich sind wie in einem Interview, ist also berechtigt.

Größtmögliche Reichweite durch das Medium der Unternehmenshomepage

Durch die eingeschränkte Nutzbarkeit von sozialen Medien (nur angemeldete Nutzer) und vieler Printmedien (nur deren Kunden), wurde die Homepage der BERA GmbH als allgemein zugängliche Plattform für die CSR-Kommunikation genutzt. Für tiefe Einblicke wurde während dem Bauprojekt in der Registerkarte BERAPlus in Echtzeit ein Tagebuch der Reiseteilnehmer geführt. Jeden Morgen wurden ein Bericht und Bilder von den Ereignissen des vergangenen Tages in Äthiopien zugänglich gemacht, was die Verbindung zum Team der Baureise herstellen sollte.

Die regelmäßige Bearbeitung und Erweiterung des Inhalts waren zudem förderlich für die Search Engine Optimization (SEO), also die Auffindbarkeit der Internetseite für Suchmaschinen. Umgekehrt bedeutet SEO, dass die Inhalte über die Baureise der BERA GmbH besser gefunden werden und sich dadurch weiter verbreiten konnten. Auch bei Websites gibt es eine Vielzahl von Analyse Tools, die eine große Anzahl von Daten zur

Untersuchung der gesamten Homepage zur Verfügung stellen. Dabei wurde während der Baureise im Mai 2012 ein deutlicher Anstieg der Besucherzahlen gegenüber den Vormonaten registriert.

Im Hinblick auf Crossmedia-Kommunikation wurde bei der Berichterstattung der BERA GmbH großer Wert auf die Vernetzung der unterschiedlichen Kanäle gelegt. Da neben der Website die projektbezogene CSR-Kommunikation hauptsächlich über Facebook geschah, war bei der Analyse der Medien auch von Interesse, wie gut diese Vernetzung funktioniert hatte. Dabei konnte man feststellen, dass zwischen Mai und Juni 5-mal so viele Besucher über Facebook auf die Homepage gelangten, als in vergleichbaren Monaten.

Die Qualität der Besucher der Seite lässt sich anhand verschiedener Parameter analysieren. So lassen z. B. anhand der durchschnittlichen Anzahl von Seiten pro Besuch und die Besuchszeit Rückschlüsse auf die Qualität der Besucher, die von Facebook auf die Homepage kamen, zu. Je länger und intensiver sich ein Besucher mit der Seite auseinander setzt, desto höher ist seine Qualität. Die niedrigste Qualität haben beispielsweise Besucher, die irrtümlich auf der Seite gelandet sind und sich daher schnell wieder entfernen. Im Untersuchungszeitraum stieg die durchschnittliche Besuchsdauer pro User um das Sechsfache an, die Anzahl der Seiten pro Besuch um fast 20 %.

Das Jahr 2012 ist vorbei – wie geht es weiter?
Damit CSR und Marketing sich positiv beeinflussen, benötigen die CSR-Maßnahmen Glaubwürdigkeit, durch Verlässlichkeit und langfristiges Engagement (vgl. Müller 2014, S. 6). Das gewählte Beispiel der BERA GmbH zeigt Möglichkeiten auf, wie diese Langfristigkeit offengelegt werden kann. Beispielsweise feiert das Unternehmen die Jahrestage ihrer Baureisen nach Rumänien und Äthiopien unterstützt durch Pressemitteilungen (vgl. BERA GmbH 2014). Auf diese Weise versucht das Unternehmen Aufmerksamkeit zu erzeugen, Bewusstsein zu schaffen und über weiterführende inhaltliche Beiträge in derselben Pressemitteilung eine ganzheitliche Perspektive ihres Engagements zu vermitteln.

5   Erfolg der CSR-Kommunikation

Die BERA GmbH kommunizierte bisher ihr CSR-Engagement hauptsächlich aus öffentlichkeitsorientierten Motiven, um Vertrauen und Reputation in der regionalen Gesellschaft aufzubauen. Die Zahlen aus den Auswertungen der Medien bestätigen den Erfolg der Kommunikationsaktivität. Die Anzahl der Zugriffe online und die Berichterstattung in den Medien zeugen von einem hohen Interesse der Öffentlichkeit an dem sozialen Engagement der BERA GmbH in Zusammenarbeit mit Habitat for Humanity. Mitarbeiter des Marketings der BERA GmbH sowie die Geschäftsführung wurden positiv auf die auffallend hohe Beteiligung von Nutzern in den sozialen Medien zur Baureise nach Äthiopien hin angesprochen.

Das selbstgegebene Ziel der CSR-Kommunikation zum Projekt, die Einbindung aller Daheimgebliebenen, z. B. Familien, Kollegen und Freunde der Mitreisenden, wurde als erfüllt angesehen. Sowohl die Facebook-Seite des Unternehmens als auch dessen Homepage wurden zahlreich zur Interaktion genutzt. Vor allem die sehr hohe Interaktion der Facebook-Fans, die die Beiträge des Unternehmens kommentiert, geliked und geteilt haben, war für das Unternehmen positiv.

Rückblickend bewertete das Unternehmen die Auswahl der sozialen Medien, insbesondere von Facebook, als erfolgreich, trotz der bewusst eingegangen Risiken dieser Kommunikationskanäle. Auch skeptische oder kritische Beiträge ergänzten den allgemein positiven Tenor der eingebundenen Nutzer, sie förderten interessante Diskussionen und führten so zu weiterer Interaktion und Reichweite der CSR-Berichterstattung.

Den Anspruchsgruppen die Möglichkeit zu geben, ihre Meinungen und Ansichten, Lob aber auch Kritik zu äußern, zeichnet gute CSR-Kommunikation aus (vgl. Schillinger 2010, S. 24). Auf kritische oder negative Kommentare gilt es, besonnen und offen zu reagieren, um dadurch nicht Vertrauen zu verlieren, sondern es als Chance für weiterer Vertrauensaufbau zu nutzen. Wenn das Unternehmen es schafft, andere Nutzer im Web neugierig zu machen und für das eigene CSR-Engagement zu begeistern, können daraus positive Effekte entstehen.

Transparenz und Vertrauensaufbau

Die Schlüsselworte für eine überzeugende und damit erfolgreiche CSR-Kommunikation sind Transparenz und Vertrauensaufbau (vgl. Schillinger 2010, S. 26). Wenn Unternehmen hinter ihre PR-Fassade blicken lassen und der Öffentlichkeit zeigen, dass ihr CSR-Engagement keine Kommunikationsstrategie ist, sondern Werte und Ziele tatsächlich gelebt werden, können Vertrauen, Reputation und Glaubwürdigkeit aufgebaut werden.

Gerade bei kontrovers diskutierten Themen wie CSR-Engagement ist eine gute Zielgruppenkommunikation wichtig, da von diesen die Forderung nach einer Verantwortungsübernahme ausgeht. Relevante Stakeholder für die CSR-Kommunikation sind vor allem Kunden, Mitarbeiter und die Öffentlichkeit. Es ist essenziell, dass sich die Kommunikation des Unternehmens an den spezifischen Bedürfnissen und Interessen der verschiedenen Stakeholder ausrichtet, um einen offenen Dialog mit den Anspruchsgruppen zu ermöglichen (vgl. Brugger 2010, S. 74).

Transparenz als Faktor guter CSR-Kommunikation erfordert die Bereitschaft zum Dialog mit den Anspruchsgruppen und zur offenen Auseinandersetzung mit ihren Anliegen (vgl. Schillinger 2010, S. 21) Um dabei Vertrauen aufbauen zu können, müssen Kommentare ernst genommen werden und die eigenen Worte ernst gemeint sein.

Außerdem ist es wichtig, dass die kommunizierten CSR-Aktivitäten mit den in der Realität erzielten Ergebnissen übereinstimmen und in Relation zu den negativen Effekten stehen, die das Unternehmen verursacht. Alles andere ist nicht glaubwürdig und somit nicht förderlich für Vertrauen (vgl. Schreckenbach 2011). Ist diese Authentizität und Ausgewogenheit gegeben, erhöht es die Glaubwürdigkeit und das Vertrauen der Öffentlichkeit und der Medien in die Unternehmenstätigkeit und verringert zusätzlich die Gefahr eines Greenwashing-Verdachts (vgl. Schneider und Schmidpeter 2012, S. 495).

Mit einer offenen CSR-Kommunikation signalisiert das Unternehmen seine Bereitschaft, die ihm zugeschriebene Verantwortung zu übernehmen. Dadurch festigt sich das Vertrauen der Stakeholder und es wird das Image verbessert (vgl. iöw 2001). Gerade in Krisenzeiten, wenn andere Botschaften nicht mehr greifen, kann CSR-Kommunikation daher ein wichtiges Instrument sein (vgl. Universum 2009). „Über die eigenen Aktivitäten zu berichten, ist nichts Verwerfliches, sondern sinnvoll und gewünscht. Best Practices erzeugen einen Sog und stiften wiederum selbst Nutzen" (vgl. Riedler 2012). Denn nur, wer sein Engagement richtig kommuniziert, hat die Chance, sich die vielfältigen positiven Effekte von CSR zu eigen zu machen.

Effekte von CSR-Kommunikation

In der unternehmerischen Praxis können Effekte von CSR-Kommunikation oft nicht den getroffenen CSR-Maßnahmen zugeordnet werden. In vielen Studien wurde bereits versucht, die Hauptgründe für gesellschaftliches Engagement sowie dessen monetäre Vorteile zu bestimmen. Corporate Social Responsibility hat meist nur eine indirekte und zeitversetzte Auswirkung auf den Unternehmenserfolg und besteht oft in der Bildung von immateriellen Vermögenswerten. Die Motivation hinter der Kommunikation von CSR-Engagement kann sehr vielfältig sein und ist unternehmensspezifisch.

Unternehmen, die sich freiwillig gesellschaftlich engagieren, werden von ihrer Umwelt als innovativ, offen und vertrauenswürdig angesehen. Gerade in Krisenzeiten, wenn übliche Werbebotschaften keine Wirkung mehr zeigen, ist eine ehrliche faktenbasierte CSR-Berichterstattung gefragt (vgl. Universum 2009).

Gute CSR-Kommunikation verlangt Mut, um offen und ehrlich zu kommunizieren, auch wenn man dafür die Kommunikationshoheit teilweise aufgeben muss. Sofern CSR-Kommunikation authentisch und ernsthaft erfolgt, können vielfältige positive Effekte erzielt werden. Auch wenn der Erfolg nicht sofort sichtbar ist, trägt die Berichterstattung auf lange Sicht zum Unternehmenserfolg bei.

Corporate Social Responsibility sollte durch richtige und strategische Kommunikation nicht „nettes Beiwerk" zum Tagesgeschäft eines Unternehmens sein. Wenn ein Unternehmen sich entschieden hat in CSR-Maßnahmen zu investieren, sollten die durch die Berichterstattung möglichen positiven Effekte genutzt und deren Potenzial ausgeschöpft werden.

„Es geht ums Geschäft. Um Wachstum. Ja, was denn sonst?" Nur etwas nachhaltiger als gewohnt. Etwas gerechter. Und etwas grüner (Hamann 2008).

Literatur

Agostino V, Palazzo M, Siano A et al (2016) Avoiding the greenwashing trap: between CSR communication and stakeholder engagement. Int J Innov Sustain Dev 10(2):120–140

Baerns B (1985) Öffentlichkeitsarbeit oder Journalismus? Zum Einfluss im Mediensystem. Köln

BERA GmbH (2010) Mit Visionen und Werten zum Erfolg http://www.beragmbh.de/images/content/BERA_10Jahre_neu.pdf. Zugegriffen: 21.02.2017

BERA GmbH (2011) Hans Eichel ernennt Bernd Rath zum Botschafter. http://www.beragmbh.de/images/content/Presse2011/Botschafter_Habitat_Humanty_111205.pdf. Zugegriffen: 16. Nov. 2012

BERA GmbH (2012a) http://www.beragmbh.de/images/content/News/Mai-Jan/BERA_Hausbau_Nachbetrachtung_110531.pdf. Zugegriffen: 16. Nov. 2012

BERA GmbH (2012b) http://www.beragmbh.de/images/content/News/BERA_Baureise_Aethiopien_120523.pdf. Zugegriffen: 16. Nov. 2012

BERA GmbH (2014) CSR im Einsatz: BERA feiert Jahrestage ihrer Baureisen. www.perspektive-mittelstand.de/CSR-im-Einsatz-BERA-feiert-Jahrestage-ihrer-Baureisen/pressemitteilung/70401.html. Zugegriffen: 09. Sep. 2016

BERA GmbH (2016a) http://www.beragmbh.de/ueber-bera/philosophie.html. Zugegriffen: 10. Aug. 2016

BERA GmbH (2016b) http://www.beragmbh.de/ueber-bera/geschichte.html. Zugegriffen: 10. Aug. 2016

Brugger F (2010) Nachhaltigkeit in der Unternehmensorganisation: Bedeutung

Facebook Inc. (2012) S 6

Frerichs S (o.J.) Gatekeeping. http://www.stefre.de/Gatekeeping.pdf. Zugegriffen: 14. Nov. 2012

Grant AM (2012) Giving ving time, time after time: work design an sustained employee participation in corporate volunteering. Acad Manag Rev 37(4):589–615

Habitat for Humanity Deutschland e.V. (o.J.) Wer wir sind. www.hfhd.de/wer-wir-sind0.html. Zugegriffen: 09. Sep. 2016

Hamann G (2008) Können Unternehmen gut sein? In: „Die Zeit" Nr. 14 vom 27. März 2008

iöw (2001)

IQZ (o.J.)

Kunczik M (2002) Public Relations – Konzepte und Theorien, 4. Aufl. Köln

Lin C, Lyau N, Tsai Y et al (2010) Modeling corporate citizenship and its relationship with organizational citizenship behaviors. J Bus Ethics 95(3):357–372

Mast C (2010) Unternehmenskommunikation. Stuttgart

Mittelstädt F, Backhaus-Maul H, Kunze M (2013) Gesellschaftliches und ökologisches Engagement von Unternehmen (CSR) in Sachsen-Anhalt Ergebnisse einer Unternehmensbefragung von kleinen und mittleren Unternehmen, Band 3 der Schriftenreihe des Fachgebiets Recht, Verwaltung und Organisation. Halle (Saale), S 15

Müller J (2014) Corporate Social Responsibility: Verändertes Unternehmertum oder Marketing-Tool? http://www.ideenquartier.org/files/argos_2_2014_csr.pdf. Zugegriffen: 09. Sep. 2016

PR-Agentur Fink & Fuchs Public Relations (2012) Studie Social Media Delphi 2012: Endergebnis-se. https://www.ffpr.de/2012/11/15/studie-social-media-delphi-2012-endergebnisse/. Zugegriffen: 08. Sep. 2016

prdienst.de (o.J.) Nachrichtentheorie. http://www.pr-woerterbuch.de/wiki/index.php/ Nachrichtentheorie. Zugegriffen: 14. Nov. 2012

Raupp J, Jarolimek S, Schulz F (2011) Handbuch CSR. Wiesbaden

Riedler P (2012) Eine Spende ist noch kein CSR-Konzept. http://www.hrweb.at/2012/04/eine-spende-ist-noch-kein-csr-konzept/. Zugegriffen: 19. Nov. 2012

Schillinger FS (2010) Corporate Social Responsibility in der Unternehmenskommunikation. www. nautilus-politikberatung.de/main/request. Zugegriffen: 17. Aug. 2012

Schneider A, Schmidpeter R (2012) Corporate social responsibility. Berlin, Heidelberg

Schreckenbach F (2011) Welchen Effekt Corporate Social Responsibility (CSR) auf das Employer Branding hat. http://www.embran-der.de/blog/welchen-effekt-corporate-social-responsibility-csr-auf-das-employer-branding-hat/. Zugegriffen: 25. Jul. 2012

Spiegel Online GmbH (2014) Zeitarbeit ist in Deutschland laut Studie unbeliebt, 15.01.2014, Internationaler Vergleich Jeder zweite Leiharbeiter will weg, Endres, H. http://www.spiegel. de/karriere/berufsleben/zeitarbeit-ist-in-deutschland-laut-studie-unbeliebt-a-943248.html. Zugegriffen: 10. Aug. 2016

Universum (2009) Corporate Social Responsibility – kommt es drauf an? http://www. employerbrandingtoday.com/at/2009/04/03/corporate-social-responsibility-kommt-es-darauf-an/#more-46. Zugegriffen: 25. Jul. 2012

Zedtwitz-Arnim G-V (1961) Tu Gutes und rede darüber – Public Relations für die Wirtschaft. Ull-stein, Berlin

Die Rolle des Konsumenten

Integration des Cradle-to-Cradle-Ansatzes in die Marketingkonzeption

Mara Brinkmann und Christoph Willers

1 Einleitung

Unternehmen versprechen sich von der Integration von CSR-Maßnahmen in die Unternehmensstrategie positive Auswirkungen auf das Unternehmensergebnis. Konsumenten achten beim Einkauf zwar auf sozialökologisches Engagement der Produzenten, sind jedoch bislang mehrheitlich nicht bereit, einen Aufpreis für das Vorhandensein nachhaltiger Produktattribute zu zahlen (Unterbusch 2011, S. 211; Nielsen 2014; Vollmer 2014). Die Strategie, durch Nachhaltigkeit Premiumpreise und damit Umsatz- und Ergebnissteigerungen zu realisieren, ist daher mit dem Risiko verbunden, die gehemmte Zahlungsbereitschaft der Konsumenten nicht überwinden zu können. Um CSR-Maßnahmen als Winwin-Strategie zu integrieren, kann ein alternativer Ansatz sein, Kosten zu senken und Konsumenten bei gleichbleibenden Preisen eine höhere Leistung zu bieten. Eine Möglichkeit zur Realisierung dieses Ansatzes ist das Cradle-to-Cradle-Prinzip (Braungart und McDonough 1999, 2013). Cradle-to-Cradle wird im Folgenden mit C2C abgekürzt. Das Konzept beschreibt die zyklische Nutzung von Ressourcen. Demnach werden im Produktionsprozess verwendete Materialien unbegrenzt wiederverwertet und infolgedessen Kosten eingespart. Unternehmen wie Unilever und Procter & Gamble realisieren mit diesem Ansatz jährlich Einsparungen im Millionenbereich und schonen gleichzeitig die Umwelt (Ehrenfried 2013; D'heur 2014; Unilever 2014). Das Problem bei diesem Ansatz liegt darin, dass interne Unternehmensaktivitäten, z. B. der Einsatz grüner Technologien im Produktionsprozess oder das Einsparen von Produktionsabfällen, zwar den Umweltschutz

M. Brinkmann (✉)
Köln, Deutschland
E-Mail: mail@marabrinkmann.de

C. Willers
European University of Applied Sciences, CBS Cologne Business School GmbH
Hardefuststraße 1, 50677 Köln, Deutschland
E-Mail: c.willers@cbs.de

© Springer-Verlag GmbH Deutschland 2017
C. Stehr und F. Struve (Hrsg.), *CSR und Marketing*,
Management-Reihe Corporate Social Responsibility, DOI 10.1007/978-3-662-45813-6_10

fördern, beim Endverbraucher durch den fehlenden Direktbezug zum Absatzprodukt jedoch kaum Aufmerksamkeit für das Engagement des Unternehmens erzielen.

Der folgende Beitrag soll die Frage klären, inwiefern durch Marketing ein verstärktes Bewusstsein für solche nicht direkt mit dem Produktsortiment verknüpften CSR-Aktivitäten auf Konsumentenseite geschaffen werden kann. Ziel ist es, aufzuzeigen, ob sozialökologisches Engagement für Unternehmen nicht nur in Form kurzfristiger Imagekampagnen umsetzbar ist, sondern durch langfristig angesetzte CSR-Maßnahmen die Chance besteht, dass Unternehmen, Verbraucher und Umwelt gleichermaßen profitieren. Zunächst wird dafür CSR im Allgemeinen und das C2C-Prinzip als Teilaspekt beleuchtet, um anschließend einzuschätzen, inwiefern das Thema für Marketingkampagnen mit CSR-Bezug geeignet ist und wie diese realisiert werden sollten. Dadurch können Fallstricke in diesem Bereich offengelegt und Handlungsempfehlungen abgeleitet werden.

2 C2C als Teil einer integrierten CSR-Strategie

Zur Annäherung an das C2C-Prinzip werden im Folgenden zunächst die Begriffe Corporate Social Responsibility (CSR) und C2C separat voneinander definiert.

2.1 Der Begriff CSR

Die Frage nach der gesellschaftlichen Verantwortung leitender Angestellter in Großunternehmen wurde bereits in den 1930er-Jahren von Dodd (1932) und Barnard (1938) diskutiert. Der Begriff „Social Responsibility" wurde erstmals 1953 von Bowen in seinem Werk „Social Responsibilities of the Businessman" gebraucht. Hierin ging der Autor der Frage nach, welche Verantwortlichkeiten Geschäftsleute in der Gesellschaft übernehmen sollten bzw. welche Anstrengungen hier begründet von ihnen erwartet werden (Bowen 1953, S. XI). Die Antwort auf diese Frage kann als erste grundlegende Begriffsbestimmung von Social Responsibility angesehen werden. Bowen definiert Social Responsibility als

> the obligations of businessmen to pursue those policies, to make those decisions, or to follow those lines of action which are desirable in terms of the objectives and values of our society (Bowen 1953, S. 6).

Er ließ jedoch offen, ob es sich hierbei um freiwilliges Engagement oder gesetzlich vorgegebene Pflichten handelt.

Auch der Begriff der (Corporate) Social Responsibility lässt zunächst keine Rückschlüsse darüber zu, ob die angesprochenen Handlungen freiwilliger oder gesetzlicher Natur sein sollten. In der wissenschaftlichen Diskussion gehen die Meinungen auseinander. McGuire (1963, S. 144) wies in einer erstmaligen Auseinandersetzung mit dem

Begriff beide Dimensionen als relevant aus, indem er zwar eine gesetzliche Verpflichtung als wichtig, aber gleichermaßen auch nur als Ausgangspunkt sozialer Verantwortung auffasste und diese vor allem in darüber hinaus gehenden freiwilligen Anstrengungen begründet sah. Er identifizierte eine ökonomische, eine rechtliche und eine freiwillige Verpflichtung, welche Unternehmen gegenüber der Gesellschaft zu tragen hätten – definierte jedoch die freiwillige Ebene nicht präziser. Carroll vereinigte später die ökonomische, rechtliche und ethische Komponente in einer der bis heute meistzitierten Definitionen zum Begriff CSR:

> The social responsibility of business encompasses the economic, legal, ethical, and discretionary expectations that society has of organizations at a given point in time (Carroll 1979, S. 500).

Aufgrund der mangelnden Präzisierung dieser Ziele und Erwartungen ergänzte er seine Definition später um den Begriff der „Corporate Citizenship", worunter er den Einsatz des eigenen Vermögens für wohltätige Zwecke versteht.

Im heutigen Begriffsverständnis wird CSR zunehmend als rein freiwilliges Konzept interpretiert. Dies bestätigt die Definition des Grünbuchs der Europäischen Kommission. Hier wird CSR als eine Möglichkeit für Unternehmen angesehen, auf freiwilliger Basis Umwelt- und soziale Belange in die Unternehmenstätigkeit und in Wechselbeziehungen mit Stakeholdern zu integrieren (Kommission der Europäischen Gemeinschaften 2001, S. 7). Im Jahr 2011 erneuerte die Kommission die Definition. Nicht zuletzt vor dem Hintergrund der Finanzkrise sah man einen Bedarf für ein überarbeitetes CSR-Verständnis sowie einen neuen Aktionsplan für die Jahre 2011 bis 2014. Deutlich kürzer als bisher definiert die Kommission CSR künftig als „die Verantwortung von Unternehmen für ihre Auswirkungen auf die Gesellschaft" (Kommission der Europäischen Gemeinschaften 2011, S. 7).

Studien zeigen, dass die Integration eines solchen Nachhaltigkeitsmanagements in die unternehmerische Tätigkeit mittlerweile eine wichtige Rolle bei Kaufentscheidungen von Konsumenten spielt (Webb und Mohr 1999, S. 230 f.). Für rund 80 % der Verbraucher sind soziales und ökologisches Engagement von Unternehmensseite „sehr wichtig" oder „eher wichtig". Nachhaltigkeit ist damit folglich zu einem Wettbewerbsfaktor geworden und rangiert als Entscheidungskriterium bei der Produktwahl direkt hinter der Qualität eines Produktes auf Rang zwei – noch vor dem Preis (Unterbusch 2011, S. 211). Die Entwicklung, Integration und operative Umsetzung einer umfassenden CSR-Strategie kann somit auf Produkt- und Markenebene als Positionierungs- und Differenzierungsmerkmal dienen. Für den Marketer bzw. den Produktverantwortlichen stellt sich dabei die Frage, wie ein Nachhaltigkeitsmarketing ausgestaltet werden kann und welche unternehmerischen Aktivitäten in den Vordergrund gestellt werden sollten.

2.2 Das Cradle-to-Cradle-Prinzip

Das C2C-Prinzip stellt als ökologisch orientierter Wirtschaftsansatz eine Möglichkeit der Fokussierung für im CSR-Bereich aktive Unternehmen dar. Hierbei werden Produkte und industrielle Prozesse so gestaltet, dass ihre Inhaltsstoffe in einem nicht endenden Kreislauf zirkulieren. Folglich entstehen keine Abfälle (Braungart und McDonough, 1999, S. 42). Das Prinzip – übersetzt „von der Wiege zur Wiege" – stellt damit ein Gegenkonzept zum verbreiteten „Von der Wiege zur Bahre"-Ansatz dar, welcher beschreibt, dass die überwiegende Zahl von Produkten in unserem heutigen Produktionsverständnis auf Mülldeponien enden und ihr Wert damit unwiderruflich verloren geht. Abfall stellt dabei das Endprodukt unseres industriellen Systems dar, welches somit als Einbahnstraßensystem angesehen werden kann (Braungart und McDonough 2013, S. 47–48).

Im Gegensatz hierzu ist das Ziel dieses Ansatzes – entsprechend des Ansatzes von CSR-Maßnahmen generell – ökonomische, ökologische und soziale Vorteile innerhalb des Produktions- und Nutzungsprozesses von Produkten optimal miteinander zu verbinden. Das C2C-Prinzip unterscheidet dabei zwischen zwei Arten zu recycelnder Rohstoffe: organische und anorganische bzw. synthetische Materialien. Stoffe, die dem organischen Kreislauf zuzuordnen sind, definieren sich dadurch, dass sie biologisch problem- und rückstandslos abbaubar sind und somit keine Umweltschäden oder -belastungen provozieren. Hierzu zählen beispielsweise biologisch abbaubare Textilien, die dem Lebenszyklus nach ihrem Gebrauch als Garten-Mulch wieder zugeführt werden. Anorganische Materialien sind hingegen Stoffe und daraus entstehende Produkte, die Teil eines sogenannten „Closed-loop-Systems" des Herstellers sind. Diese Produkte bleiben innerhalb eines Kreislaufs, in dem sie produziert, von Konsumenten genutzt und dem Hersteller oder einem anderen Unternehmen anschließend für eine erneute Verwendung wieder übergeben werden. Hierzu zählen beispielsweise Waschmaschinen und Fernseher (Braungart et al. 2007, S. 1343).

Die Produktionsweise nach diesem Prinzip vereint somit die unternehmerischen Ansprüche nach Qualität, Kosten, Leistung und Ästhetik mit ökologischer Intelligenz und sozialer Gerechtigkeit – ausreichend Gründe für Unternehmen wie Ford Motor, Nike, PepsiCo und BASF, C2C-Produkte in ihr Portfolio zu integrieren. Denn dieser Ansatz erlaubt beispielsweise eine Vereinfachung des Arbeitsschutzes in der Produktion durch die Verwendung unschädlicher Stoffe und vor allem Einsparungen bei der Abfallbeseitigung. Stoffe, die ursprünglich als Sondermüll entsorgt werden müssen, können durch den Ersatz mit abbaubaren und wiederverwertbaren Produktbestandteilen enorme Einsparungen in der Abfallentsorgung realisieren. Dementsprechend sind C2C-Produkte in der Regel günstiger als vergleichbare Konkurrenzprodukte. Konkret sind beispielsweise die Sitzbezüge des Airbus 380 vom Schweizer Unternehmen Rohner Textil – welche dem C2C-Prinzip folgend entwickelt und entsprechend vollständig Teil eines geschlossenen Kreislaufs sind – 20 % kostengünstiger als vergleichbare Bezüge (Braungart und McDonough 1999, S. 51–58).

Seit 1955 bewerten Braungart und McDonough (1999, S. 51–58) als Begründer des Prinzips Unternehmen hinsichtlich der Erfüllung der von ihnen angesetzten Standards in den Stufen Basic, Silber, Gold und Platin. Ausgezeichnete Unternehmen können das Zertifikat für die Dauer eines Jahres für ihre Produkte und alle weltweiten Geschäftsaktivitäten verwenden. Anschließend muss eine Verlängerung der Zertifizierung beantragt werden, um die Aufrechterhaltung der Standards zu verifizieren. Das Zertifikat stellt eine erste Möglichkeit für Unternehmen dar, ökologisches Engagement im Sinne des C2C-Ansatzes an Stakeholder zu kommunizieren. Zudem ermöglicht die Kennzeichnung Verbrauchern, Produkte zu identifizieren, welche für umfassende ökologische Qualität stehen (Braungart und McDonough 1999, S. 51–58).

3 Typen als Grundsatz eines Marketingkonzeptes

Für Unternehmen, welche bereits unter Berücksichtigung ökologischer und sozialer Anforderungen wertschöpfen, kann das C2C-Prinzip einen nächsten Schritt zur vollständigen Nützlichkeit ihrer Produkte, ansteigender Produktivität und zunehmenden Gewinnen bedeuten. Für diejenigen, die den Ansatz bereits integriert haben, stellt sich hingegen die Frage, wie sie diesen noch weiter für sich nutzen können und eine Kommunikation ihres Engagements glaubwürdig und erfolgreich möglich ist, um den Produktionsvorteil nicht nur als internen, sondern auch als extern kommunizierbaren Wettbewerbsvorteil zu materialisieren.

Zur Beantwortung dieser Frage werden im Folgenden Konsumententypen gebildet. Auf dieser Basis soll abgeleitet werden, welche Zielgruppen sich zur direkten Ansprache und Überzeugung durch die Erfüllung von C2C-Prinzipien eignen. Dies erlaubt einen Rückschluss darüber, wie Unternehmen ihr Engagement mittels welcher Kommunikationsinstrumente und -kanäle vermitteln sollten.

Typologien dienen der Klassifikation von Individuen in voneinander möglichst heterogene, in sich möglichst homogene Personengruppen. Typen werden dabei als „durch festgestellte Übereinstimmungen in bestimmten einzelnen Befunden definierte Mengen von Personen" (Opfer et al. 1975, S. 11) interpretiert. Die Klassifizierung erfolgt zielgerichtet anhand vorab definierter Variablen (Opfer et al. 1975, S. 9–14). Eine Typologie hilft, trotz zunehmender Vielfalt unterschiedlicher Themen im Bereich CSR, einzelne Konsumentengruppen über ihre individuellen Bedürfnisse zu adressieren und somit im nächsten Schritt eine spezifische Zielgruppenorientierung der Kommunikation zu garantieren. Die Untergliederung orientiert sich nachfolgend anhand der Dimensionen „Commitment/Loyalität" und „Wissen/Verständnis".

Da die Begriffe Commitment und Loyalität stark korrelieren, wird im Folgenden nur noch von Loyalität gesprochen (Fullert 2003, S. 333). Dick und Basu (1994) definieren Kundenloyalität als „the strength of the relationship between an individual's relative attitude and repeat patronage" (S. 99). Diese Beziehung zwischen Einstellung und Verhalten wird von sozialen und situationsbezogen Faktoren beeinflusst. Die Einstellung eines Konsumenten setzt sich aus einer kognitiven, einer affektiven und einer konativen Dimension zusammen, welche zu Konsequenzen bezüglich der Motivation, der Wahrnehmung und des Verhaltens führen (Dick und Basu 1994, S. 99). Die Gründe, aus denen Kunden ihrerseits Loyalität gegenüber einem Produkt oder Unternehmen aufbauen sind vielseitig. Beispielsweise können sie durch die wiederholte Wahl desselben Produktes Zeit sparen und das Risiko einer Fehlentscheidung minimieren (Foscht 2002, S. 21–34). Unter Berücksichtigung der Einstellung und des Verhaltens können nach Dick und Basu vier Arten der Kundenloyalität unterschieden werden: keine Loyalität, latente Loyalität, falsche Loyalität und Loyalität bzw. echte Loyalität (Dick und Basu 1994, S. 102).

Besteht keine Loyalität, hat der Konsument weder eine gefestigte Einstellung gegenüber der Marke oder dem Produkt noch kauft er dieses wiederholt. Bei falscher Loyalität kauft der Konsument das Produkt zwar, hat jedoch keine feststehende Einstellung gegenüber diesem Produkt. Hier stehen in der Regel soziale oder situationsbezogene Einflussfaktoren im Vordergrund, wie beispielsweise die Familiarität mit einem Produkt. Gegenteilig kauft ein Konsument ein Produkt zwar nicht, wenn er latente Loyalität gegenüber diesem besitzt, hat jedoch eine positive Einstellung hinsichtlich dessen. Gründe hierfür können sein, dass sich Konsumenten trotz Loyalität auch Varietät wünschen oder dass sich ein Konsument ein Produkt schlichtweg nicht leisten kann. Echte Loyalität ist jene Loyalitätsform, die von Marketern angestrebt wird. Hierbei hat der Konsument eine starke positive Einstellung gegenüber dem Produkt und kauft dieses auch wiederholt. Konsumentenloyalität kann als Wettbewerbsvorteil genutzt werden und zu reduzierten Kosten und steigenden Umsätzen führen, da loyale Konsumenten beispielsweise weniger preissensibel sind und eher dazu neigen, positiv über ein Produkt zu sprechen (Dick und Basu 1994, S. 99; Kumar und Shah 2004, S. 319; Mascarenhas et al. 2006, S. 399). Die Einstellung von Konsumenten gegenüber einem Produkt zu verbessern und dadurch ökonomischen Gesichtspunkten gerecht zu werden, sollte demnach ein vordergründiges Ziel von Marketingverantwortlichen sein (Dick und Basu 1994, S. 99). Die Kommunikation von CSR-Maßnahmen wie nachhaltiger Wertschöpfung im Sinne des C2C-Prinzips kann hierbei eine Chance darstellen, Kundenloyalität durch eine verbesserte Einstellung gegenüber dem Unternehmen zu steigern (Dick und Basu 1994, S. 99; Wiedmann et al. 2007).

Dieser Dimension steht das subjektive Wissen bzw. Verständnis des Konsumenten hinsichtlich Nachhaltigkeit im Allgemeinen und CSR-Maßnahmen von Unternehmen im Speziellen gegenüber. Nur wenn der Konsument die gesendeten Botschaften des Unternehmens zielgerichtet interpretieren und einordnen kann, ist der Einsatz von Kommunikationsmaßnahmen zur Verstärkung des positiven Effektes von ökologischem und sozialem Engagement sinnvoll. Diese Dimension fasst somit Einflussvariablen wie das Markenbewusstsein des Konsumenten, seine Verarbeitungstiefe von CSR-Botschaften und seine Einstellung gegenüber CSR-Aktivitäten von Unternehmen zusammen (Menon und Kahn 2003; Simmons und Becker-Olsen 2006; Nan und Heo 2007). Diese Einflussfaktoren sind wichtig, da sie entscheidend dafür sind, ob ein Konsument empfänglich für die Marketingbotschaften eines Unternehmens ist und infolgedessen seine Einstellung gegenüber einer Marke aufgrund von CSR-Maßnahmen ändern wird oder nicht (Nan und Heo 2007).

Entlang dieser zwei Dimensionen – der Loyalität des Konsumenten gegenüber dem kommunizierenden Unternehmen und dem Wissensstand des Konsumenten hinsichtlich Nachhaltigkeit – ergeben sich bezüglich der Adressierung von Konsumenten mit C2C-orientieren Aktivitäten vier Konsumententypen (vgl. Abb. 1).

Typ A weist weder einen prägnanten Wissensstand bezüglich der Thematik auf, noch ist er loyal gegenüber dem C2C-prinzipientreuen Unternehmen. Dies lässt sich vorrangig durch ein geringes Interesse am Thema Nachhaltigkeit begründen. Folglich weist dieser Konsumententyp für das Unternehmen eine geringe Attraktivität auf, da er weder über die Thematik noch über seinen Loyalitätsstatus adressierbar ist.

Typ B zeigt bereits hohe Loyalität gegenüber dem Unternehmen, hat sich jedoch noch nicht aktiv mit der Nachhaltigkeitsthematik beschäftigt. Dies spricht dafür, dass die Loyalität dieses Konsumentensegments auf anderen Faktoren als dem nachhaltigen Engagement des Unternehmens beruht. Nachteilig hieran ist die bereits beschriebene Gefahr, dass es sich demnach um falsche Loyalität handelt. Wichtig für das betroffene Unternehmen ist es somit, die hinter dem Verhalten liegende Einstellung dieses Konsumenten zu beeinflussen, indem sein Bewusstsein für das unternehmerische Engagement gestärkt wird.

Typ C zeigt ein hohes Verständnis für Nachhaltigkeitsthemen und ist in dem Bereich entsprechend versiert. Hinsichtlich des ökologisch engagierten Unternehmens ist er bisher jedoch illoyal. Hieraus kann geschlussfolgert werden, dass dieser Konsumententyp zwar grundsätzlich auf ökologische und soziale Rahmenbedingungen bei der Produktwahl achtet, bei dem entsprechenden Unternehmen bisher jedoch keine oder keine ausreichenden Anstrengungen in diese Richtung wahrgenommen hat. Dieser Umstand stellt ein Problem dar, mit dem Unternehmen, welche nach dem C2C-Prinzip agieren, oft zu kämpfen haben, da diese Form des ökologischen Engagements innerhalb des Produktionsprozesses weit entfernt von der Kommunikation mit dem Endverbraucher erfolgt. Dementsprechend muss es dem Unternehmen hier gelingen, Loyalität durch verbesserte Kommunikation des Engagements zu erreichen.

Wissen / Verständnis — Commitment / Loyalität	Kein(e) / geringe(s) Commitment / Loyalität	Hohe(s) Commitment / Loyalität
Geringes Wissen / Verständnis	**Typ A** Der Hoffnungslose / Desinteressierte	**Typ B** Der Lernfähige
Hohes Wissen / Verständnis	**Typ C** Der Potentialträger	**Typ D** Der Wunschkonsument

Abb. 1 Konsumententypen im C2C-Zusammenhang. (Quelle: eigene Darstellung)

Typ D ist sowohl hinsichtlich der Thematik versiert als auch loyal gegenüber dem Unternehmen. Dies ist der wertvollste Konsumententyp für gemäß dem C2C-Prinzip aktive Unternehmen. Folglich stellt dieser Typus den „Idealkonsumenten" dar, zu welchem auch die anderen Typen mit Hilfe von Entwicklungen in der Unternehmenskommunikation entwickelt werden sollten. Die entsprechenden Möglichkeiten in der Kommunikationspolitik werden im folgenden Kapitel durch die Ableitung von Handlungsempfehlungen im Rahmen eines Marketingkonzeptes genauer erläutert.

4 Verbindung der Typologie und des Cradle-to-Cradle-Prinzips zur Bildung eines Marketingkonzeptes

Der Begriff des Marketingkonzeptes wurde erstmalig von Keith in den 1960er-Jahren geprägt (Keith 1960, S. 35–38; Houston 1986, S. 82; Kimery und Rinehart 1998, S. 117). Er beschreibt das Marketingkonzept eines Unternehmens dabei als Entwicklungsprozess, von der Produktion bis zum Marketingcontrolling (Keith 1960, S. 35–37).

Heute wird ein Marketingkonzept als Vorgang verstanden, der die Erfassung, Analyse und Integration kundenbezogener und konstitutioneller Daten in die strategische und operative Entscheidungsfindung einer Organisation beschreibt (Kimery und Rinehart 1998, S. 121). Becker offeriert ähnlich dieser Interpretation einen praxisorientierten Ansatz des Marketingkonzeptes (Becker 2013, S. 825). Er definiert das Marketingkonzept als Erfüllung der folgenden fünf Schritte: Zunächst sollte eine Unternehmens- und Umweltanalyse durchgeführt werden, anschließend werden in Abhängigkeit der Firmenziele Marketingziele formuliert, die wiederum Grundlage für die Ableitung der Marketingstrategie sind. Hieraus werden die Marketingaktivitäten, unter Berücksichtigung der vier P's – Place, Price, Product und Promotion – und des Budgets, abgeleitet (Becker 2013, S. 773–787). Abgerundet wird der Vorgang durch ein umfassendes Marketingcontrolling, welches überprüfen soll, ob die vorab definierten Ziele erreicht werden konnten und gleichzeitig bei Verfehlung der Zielsetzungen eine Adaption des Konzepts in Aussicht stellt (Becker 2013, S. 863–892).

Dieser praxisorientierte Ansatz wird im Folgenden als Grundlage für die Verknüpfung des C2C-Ansatzes als Teil einer integrierten CSR-Strategie und der im vorangegangenen Kapitel aufgestellten Typologie genutzt. Da annahmegemäß Unternehmens- und Umweltanalyse bereits erfolgt und Firmenziele bereits definiert sein sollten, wenn ein Unternehmen C2C-orientierte Produkte in sein Portfolio integriert hat, liegt der Fokus der folgenden Handlungsempfehlungen auf den Gestaltungsmöglichkeiten der 4 P's als konkrete Marketingaktivitäten.

Place Die Vertriebsstrategie sollte zur Förderung der Glaubwürdigkeit an die Beschaffungsstrategie angepasst werden. Da das C2C-Prinzip eines der umfassendsten Nachhaltigkeitskonzepte darstellt, kann eine authentische Kommunikation nur nach Schaffung entsprechender Rahmenbedingungen implementiert werden. Dementsprechend sollte die

Orientierung an ökologischen und sozialen Verantwortungsstandards nicht mit der Produktion enden, sondern auch die Wahl der Vertriebskanäle und -partner berücksichtigen.

Price Wie in Abschn. 2.2 dargelegt, erlauben nach dem C2C-Prinzip produzierte Güter häufig eine Kosteneinsparung, wodurch es Unternehmen möglich ist, gleich- bzw. qualitativ höherwertige Produkte zum selben Preisniveau wie Wettbewerber oder sogar kostengünstiger anzubieten. Dieser Kostenvorteil stellt eine enorme Chance dar und kann im Rahmen der Preispolitik als Wettbewerbsvorteil genutzt werden.

Product Das Produkt stellt den Kern des C2C-Ansatzes dar und ist bei Unternehmen, die das Ziel haben, diesen verfolgten Ansatz erfolgreich zu kommunizieren, bereits entsprechend weit entwickelt. Da der C2C-Ansatz verlangt, dass Produkte vollständig einem in sich geschlossenen Kreislauf zuzuordnen sind, sind hierbei auch bereits Bestandteile wie die Produktverpackung berücksichtigt. Ein Ansatzpunkt in diesem Rahmen könnten lediglich produktbegleitende Dienstleistungen und Services sein. Da hierbei der Übergang zur Kommunikation fließend ist, werden diese Aspekte im Bereich der Produktpromotion abgehandelt.

Promotion Erfolgreiche Kommunikation ist der wichtigste Ansatzpunkt für Unternehmen, die bereits nach dem C2C-Prinzip produzieren, es jedoch noch nicht schaffen, dieses Engagement nach außen zu tragen. Hierdurch könnten vor allem die Konsumententypen B und C durch den Aufbau von Nachhaltigkeitswissen bzw. Loyalität adressiert und dadurch weitergehend vom Unternehmen überzeugt werden. Konkrete Maßnahmen in diesem Bereich werden im folgenden Abschnitt beschrieben.

4.1 Aufbau von Nachhaltigkeitswissen

Über den Aufbau von Nachhaltigkeitswissen auf Seiten des Endverbrauchers kann vornehmlich Typ B – der Lernfähige – adressiert und dadurch seine „falsche" in echte Loyalität gewandelt werden. Damit dies gelingt, muss es ein Unternehmen schaffen, Verbrauchern den zusätzlichen Wert ihres Produktes im Vergleich zu Wettbewerbern zu vermitteln, sodass der zusätzliche Vorteil auf Konsumentenseite wahrgenommen und eine verstärkte Differenzierung unterstützt wird (Dick und Basu 1994, S. 101–102).

In Orientierung an den „Leitlinien für verbrauchergerechte CSR-Kommunikation" des Bundesverbandes der Verbraucherinitiative (Die Verbraucherinitiative e. V. 2014, S. 15) können für die Kommunikation von CSR-Aktivitäten im Allgemeinen und damit auch für C2C-Aktivitäten im Speziellen die folgenden Kommunikationsbausteine als besonders wichtig angesehen werden: Das C2C-Prinzip wird dem durch die Verbraucherinitiative definierten Anspruch gerecht, dass CSR-Kommunikation mehrdeutige Begrifflichkeiten vermeiden sollte. Da das C2C-Konzept eindeutig definiert ist und eine gesonderte Zertifizierung zum Nachweis der zu erfüllenden Standards existiert, sollten Unternehmen diese Nachweismöglichkeit ihres Engagements für ein Kommunikationskonzept nutzen. Darüber hinaus sind neutrale Quellen grundsätzlich ein wichtiger Kernaspekt erfolgreicher CSR-Kommunikation und vermeiden, dass Verbraucher einem Unternehmen Greenwashing unterstellen. Der Begriff „Greenwashing" kritisiert den Versuch eines Unternehmens ein umweltfreundliches und verantwortungsvolles Image durch Marketing- und PR-Methoden zu erlangen, ohne dabei die entsprechenden Maßnahmen zu ergreifen. Ursprünglich bezogen auf eine „suggerierte Umweltfreundlichkeit", impliziert der Begriff inzwischen auch „suggerierte Unternehmensverantwortung" (Lin-Hi 2010). Die Integration des unabhängigen C2C-Labels – beispielsweise auf der Produktverpackung – stellt somit außerdem eine Möglichkeit zur Nachprüfung der Unternehmensaussagen auf ihre Glaubwürdigkeit dar und erhöht damit auf Konsumentenseite die wahrgenommene Authentizität der Aussagen.

Für Unternehmen wie Procter & Gamble, die das C2C-Konzept zwar nicht umfassend für alle Produkte ihres Portfolios, aber doch auf verschiedenen Ebenen des Konzerns integriert haben, ist eine Verknüpfung des Konzepts mit der Dachmarke – beispielsweise über die Einbindung in Werbefilme wie „Proud Sponsors of Mums" (Procter & Gamble 2015), in dem der Fokus auf Procter & Gamble insgesamt und nicht auf einzelne Produkte ausgerichtet ist – empfehlenswert. Dadurch wird die gesamtunternehmerische Orientierung an Nachhaltigkeitsansprüchen deutlich und gleichzeitig kann das dadurch erzielbare positive Image der Dachmarke auf die einzelnen Marken des Unternehmens übertragen werden.

4.2 Aufbau von Loyalität

In Anlehnung an das Kundenloyalitätsmodell von Dick und Basu (1994) lassen sich drei mögliche Ansatzpunkte zum Aufbau von Loyalität unterscheiden: Kognitive, affektive und konative Bezugspunkte (Abb. 2).

Das Wissen des Konsumenten – welches durch die kognitive Ebene widergespiegelt wird – kann mit Hilfe der in Abschn. 4.1 beschriebenen Kommunikationsmaßnahmen zum Aufbau von Nachhaltigkeitswissen gesteigert werden. Hierdurch werden die im Modell unter diesem Bezugspunkt aufgeführte Aspekte, z. B. der Zugang zu einer Thematik und die Klarheit von Informationen, gefördert, da das Wissen des Konsumenten bezüglich Nachhaltigkeit aufgebaut und gestärkt wird.

Affektive Bezugspunkte werden durch eine Emotionalisierung der Botschaft erreicht. Corporate-Social-Responsibility-Kommunikation ist erfolgreicher, je emotionaler und kreativer die Ausarbeitung gestaltet ist, da dies dazu führt, dass die Botschaft auffällt und im Gedächtnis des Konsumenten verankert bleibt. Hierzu können Textbotschaften „mit Bildern, Symbolen, Menschen und Geschichten angereichert werden ... [um] Impulse zu geben und Neugier zu wecken" (Heinrich und Schmidpeter, 2013, S. 22). Im Rahmen der Kommunikation von C2C-orientierten Aktivitäten eignen sich hierfür vor allem durch Emotionen aufladbare Fakten zum Thema Umweltzerstörung. Zum Beispiel bietet der Aspekt wachsender Müllproduktion im Rahmen eines weltweit steigenden Wohl-

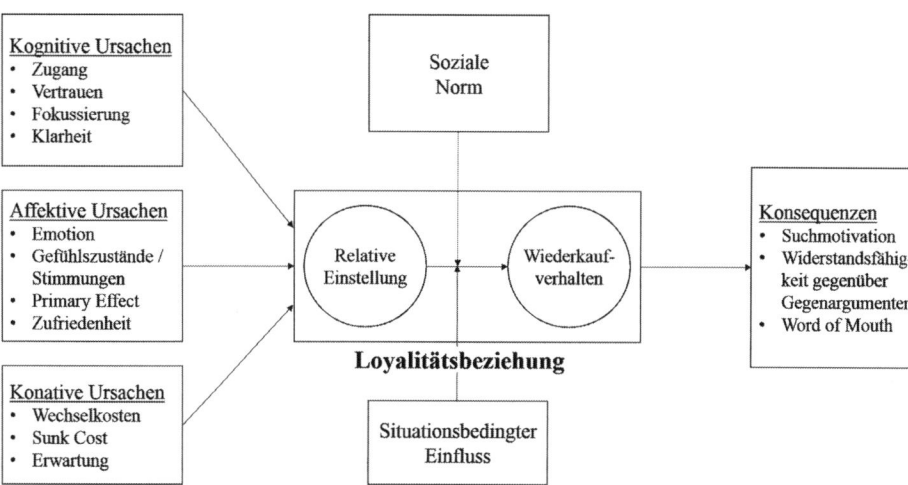

Abb. 2 Kundenloyalitäts-Modell. (Eigene Darstellung in Anlehnung an Dick und Basu 1994, S. 99)

stands und damit verbundener verstärkter Nachfrage nach (verpackten) Konsumprodukten (World Bank 2012, S. 24) in diesem Kontext einen geeigneten Kommunikationsanker.

Konative Bezugspunkte sind die verhaltensbezogenen Einflussfaktoren auf die Einstellung des Konsumenten. Hierzu zählen die Wahrnehmung von Switching und Sunk Costs sowie die Erwartungen an eine Marke bzw. ein Unternehmen. Der Aufbau von Switching und Sunk Costs im Rahmen der Kommunikation von C2C-Aktivitäten ist wenig realisierbar und damit für die vorliegende Thematik von geringer Relevanz. Zukünftige Erwartungen des Konsumenten spiegeln den Fit zwischen den Unternehmensprodukten und den Anforderungen des Konsumenten wider und werden ebenfalls von dem Wissen des Konsumenten über das Produkt gesteigert (Dick und Basu 1994, S. 105). Folglich ist es auch in diesem Rahmen wichtig, das Wissen des Konsumenten hinsichtlich der Bedeutung des C2C-Prinzips zu steigern und die Vorteile für alle Beteiligten deutlich aufzuzeigen.

Werden diese Bezugspunkte erfolgreich adressiert, beeinflussen sie die Einstellung des Konsumenten positiv, was sich wiederum auf das Kaufverhalten auswirkt, wodurch in Konsequenz Konsumentenloyalität aufgebaut und gestärkt wird.

5 Fazit

Abschließend kann festgehalten werden, dass die besonderen Herausforderungen der Kommunikation von CSR-Aktivitäten im Sinne des C2C-Prinzips aufgrund der vergleichsweise geringeren Verbreitung des Ansatzes und seiner Entfernung zum Endverbraucher noch einmal verstärkt werden. Schon in Bezug auf grundsätzliche Nachhaltigkeitsbemühungen von Unternehmen fühlt sich die Mehrheit der Deutschen uninformiert und 82 % können kein Unternehmen benennen, welches sich für Klima- und Umweltschutz oder soziale Belange engagiert (Wilmroth 2012). Bezogen auf Aktivitäten im Sinne des C2C-Konzepts kann angenommen werden, dass dieser Anteil noch höher liegt. Dementsprechend ist die zentrale Aufgabe der Kommunikation von C2C-Aktivitäten, Wissen auf Konsumentenseite aufzubauen und die Zielgruppe für die Thematik zu sensibilisieren, indem Hintergrundinformationen nicht nur durch das Unternehmen selbst, sondern auch durch Unterstützung von unabhängigen Dritten – beispielsweise durch den Einsatz der C2C-Zertifizierung – genutzt und präsenter in bereits bestehenden Kommunikationsmaßnahmen integriert werden.

Literatur

Barnard CI (1938) The functions of the executive. Harvard University, Cambridge

Becker J (2013) Marketingkonzeption: Grundlagen des zielstrategischen und operativen Marketing-Managements, 10. Aufl. Vahlen, München

Bowen HR (1953) Social responsibility of the businessman. Harper, New York

Braungart M, McDonough W (2013) Cradle to Cradle. Einfach intelligent produzieren. Piper, München

Braungart MR, McDonough WA (1999) Die nächste industrielle Revolution. Die Cradle to Cradle-Community. Europäische Verlagsanstalt, Hamburg

Braungart M, McDonough W, Bollinger A (2007) Cradle-to-cradle design: creating healthy emissions – a strategy for eco-effective product and system design. J Clean Prod 15(13):1337–1348

Carroll AB (1979) A three-dimensional conceptual model of corporate performance. Acad Manag Rev 4(4):497–505

Dick AS, Basu K (1994) Customer loyalty: toward an integrated conceptual framework. J Acad Mark Sci 22(2):99–113

Dodd ME (1932) For whom are corporate managers trustees? Harv Law Rev Assoc 45(7):1145–1163

D'heur M (2014) Unternehmen ohne Abfall: Willkommen in der Kreislaufwirtschaft. Wirtschaftswoche. http://green.wiwo.de/unternehmen-ohne-abfall-willkommen-in-der-kreislaufwirtschaft/. Zugegriffen: 11. Sep. 2015

Ehrenfried F (2013) Unternehmen: Unilever will keinen Müll mehr produzieren. Wirtschaftswoche. http://green.wiwo.de/abfall-unilever-will-in-zwei-jahren-keinen-mull-mehr-produzieren. Zugegriffen: 11. Sep. 2015

Foscht T (2002) Kundenloyalität – Integrative Konzeption und Analyse der Verhaltens- und Profitabilitätswirkungen. In: Liebmann H-P, Schneider S (Hrsg) Forschungsberichte aus der Grazer Management Werkstatt. Deutscher Universitäts-Verlag, Wiesbaden

Fullert G (2003) When does commitment lead to loyalty? J Serv Res 5(4):333–344

Heinrich P, Schmidpeter R (2013) Wirkungsvolle CSR-Kommunikation – Grundlagen. In: Heinrich P, Schmidpeter R (Hrsg) CSR und Kommunikation. Unternehmerische Verantwortung überzeugend vermitteln. Springer, Berlin, S 1–25

Houston FS (1986) The marketing concept: what it is and what it is not. J Mark 50(2):81–87

Keith RJ (1960) The marketing revolution. J Mark 24(3):35–38

Kimery KM, Rinehart SM (1998) Markets and constituencies: an alternative view of the marketing concept. J Bus Res 43(3):117–124

Kommission der Europäischen Gemeinschaften (2001) GRÜNBUCH. Europäische Rahmenbedingungen für die soziale Verantwortung der Unternehmen. Europäische Kommission, Brüssel

Kommission der Europäischen Gemeinschaften (2011) Eine neue EU-Strategie (2011–14) für die soziale Verantwortung der Unternehmen (CSR). http://eur-lex.europa.eu/LexUriServ/LexUriServ.do?uri=COM:2011:0681:FIN:DE:PDF. Zugegriffen: 16. Sep. 2015

Kumar V, Shah D (2004) Building and sustaining profitable customer loyalty for the 21st century. J Retail 80(4):317–329

Lin-Hi N (2010) Greenwashing. http://wirtschaftslexikon.gabler.de/Archiv/9119/greenwashing-v1.html. Zugegriffen: 13. Sep. 2015

Mascarenhas OA, Kesavan R, Bernacchi M (2006) Lasting customer loyalty: a total customer experience approach. J Consumer Mark 23(7):397–405

McGuire JW (1963) Business and society. McGraw-Hill, New York

Menon S, Kahn BE (2003) Corporate sponsorships of philanthropic activities: when do they impact perception of sponsor brand? J Consum Psychol 13:316–327

Nan X, Heo K (2007) Consumer responses to corporate social responsibility (CSR) initiatives: examining the role of brand-cause fit in cause-related marketing. J Advert 36(2):63–74

Nielsen (2014) Doing well by doing good. The Nielsen Company, New York

Opfer G, Landgrebe KP, Koeppler K, Braunschweig E (1975) „Typologien" und ihre Aspekte. Heinrich-Bauer-Stiftung, Hamburg

Procter & Gamble (2015) P&G – proud sponsor of mums. http://www.pg.com/en_UK/news-views/Inside_PG-Quarterly_Newsletter/innovation.html. Zugegriffen: 11. Sep. 2015

Simmons CJ, Becker-Olsen KL (2006) Achieving marketing objectives through social sponsorships. J Mark 70:154–169

Unilever (2014) Unilever sustainable living plan. http://www.unilever.de/Images/Unilever%20Sustainable%20Living%20Plan%202014%20-%20Kraefte%20buendeln-%20Wirkung%20erhoehen_tcm212-257906.pdf. Zugegriffen: 12. Sep. 2015

Unterbusch B (2011) Nachhaltigkeit in der Markenführung: Implikationen für National Brand, Private Label und Retail Brand. In: Fröhlich E, Weber T, Willers C (Hrsg) Nachhaltigkeit in der unternehmerischen Supply Chain. Fördergesellschaft Produktmarketing, Köln, S 206–223

Verbraucherinitiative e. V. (2014) Nachhaltiger Handel(n). Umwelt- und Sozialverantwortung im Einzelhandel und bei Herstellern. Verbraucherinitiative e. V, Berlin

Vollmer P (2014) Umfrage: Mehr als die Hälfte der Verbraucher achtet auf Nachhaltigkeit. Wirtschaftswoche. http://green.wiwo.de/umfrage-mehr-als-die-haelfte-der-verbraucher-achtet-auf-nachhaltigkeit/. Zugegriffen: 11. Sep. 2015

Webb DJ, Mohr LA (1999) A typology of consumer responses to cause-related marketing: from sceptics to socially concerned. J Public Policy Mark 17(2):226–238

Wiedmann KP, Langner S, Siecinski J (2007) Kundenzufriedenheit in Online-Beziehungen: Ergebnisse einer empirischen Studie. Institut für Marketing & Management, Hannover

Wilmroth J (2012) Umfrage: 82 Prozent kennen kein nachhaltiges Unternehmen. Wirtschaftswoche. http://green.wiwo.de/umfrage-82-prozent-kennen-kein-nachhaltiges-unternehmen/. Zugegriffen: 12. Jun. 2013

World Bank (2012) WHAT A WASTE. A global review of solid waste management. World Bank, Washington

Nachhaltiges Konsumentenverhalten – Welche Nachhaltigkeitssiegel beeinflussen den Verbraucher?

Benedikt Enders und Torsten Weber

1 Einleitung

Ökologische Produkte besetzten bei ihrer Einführung in den 1980er- und 1990er-Jahren Marktnischen, die durch überwiegend kleine Pionierunternehmen eine übersichtliche Zielgruppe bedienten. Im Verlauf der vergangenen Jahre haben sich die Bedingungen auf dem Konsumgütermarkt jedoch stark verändert. Vor dem Hintergrund einer weitgehenden Sättigung mit maximal ausgereiften Produkten, die bezüglich ihrer Qualität nahezu austauschbar geworden sind, erhalten Differenzierungsstrategien eine immer größere Bedeutung (Brønn und Vrioni 2001, S. 207). In Zeiten, in denen ein wachsendes Bewusstsein von Verbrauchern für die Umwelteinflüsse ihres Handelns identifizierbar wird (Bleda und Valente 2009, S. 512) und Themen wie „Ressourcenknappheit", „Klimawandel" oder auch der „ökologische Fußabdruck" dominant in der Politik vertreten sind, kann der Umwelteinfluss eines Produktes oder einer Dienstleistung heutzutage ein entscheidender Faktor bei der Kaufentscheidung von Konsumenten spielen.

Ökologische Produkte sind heutzutage nicht mehr nur als Nischenprodukte anzutreffen, sondern auf dem Massenmarkt etabliert. Ein stetig wachsender Trend zum nachhaltigen Konsum ist deutlich erkennbar. Durch diese Entwicklungen und Veränderungen des allgemeinen Verbraucherverhaltens sowie durch das damit einhergehende öffentliche Interesse und den Druck von Regierungs- und Nichtregierungsorganisation sehen sich Unternehmen zunehmend dazu veranlasst, sich mit einem immer größeren nachhaltigen Warenangebot auf dem Markt zu positionieren. Daher erscheint es zunehmend wichtiger, Marketingstrategien und Kommunikationsinstrumente vorrausschauend diesen Veränderungen anzupassen, um sich hierdurch von anderen Anbietern bzw. Produkten abzugrenzen.

B. Enders (✉) · T. Weber
European University of Applied Sciences, CBS Cologne Business School GmbH
Hardefuststraße 1, 50677 Köln, Deutschland
E-Mail: t.weber@cbs.de

© Springer-Verlag GmbH Deutschland 2017
C. Stehr und F. Struve (Hrsg.), *CSR und Marketing*,
Management-Reihe Corporate Social Responsibility, DOI 10.1007/978-3-662-45813-6_11

Ein viel genutztes Instrument zur produktbezogenen Nachhaltigkeitskommunikation und Abgrenzung gegenüber anderen, nicht nachhaltigen Produkten mit gleichem Verwendungszweck, ist die Kennzeichnung mit Nachhaltigkeitssiegeln. Diese sollen Verbrauchern im Rahmen der Kaufentscheidung die sozialökologischen Attribute eines Produktes kommunizieren, die teilweise aufwendige Informationssuche vereinfachen und auf zielgruppenspezifischer Ebene die Bildung von Präferenzen bezwecken (Weber 2014, S. 101).

Durch den stetig wachsenden Markt für nachhaltige Produkte ist jedoch eine zunehmende Flut von neuen Labeln und Nachhaltigkeitssiegeln erkennbar. Neben etablierten und staatlich kontrollierten Siegeln wie dem „Blauen Engel" oder dem „Bio-Siegel", erschaffen inzwischen auch Handelskonzerne und private Verbände Zeichen, deren Vergabekriterien der Verbraucher, wenn überhaupt, nur diffus kennt. Auch kommt es mitunter zu einer Mehrfachlabelung auf einzelnen Produkten, was letztlich die Orientierung der Verbraucher noch weiter erschwert und somit dem Grundgedanken der Nachhaltigkeitssiegel widerspricht.

Die Untersuchungen der Konsumentenforscherin Kleinhückelkotten zeigen, dass die Empfänglichkeit gegenüber umweltrelevanten Produktinformationen in Form von Nachhaltigkeitssiegeln aufgrund von kommunikativen Präferenzen und ästhetischen Vorlieben innerhalb der Bevölkerung variiert (Kleinhückelkotten 2005, S. 155). Inwiefern also Nachhaltigkeitssiegel verschiedenen Verbrauchern im Kaufentscheidungsprozess Orientierung verschaffen und sie somit beeinflussen können, soll im Rahmen des vorliegenden Beitrags analysiert werden.

2 Nachhaltigkeit als Grundkonzept

Das ursprünglich aus der Forstwirtschaft stammende Prinzip der Nachhaltigkeit hat sich spätestens seit der Weltkonferenz 1992 in Rio zu einem umfassenden Leitbild für das 21. Jahrhundert entwickelt. Eine der meist verwendeten Definitionen von Nachhaltigkeit entstammt dem Brundtland-Bericht, wonach Nachhaltigkeit einen zu erreichenden Zielzustand beschreibt, der durch den Prozess der nachhaltigen Entwicklung angestrebt wird (von Hauff 2014, S. 32).

Nach Schaltegger et al. ist Nachhaltigkeit der Zielzustand nachhaltiger Entwicklung und kann als „langfristige Ökonomie" verstanden werden: Sie ist ein normatives Leitbild für die Schaffung und dauerhafte Sicherung von Lebensqualität und Wohlstand (Schaltegger et al. 2003, S. 22). Um sie zu erreichen, ist in Politik, Wirtschaft und Gesellschaft die Balance zwischen ökonomischen, ökologischen und sozialen Zielsetzungen erforderlich (Grunewald und Kopfmüller 2006, S. 7 f.).

Ökonomische Dimension
Die ökonomische Nachhaltigkeit bildet die Grundlage für die folgenden Dimensionen und beziffert die Möglichkeiten eines Unternehmens, Wertschöpfungspotenziale in Wettbe-

werbsvorteile umzusetzen und hieraus eine langfristige Unternehmenssicherung zu erzielen (von Hauff 2014, S. 32).

Soziale Dimension
Die soziale Dimension bemisst die Sozialverträglichkeit des unternehmerischen Handelns und erfasst das Beziehungskonstrukt zu allen Stakeholdern (Mitarbeiter, Lieferanten, Partner etc.) (von Hauff 2014, S. 32).

Ökologische Dimension
Die ökologische Dimension umfasst den unternehmerischen Einfluss auf den Schutz und Erhalt der Umwelt. Dies erfordert eine systematische Verminderung ökologischer Belastungen und Risiken durch die Unternehmen (von Hauff 2014, S. 32).

3 Nachhaltiger Konsum

> We meet at a critical moment in human history. Our planet is warming to dangerous levels
> (UN-Generalsekretär Ban Ki-Moon, United Nations 2009).

Mit diesen Worten formulierte der UN-Generalsekretär Ban Ki-Moon während des Weltwirtschaftsgipfels 2009 seinen Appell an alle Unternehmen weltweit, sich verstärkt in den Kampf gegen den Klimawandel einzubringen (United Nations 2009b). Bei Betrachtung der gegenwärtigen Umweltentwicklungen erscheint diese vor sechs Jahren getätigte Aussage noch immer von höchster Relevanz (Langsdorf und Hirschnitz-Garbers 2014). Der Fakt, dass mehr als 20 % der klimagefährdenden Treibhausgasemissionen in Deutschland durch den privaten Konsum verursacht werden, zeigt auf, dass durch eine Veränderung des individuellen Konsumverhaltens direkter Einfluss auf die Umweltentwicklung genommen werden kann (Langsdorf und Hirschnitz-Garbers 2014).

Aus diesen schon früh erkennbaren Entwicklungen und Zusammenhängen entstand auch das Muster des nachhaltigen Konsums. Der Begriff bezeichnet eine normative Leitidee, die Vorschläge zur Veränderung von Konsum- und Produktionsstrukturen unterbreitet, um eine Trendwende herbeizuführen und somit Einfluss auf die weltweiten Umweltbedingungen nehmen zu können (Schoenheit 2009, S. 19).

Als einer der ersten Ausgangspunkte des nachhaltigen Konsums kann nach Schrader und Hansen jedoch der 1987 veröffentlichte Bericht der Brundtland-Kommission „Our Common Future" gesehen werden (Schrader und Hansen 2001, S. 51). Die dort formulierte und als sehr konsumnah bezeichnete zentrale Definition einer nachhaltigen Entwicklung bezeichnet die Bedürfnisbefriedigung mithilfe marktvermittelter Produkte und Dienstleistungen als Konsum. Hieraus schließen Schrader und Hansen, dass Konsum dann nachhaltig ist, wenn er zur Bedürfnisbefriedigung der heute lebenden Menschen beiträgt, ohne die Bedürfnisbefriedigungsmöglichkeiten zukünftiger Generationen zu gefährden (Schrader und Hansen 2001, S. 52 f.).

4 Nachhaltigkeitskommunikation als Komponente des CSR-Managements

Die unternehmerischen Herausforderungen im Kontext der Nachhaltigkeit liegen darin, eine Balance zwischen sozialen und ökonomischen Aspekten zu finden. Nicht zuletzt aufgrund der aktuellen politischen Diskussionen um eine verpflichtende Nachhaltigkeitsberichterstattung von Unternehmen wird eine professionelle und zeitgemäße CSR-Kommunikation (CSR = Corporate Social Responsibility) immer wichtiger (Weber 2014, S. 95).

Glaubwürdigkeit als Erfolgsfaktor im CSR-Management

Im Zuge nachhaltigen Wirtschaftens und gelebter unternehmerischer Verantwortung bilden Glaubwürdigkeit und transparente Berichterstattung die wichtigsten Kriterien (Weber 2014, S. 97). Nach Weber umfasst dies die Kommunikation konkreter Informationen sowie die Offenlegung von sozialem Engagement und Aktivitäten (Weber 2014, S. 97).

Nach Schlichting bildet die Transparenz einen zentralen Glaubwürdigkeitsfaktor im Rahmen des CSR-Managements (Schlichting 2004, S. 71). Dies bestätigt eine Studie, bei der ein Großteil der Befragten angaben, dass soziale Aktionen von Unternehmen besonders dann überzeugend sind, wenn sie umfassend nachprüfbar seien (Schoenheit 2012, S. 29).

Darüber hinaus kann auf Basis der gewonnenen Erkenntnisse der Studie „CSR-Kommunikation im Glaubwürdigkeitstest" formuliert werden, dass aus Verbraucherperspektive die Glaubwürdigkeit durch eine umfassende CSR-Strategie aus innerer Überzeugung, mit langfristigem Engagement, Kooperation mit Dritten und einer konzeptionellen Vereinbarkeit zwischen dem Unternehmen bzw. einer Marke mit den kommunizierten CSR-Aktivitäten gesteigert werden kann (Schoenheit 2012, S. 30).

Es kann abgeleitet werden, dass die Gestaltung der CSR-Kommunikation die Glaubwürdigkeit unterstützt, sofern sie nicht anmaßend oder übertrieben ist und mit Nachweisen fundiert wird (Schoenheit 2012, S. 30).

CSR-Kommunikation auf Unternehmens- und Produktebene

Wie bereits angedeutet, wird es vor allem in Anbetracht der zunehmenden Sättigung des Konsumgütermarktes mit ausgereiften Produkten für Unternehmen zunehmend wichtiger, mithilfe einer effektiven und effizienten Kommunikationsarbeit Wettbewerbsvorteile am Markt zu realisieren und diese dauerhaft zu halten (Bruhn 2005, S. 1).

Dieser Einsicht muss in heutiger Zeit besondere Bedeutung beigemessen werden. Durch die ständige Verfügbarkeit verschiedener Medien ist es den vielfältigen Anspruchsgruppen eines Unternehmens möglich, zu jeder Zeit einen Diskurs zu führen. Daher ist ein proaktiver Dialog hilfreich, um aktiv und zielgerichtet mit allen Stakeholdergruppen zu kommunizieren. Hierdurch kann zu einem besseren Image des Unternehmens, der Positionierung im Wettbewerb, der Erschließung neuer Kundengruppen und zu einer langfristigen Kundenbindung beigetragen werden (Heinrich 2014). Auf Unternehmensebene kann dies in Form von Nachhaltigkeitsberichten erfolgen (Weber 2014, S. 99).

Eine produktbezogene CSR-Kommunikation, auf die der Fokus des vorliegenden Beitrags gerichtet ist, erfolgt im Zusammenhang mit einem physischen Produkt. Hierbei werden Marken, Labels und andere Möglichkeiten verwendet, um dem Konsumenten umweltrelevante Produktinformationen ohne großen Aufwand am Point of Sale (POS) verfügbar zu machen (Weber 2014, S. 101).

Demzufolge werden Marken mit sozialökologischen Attributen verknüpft, um eine zielgerichtete Profilierung eines Produktes, eine zielgruppenspezifische Präferenzschaffung sowie die Abgrenzung gegenüber nicht nachhaltigen Produkten zu ermöglichen. Hierfür werden Nachhaltigkeitssiegel verwendet, die neben dem Produktmarkenzeichen dem Verbraucher als Orientierungsanker dienen sollen (Weber 2014, S. 101). Im folgenden Abschnitt werden diese näher erläutert.

5 Nachhaltigkeitssiegel im Fokus

a) Begriffliche Annäherung

Neben dem für Viele spürbaren Wandel von Konsum, Werten und Lebensformen, belegen zahlreiche Studien, dass das Umweltbewusstsein der Konsumenten in den vergangenen Jahrzehnten stark angestiegen und mittlerweile zu einer zentralen Einflussgröße menschlichen Verhaltens geworden ist (Meffert und Bruhn 2012, S. 5 f.). Trotz dieses Trends bleibt allerdings auch festzustellen, dass eine erhebliche Diskrepanz zwischen dem propagierten Umweltbewusstsein und dem tatsächlichen Umweltverhalten der Konsumenten besteht (Meffert und Bruhn 2012, S. 60). Nach Meffert und Bruhn ist zwar bei vielen Bürgern ein Umweltbewusstsein als „die Einsicht der Konsumenten in die ökologischen Konsequenzen ihres Verhaltens sowie ihre Bereitschaft, durch eigene Verhaltensweisen zur Lösung der Umweltprobleme beizutragen" (Meffert und Bruhn 2012, S. 5 f.) durchaus vorhanden, jedoch spiegelt sich dieses Bewusstsein nicht im gleichen Umfang in ihrem tatsächlichen Verhalten wider.

Das Vorhandensein dieser Diskrepanz lässt sich nach Ansicht einiger Wissenschaftler unter anderem durch ein hohes Maß an Informations- und Unsicherheitsproblemen auf dem Markt der umweltfreundlichen Produkte erklären (Hansen 1995). Als Entscheidungshilfe zur Orientierung bzw. Umorientierung dienen seit einigen Jahren ökologiebezogene Informationsquellen in Form von Nachhaltigkeitssiegeln.

Im folgenden Abschnitt folgt eine definitorische Abgrenzung des Begriffs „Nachhaltigkeitssiegel", welcher auch unter den synonymen Bezeichnungen „Umweltsiegel" oder „Ökolabel" Verwendung findet. Grundsätzlich sollte hier jedoch eine Unterscheidung von „grünen" Symbolen, Logos und Slogans der industriellen Hersteller und Anbieter getroffen werden, welche ausschließlich als Marketinginstrumentarium genutzt werden (GEN-Global Ecolabelling Network 2015) (siehe Tab. 1).

Tab. 1 Definition Nachhaltigkeitssiegel

Organisator/Autor	Definition „Nachhaltigkeitssiegel"
Die Verbraucher Initiative e. V. 2015	Umweltzeichen, auch Ökolabel genannt, kennzeichnen besondere Umwelteigenschaften von Produkten oder Dienstleistungen. Sie zeigen beispielsweise an, ob Produkte umweltfreundlich hergestellt wurden oder ob sie möglichst umweltschonend genutzt oder entsorgt werden können
Gelbrich und Müller 2011, S. 563	Unter einem Umweltsiegel wird ein spezielles Güte- bzw. Qualitätssiegel verstanden, das Verbraucher bzw. Märkte über umweltneutrale Produkte (bzw. Produkte, welche die Umwelt wenig belasten) informieren soll
Global Ecolabelling Network 2015	„Ecolabelling" is a voluntary method of environmental performance certification and labelling that is practiced around the world. An „ecolabel" is a label which identifies overall, <u>proven</u> environmental preference of a product or service within a specific product/service category

Die Verwendung von Nachhaltigkeitssiegeln als Produktkennzeichnung nutzt dem Verbraucher und erfüllt drei Aspekte (SustainAbility 2010):

- Definition von Standards der Nachhaltigkeitsleistung von Produkten,
- Vertrauensschaffung beim Konsumenten im Kaufentscheidungsprozess,
- Unterstützung bei dem Versuch, das Kaufverhalten in eine nachhaltige Richtung zu beeinflussen.

Im folgenden Abschnitt werden die wichtigsten Trends der nachhaltigkeitsorientierten Produktkennzeichnung zusammengefasst und dargestellt. Hierbei wird ein Fokus auf die Verbraucherperspektive gelegt, um daraus ableitend im weiteren Verlauf des vorliegenden Beitrags Rückschlüsse zulassen zu können.

b) Labelmarkt: Anstieg und Vielfältigkeit

Die Produktkennzeichnung mit Nachhaltigkeitssiegeln eröffnet dem Verbraucher auf der einen Seite die Möglichkeit, direkt am Point of Sale (PoS) vertrauenswürdige Informationen über die sozialen und ökologischen Eigenschaften eines Produktes einzuholen und zu bewerten. Reduziert auf eine bildliche Darstellung geben sie Auskunft über Produktion, Arbeitsbedingungen oder Inhaltsstoffe. Die Vielfalt an Labels für nachhaltige Konsumgüter nimmt auf der anderen Seite allerdings ständig zu und ist für Konsumenten mittlerweile verwirrend (Die Verbraucher Initiative e. V. 2015).

Im April 2012 gab es laut Ecolabelindex in 246 Ländern insgesamt 413 Umweltzeichen in 25 Produktbereichen (SustainAbility 2012). Für das Jahr 2015 werden hier bereits 458 Umweltsiegel aufgeführt (Ecolabelindex 2015). Auf der deutschen Website „label-online.de" der Verbraucher Initiative e. V. wurden zum 17.12.2014 bereits über 600 Label gelistet (Die Verbraucher Initiative e. V. 2015).

In Anbetracht der hier erkennbaren Vielzahl von unterschiedlichen Labels und Vergabeinstitutionen stehen Verbraucher vor der Herausforderung, die Glaubwürdigkeit der jeweiligen Siegel mit unterschiedlichen Nachhaltigkeitspräferenzen für sich beurteilen zu müssen.

Grundsätzlich lassen sich Labels in folgende drei Kategorien einteilen: Öko/Umwelt, Sozial/Fair Trade, Gesundheit und Herkunft. Auf dem deutschen Label-Markt gibt es traditionelle und etablierte Siegel (Blauer Engel, Bio-Siegel) neben neueren Kennzeichen, wie beispielsweise im Bereich des Klimaschutzes (Stop Climate Change). Darüber hinaus werden Umweltsiegel gesondert nur für bestimmte Konsumbereiche geführt oder eigens von Umweltorganisationen (z. B. natureplus), Industrieverbänden (z. B. GuT-Signet) oder einzelnen Unternehmen (z. B. REWE Pro Planet) vergeben (Die Verbraucher Initiative e. V. 2015).

Im Rahmen der Vergabekriterien der unterschiedlichen Nachhaltigkeitssiegel besteht zudem ein weiterer beträchtlicher Unterschied. Neben den durch die Siegel zertifizierten Gesundheitsaspekten (z. B. „Klinisch getestet") oder ökologischen Merkmalen („Bio-Siegel"), stehen oft soziale Anforderungen (z. B. „Aktion fair spielt") bei den Vergabekriterien im Vordergrund (Die Verbraucher Initiative e. V. 2015).

c) Zertifizierung von Nachhaltigkeitssiegeln
Um eine einheitliche Regelung dafür zu gewährleisten, wann Produkte als besonders nachhaltig, recyclingfähig oder wassersparend bezeichnet werden dürfen und diese Informationen auch als Marketinginstrument eingesetzt werden können, gibt die Normreihe ISO 14000 entsprechende Richtlinien vor. Die Internationale Organisation für Normung (ISO) hat hierfür drei Typen von freiwilligen Öko-Labeln definiert (GEN – Global Ecolabelling Network 2015):

Typ I (ISO 14024) Öko-Label vom Typ I sind zertifizierte Umweltzeichen und beziffern die höhere Umweltleistung der Produkte bei gleichbleibender Qualität. Die Eigenschaften des Produktes müssen hierbei nicht gesondert deklariert werden. Das bekannteste deutsche Umweltzeichen in dieser Kategorie ist der Blaue Engel (GEN – Global Ecolabelling Network 2015).

Typ II (ISO 14021) Öko-Label vom Typ II werden größtenteils von den Herstellern und Händlern selbst entwickelt (GEN – Global Ecolabelling Network 2015).

Aus diesem Grund definiert die International Organisation for Standardisation diesen Typus als umweltbezogene Anbietererklärungen, bei denen anders als bei Umweltkennzeichnungen nach Typ I und Typ III keine Zertifizierung durch externe Dritte vorgeschrieben ist (GEN – Global Ecolabelling Network 2015).

Typ III (ISO 14025) Umweltbezogene Produktinformationen vom Typ III sind von Dritten vergebene Umweltzeichen, die die Ökobilanzinformationen eines Produktes oder einer Dienstleistung zusammenfassen (GEN – Global Ecolabelling Network 2015).

d) Ausgewählte Nachhaltigkeitssiegel und ihre Bedeutung

Im folgenden Kapitel werden ausgewählte Nachhaltigkeitssiegel der Konsumgüterindustrie vorgestellt und im Kontext ihrer Branchenzugehörigkeit kategorisiert. Um den Rahmen des hier vorliegenden Beitrags nicht zu sprengen, wird sich die Auswahl der Nachhaltigkeitssiegel am Kriterium der Bekanntheit der Siegel orientieren. Die Angaben zu dieser Auswahl wurden der Website www.label-online.de der Verbraucher Initiative e. V. (2015) entnommen (siehe Tab. 2).

Bio-Siegel Das Bundesministerium für Ernährung und Landwirtschaft zertifiziert solche Produkte mit dem Bio-Siegel, deren Bestandteile zu 95 % aus landwirtschaftlichen Lebensmitteln aus ökologischem Anbau entstammen. Hierdurch soll wesentlich zu Verbesserungen beim Anbau und der Verarbeitung von Nahrungsmitteln beigetragen werden. Soziale Aspekte werden hingegen nicht berücksichtigt (Die Verbraucher Initiative e. V. 2015).

Rainforest Alliance Bei dem Label der Certified Rainforest Alliance handelt es sich um ein aus den USA stammendes Nachhaltigkeitssiegel, das vordergründig zu ökologischen und sozialen Verbesserungen beim Anbau, der Verarbeitung und dem Handel von Nahrungsmitteln beitragen möchte. Die aufgestellten Kriterien müssen jedoch nicht vollständig erfüllt werden, was dazu führen kann, dass Produkte das Label führen, obwohl sie nur 30 % zertifizierte Bestandteile beinhalten (Die Verbraucher Initiative e. V. 2015).

UTZ Certified Produkte, die mit dem UTZ-Label ausgezeichnet werden, müssen die aufgestellten Kriterien über 4 Jahre nachweislich erfüllen. Das Siegel fördert die nachhaltige Entwicklung entlang der gesamten Wertschöpfungskette, indem es bereits in den Anbaugebieten der Rohstoffe die sozialen, ökonomischen und ökologischen Bedingungen verbessert. Bei Mischprodukten, wie beispielsweise Schokolade, darf das Label verwendet werden, sobald 90 % der eingesetzten Rohstoffe zertifiziert sind (Die Verbraucher Initiative e. V. 2015).

Demeter Das Nachhaltigkeitssiegel Demeter zertifiziert ökologische Verbesserungen im Anbau und der Verarbeitung von Nahrungsmitteln sowie im Herstellungsprozess von Nachhaltigkeitssiegeln. Die transparente Kriterienentwicklung, der Vergabeprozess und regelmäßige Kontrollen machen das Label besonders glaubwürdig (Die Verbraucher Initiative e. V. 2015).

BDIH Für ökologische Verbesserungen bei der Kosmetikherstellung sowie der Verbraucherschonung gibt der Bundesverband der Industrie- und Handelsunternehmen für Arzneimittel, Reformwaren, Nahrungsergänzungsmittel und kosmetische Mittel e. V. das BDIH-Nachhaltigkeitssiegel aus. Die transparente Kriterienkommunikation steht jedoch einem undurchsichtigen Vergabeprozess entgegen, weshalb das Label genau interpretiert wer-

Tab. 2 Ausgewählte Nachhaltigkeitssiegel. (Quelle: Die Verbraucher Initiative e. V. 2015)

Siegel-name	Siegel	Herausgeber	Anzahl der Pro-dukte	Branche	Nachhaltig-keitskrite-rium
Bio-Siegel		Bundesministe-rium für Er-nährung und Landwirtschaft (BMEL)	> 66.000	Lebensmittel	Ökologisch
Bioland		Bioland Verband für organisch-biologischen Landbau e. V.	Ca. 3500	Lebensmittel	Ökologisch, sozial
EU-Bio-Siegel		Europäische Union	> 200.000	Lebensmittel	Ökologisch
Rainforest Alliance		Rainforest Alliance	Keine Angabe	Lebensmittel	Ökologisch, sozial, ökono-misch
UTZ Cer-tified		UTZ Certified Foundation	Keine Angabe	Lebensmittel	Ökologisch, sozial, ökono-misch
Demeter		Demeter e. V.	Ca. 3500	Lebensmittel, Kosmetik, Sanitär	Ökologisch

Tab. 2 Ausgewählte Nachhaltigkeitssiegel. (Quelle: Die Verbraucher Initiative e. V. 2015)

Siegelname	Siegel	Herausgeber	Anzahl der Produkte	Branche	Nachhaltigkeitskriterium
BDIH		Bundesverband der Industrie- und Handelsunternehmen für Arzneimittel, Reformwaren, Nahrungsergänzungsmittel und kosmetische Mittel e. V.	> 5000	Kosmetik, Sanitär	Ökologisch, Verbrauchergesundheit
CSE Certified Sustainable Economics		GfaW Gesellschaft für angewandte Wirtschaftsethik	> 2000	Kosmetik, Sanitär	Ökologisch, sozial, ökonomisch
Global Organic Textil Standard		Global Standard gemeinnützige GmbH		Textilien und Schuhe	Ökologisch, sozial
OEKO-TEX		Internationale Gemeinschaft für Forschung und Prüfung auf dem Gebiet der Textilökologie	125.000	Textilien und Schuhe	Ökologisch
Fair-Trade-Siegel		TransFair e. V.	> 100.000	Branchenübergreifend	Ökologisch, sozial, ökonomisch

Tab. 2 (Fortsetzung)

Siegel-name	Siegel	Herausgeber	Anzahl der Pro-dukte	Branche	Nachhaltig-keitskrite-rium
Öko-Test		ÖKO-TEST Ver-lag GmbH	Keine Angabe	Branchen-übergreifend	Teilweise ökologisch, gesundheitli-che Aspekte
Der Blaue Engel		Umweltbundesamt FG III 1.3 Ökode-sign, Umwelt-kennzeichnung, Umweltfreundli-che Beschaffung	Keine Angabe	Branchen-übergreifend	Ökologisch, sozial, ökono-misch

den sollte (Die Verbraucher Initiative e. V. 2015). Viele Industrien und Hersteller sind im siegelvergebenden Bundesverband und gleichzeitig selbst auch Siegelnehmer.

CSE (Certified Sustainable Economics) Mithilfe des CSE (Certified-Sustainability-Economics-Labels) werden Kosmetika sowie Wasch- und Reinigungsmittel ausgezeichnet, die wesentlich zu sozialen, ökologischen und ökonomischen Verbesserungen in den Produktionsprozessen beitragen. Der CSE-Standard deckt die Umweltnorm ISO 14001 ab (Die Verbraucher Initiative e. V. 2015).

GOTS (Global-Organic-Textil-Standard) Das Ziel des Global-Organic-Textil-Standard ist es, weltweit einheitliche, kontrollierbare, soziale und ökologische Standards entlang der gesamten Wertschöpfungskette der Textilherstellung zu etablieren. Hierfür zertifiziert das Label Produkte, die zu mindestens 70 % aus Naturfasern bestehen (Die Verbraucher Initiative e. V. 2015).

Oeko-Tex Das Ziel des Oeko-Tex-Labels ist es, ebenfalls einen weltweit einheitlichen Standard für die Produktion von Textilien zu erfassen, mit dem Primärziel, weniger gesundheitlich bedenkliche Textilien in den Umlauf zu bringen. Hierfür werden allerdings keine Kriterien für ökologisch angebaute Ausgangsstoffe festgelegt, genauso wie keine Naturfasern eingesetzt werden müssen (Die Verbraucher Initiative e. V. 2015).

Fair-Trade-Siegel Das Fair-Trade-Siegel kennzeichnet Güter, die aus Handelsketten stammen, bei denen festgelegte Kriterien eingehalten wurden. Hierzu zählen beispielsweise der direkte Handel mit den Produzentengruppen ohne Zwischenhändler, Vorfinanzierung und langfristige Lieferbeziehungen sowie ökologische Standards. Der Kern des Siegels besteht in der Zertifizierung von Produkten, bei denen ein garantierter Mindestpreis, der die Lebenshaltungs- und Produktionskosten der Produzenten deckt, gezahlt wird (Die Verbraucher Initiative e. V. 2015).

Öko-Test Das Primärziel der Öko-Test-Verlags-GmbH ist es, das Produktangebot für Konsumenten übersichtlicher zu machen. Hierfür werden mit dem Label Waren zertifiziert, die die festgelegten Kriterien erfüllen, d. h. sowohl Gebrauchstauglichkeit als auch Gesundheitsverträglichkeit nachweisen können (Die Verbraucher Initiative e. V. 2015).

Der Blaue Engel Der Blaue Engel wurde bereits im Jahre 1978 unter Führung des Bundesministeriums für Umwelt, Naturschutz, Bau und Reaktorsicherheit entwickelt und soll dort, wo umweltbelastende Produkte angeboten werden, umweltfreundliche Entwicklungen und Alternativen erkennbar machen. Hierfür wird das Label an Hersteller verliehen, die auf freiwilliger Basis ihre Produkte entsprechend kennzeichnen können (Die Verbraucherinitiative e. V. 2015).

e) Verbraucherverständnis und Zielgruppen von Nachhaltigkeitssiegeln

Nach Leire und Thidell zeigt sich, dass die für Nachhaltigkeitssiegel empfängliche Konsumenten diese Siegel zwar zu schätzen wissen, hierbei jedoch nicht zwischen Umwelt-, Gesundheits- und Sozialinformationen differenzieren. Vielmehr wird das Label als eine zusätzliche, positive Produkteigenschaft interpretiert, die nicht weiter unterschieden wird (Leire und Thidell 2005, S. 1063).

Die Verbraucherreaktion auf Nachhaltigkeitszeichen hängt nach Thogersen et al. von diversen Faktoren ab, was anhand verschiedener Beispiele neu eingeführter Umweltzeichen nachgewiesen werden konnte. Hierbei zeigte sich, dass die Akzeptanz einen Labels bei Verbrauchern von der unterschiedlichen Konsummotivation und den individuellen Fähigkeiten, also dem Wissen um die Bedeutung der Umweltsiegel, abhängig ist (Thogersen et al. 2012, S. 1790 f.).

Neben diesen Faktoren wird das Vertrauen in Umweltsiegel hauptsächlich auch durch bisherige Erfahrungen der Konsumenten mit Umweltzeichen und ihren Vergabekriterien beeinflusst (Thogersen et al. 2012, S. 1790 f.).

In der vom Bundesministerium für Umwelt, Naturschutz und Reaktorsicherheit (BMU) durchgeführten Bevölkerungsumfrage „Umweltbewusstsein in Deutschland 2012" stellte sich heraus, dass die heutige Gesellschaft durch einen stetig stärker werdenden Wertepluralismus und damit verbundenen Individualisierungstendenzen geprägt ist. Hieraus kann abgeleitet werden, dass es aufgrund der hohen Komplexität, der unterschiedlichen Konsummuster und der vielen thematischen Konflikte kaum möglich ist, ein einheitliches Konzept nachhaltigen Konsums nachzuweisen und damit einhergehend die verschiedenen Zielgruppen von Nachhaltigkeitssiegeln voneinander abzugrenzen. Vielmehr kann in der heutigen Zeit unter Berücksichtigung der existierenden rechtlichen und finanziellen

Rahmenbedingungen, unterschiedlichen Konsumstilen, Präferenzen und Verhaltensweisen davon ausgegangen werden, dass Nachhaltigkeit nicht nur in einem sogenannten „sozialen Milieu", sondern in vielen verschiedenen verankert ist (Rückert-John et al. 2013, S. 14).

Konsumenten lassen demnach diffuse Aspekte sozialer und ökologischer Verantwortung in sehr unterschiedlicher Bandbreite und Kombination in ihre Kaufentscheidungen einfließen. Diese These bestätigen auch die Studien des BMU aus den Jahren 2008 und 2010. Hiernach lässt sich in allen zehn Sinus-Milieus eine Verankerung von Umweltbewusstsein und nachhaltigem Verhalten nachweisen (Umweltbundesamt o.J.).

Die Studie des Umweltbundesamtes aus dem Jahr 2012 zeigt hingegen, dass produktbezogene Umweltinformationen in Form von Nachhaltigkeitszeichen vermehrt bei Konsumenten aus mittel- bis oberschichtigen Milieus Beachtung finden (Rückert-John et al. 2013). Dies betrifft vor allem die Milieus der „Sozialökologischen" (7 % der Bevölkerung; idealistisch, konsumkritisch, umweltbewusst), der „Liberalintellektuellen" (7 % der Bevölkerung; aufgeklärt, liberal, postmateriell) und der „Konservativetablierten" (10 % der Bevölkerung; Erfolgs- und Verantwortungsethik) (Rückert-John et al. 2013, S. 15 f.). Diese Milieus achten nach den Erkenntnissen der Bevölkerungsbefragung deutlich häufiger als andere gesellschaftliche Gruppen beim Einkaufen auf Nachhaltigkeits- bzw. Umweltsiegel. Nach eigenem Bekunden kaufen diese Milieus häufiger umweltfreundliche Produkte und sind eher bereit, für nachhaltige Produkte einen Aufpreis zu zahlen (Rückert-John et al. 2013, S. 15 f.).

Das sich hier zeigende Konsumentenverhalten wird in der heutigen Literatur mit dem LOHAS-Konzept in Verbindung gebracht. Es bezeichnet den „Lifestyle of Health and Sustainability" und charakterisiert einen Verbrauchertypus, der nach Authentizität und einer selbstverwirklichenden Lebensweise strebt, die auf der Basis von Glaubwürdigkeit und Ursprünglichkeit im Einklang mit der Natur und Gesellschaft steht (Kirig und Wenzel 2013, S. 11). Von den Protagonisten der „Öko-Bewegung" der 1980er-Jahre unterscheiden sich die LOHAS-Konsumenten durch die Betonung von bewusstem Konsum ohne Verzicht. Der Anteil der diesem Konzept folgenden Konsumenten in Deutschland wurde im Jahr 2013 auf 26 % geschätzt, was ein Wachstum von 18 % seit 2007 bedeutet (GFK 2014).

Neben diesen Konsumenten rücken nach GFK-Untersuchungen (2014) und der BMU-Befragung (2012) Jugendliche und junge Erwachsene als potenzielle Konsumentengruppe für Produkte mit Nachhaltigkeitssiegeln und Umweltinformationen in den Fokus. Diese Konsumentengruppe verfügt schon heute über ein proportional stärker ausgeprägtes Umweltbewusstsein als die Gesamtbevölkerung, jedoch ohne, dass es sich deutlich in ihrem Konsumverhalten widerspiegelt (GFK 2014). Nach Erkenntnissen von Krug und Tully (2011) ist dies damit zu erklären, dass Jugendliche und junge Erwachsene stärker durch Medien und Marken beeinflusst werden als ältere Verbraucher (Krug und Tully 2011, S. 16).

Die Teilhabe von einkommensschwachen und prekären gesellschaftlichen Milieus am nachhaltigen Konsum hat zuletzt ebenfalls an Bedeutung gewonnen (Rückert-John et al.

2013, S. 15 f.). Als Zielgruppe für produktbezogene Nachhaltigkeitssiegel sind diese Milieus jedoch schwer zu erreichen und der vorliegenden Literatur nach momentan kaum relevant, da die Gruppe an Umweltthemen wenig Interesse zeigt (Rückert-John et al. 2013). Darüber hinaus ist nach Erkenntnissen des BMU (2012) in dieser Zielgruppe vor allem der Preis das ausschlaggebende Kaufargument, weniger die Qualität oder der Beitrag der Produkte zum Umweltschutz (GFK 2014).

Nach den aus der Literatur gewonnenen Erkenntnissen zeigt sich, dass vor allem die umweltbewussten und aufgeschlossenen Gesellschaftsmilieus als Kernzielgruppe für produktbezogene Umweltinformationen in Form von Nachhaltigkeitssiegeln empfänglich sind.

6   Fazit: Grundvoraussetzungen der ökologischen Produktauswahl

Um zu verstehen, wie die Handlungslücke zwischen nachhaltigem Bewusstsein und umweltfreundlichem Konsum überwunden werden kann, und um darüber hinaus erkennen zu können, was für einen Verbraucher erforderlich ist, damit er ein Produkt mit Nachhaltigkeitssiegeln präferiert, wird im Folgenden der Entscheidungsprozess unter besonderer Berücksichtigung der Öko-Labels betrachtet.

Aufgrund dessen, dass nach aktuellem Kenntnisstand jedoch kein spezifisches Merkmal die umweltfreundliche Produktauswahl beeinflusst, wird die Betrachtung aus einem anderen Winkel vorgenommen. Hierfür wird der Entscheidungsprozess von Verbrauchern analysiert, die bereits Produkte mit Nachhaltigkeitssiegeln kaufen.

Grundlage für diese Betrachtung bietet Thogersen mit seinen Annahmen, dass unterschiedliche Stufen in der Präferenzbildung zugunsten der Entscheidung für Produkte mit Nachhaltigkeitssiegeln identifizierbar sind (Thogersen 2000, S. 292). Hiernach kann angenommen werden, dass Konsumenten, die bewusst Produkte mit Nachhaltigkeitssiegeln kaufen, folgende Ebenen *vor* der Kaufentscheidung durchlaufen (Thogersen 2000, S. 292):

1. persönliche Absichtserklärung, die Umwelt schützen zu wollen,
2. persönliche Überzeugung, durch bedachte Kaufentscheidungen das vorgenannte Ziel erreichen zu können,
3. Bewusstsein und Verständnis über diverse Öko-Label,
4. Vertrauen gegenüber den Öko-Labeln.

Während der Kaufentscheidung sind nach Thogersen (2000, S. 291) zudem folgende Ebenen erkennbar:

5. Aufmerksamkeit gegenüber Produkten mit Nachhaltigkeitssiegeln,
6. Entscheidung für den Kauf von Produkten mit Nachhaltigkeitssiegeln.

Besondere Beachtung verdient hier Punkt Nummer Drei: Dieser weist darauf hin, dass sogar in dem Fall, dass ein Konsument eine Pro-Umwelt-Einstellung gebildet hat, diese durch fehlendes Label-Verständnis oder Vertrauen gegenstandslos ist und somit das Produkt mit Nachhaltigkeitssiegeln nicht präferiert gekauft wird (Thogersen 2000, S. 291). Hierbei kann von einer Werthandlungslücke gesprochen werden.

Diese Erkenntnis unterstützt die Punkte, dass neben der nachhaltigen Konsummotivation vor allem das Verständnis und Vertrauen in Nachhaltigkeitssiegel relevante Faktoren darstellen. Thogersen betont in diesem Zusammenhang die Einsicht, dass Verbraucher Waren und Dienstleistungen in erster Linie deshalb kaufen, um ihre direkten Bedürfnisse befriedigen zu können und nicht etwa um durch ihren Konsum die Umwelt zu schützen (Thogersen 2000, S. 291). Hieraus schließt Thogersen weiter, dass Verbraucher nur dann ein Produkt mit einem Öko-Label kaufen, wenn sie von dem Nutzenversprechen des erworbenen Gutes überzeugt sind und sie darüber hinaus zu der Erkenntnis gelangen, durch ihre Entscheidung für ein Produkt mit Nachhaltigkeitssiegeln einen direkten positiven Einfluss auf ihre unmittelbare Umwelt ausüben zu können (Thogersen 2000, S. 289).

Der Glaube an die Wirksamkeit des nachhaltigen Konsums und das Vertrauen in Nachhaltigkeitssiegel werden durch die Kombination von persönlichen Konsumausgaben („personal consumption expenditure" (PCE)) und einer Pro-Umwelt-Einstellung animiert. Diese Eigenschaften können in Kombination mit der Verfügbarkeit sowie dem Vertrauen und dem Verständnis für die Inhalte der Siegel als motivierende Faktoren für die Aufmerksamkeit gegenüber Produkten mit Nachhaltigkeitssiegeln und die abschließende Kaufentscheidung identifiziert werden (Thogersen 2000, S. 293).

Die Entwicklungsrichtung, hin zu einem nachhaltigen Konsumbewusstsein, hat sich zu einem Leitbild gewandelt, dem seit Beginn des 21. Jahrhunderts auf betriebswirtschaftlicher Ebene große Bedeutung beigemessen wird. Unternehmen sehen sich seitdem intensiver als zuvor vor die Aufgabe gestellt, im Rahmen effizienten Wirtschaftens den vielschichtigen Marktveränderungen und neuen Konsumstrukturen sowohl durch Anpassung ihrer unternehmerischen Tätigkeiten und ihres Produktangebots als auch durch Anpassung der hierzu gehörenden Marketingmaßnamen zu begegnen (Kupp 2008, S. 233 ff.). Die Erweiterung des betriebswirtschaftlichen Verständnisses um eine nachhaltigkeitsorientierte Dimension kann insofern als notwendige Reaktion auf die Herausbildung des sozioökologischen Konsumentenverhaltens angesehen werden.

Literatur

Bleda M, Valente M (2009) Graded eco-labels: a demand-oriented approach to reduce pollution. Technol Forecast Soc Change 76:512–524

Bruhn M (2005) Kommunikationspolitik. München

Brønn P, Vrioni A (2001) Corporate social responsibility and cause related marketing: An overview. Int J Advert 20:207–222

Die VERBRAUCHER INITIATIVE e.V. (Bundesverband) (2015) Label-Online. http://label-online. de. Zugegriffen: 21. Feb. 2015

ecolabelindex (2015) ecolabelindex. (Big Room Inc). http://www.ecolabelindex.com/ecolabels/. Zugegriffen: 21. Feb. 2015

Gelbrich K, Müller S (2011) Handbuch Internationales Management. Oldenbourg, S 563

GEN – Global Ecolabelling Network (2015) GEN – Global Ecolabelling Network. http://www. globalecolabelling.net/what_is_ecolabelling/index.htm. Zugegriffen: 21. Feb. 2015

GFK (2014) GfK SE. http://www.gfk.com/de/documents/news%20deutschland/ci_03_2014.pdf. Zugegriffen: 28. Feb. 2015

Grunewald A, Kopfmüller J (2006) Nachhaltigkeit. Campus, Frankfurt am Main, New York City

Hansen U (1995) Verbraucher- und umweltorientiertes Marketing – Spurensuche einer dialogischen Marketingethik. Schäffer-Poeschel, Stuttgart

von Hauff M (2014) Nachhaltige Entwicklung: Grundlagen und Umsetzung. Oldenbourg, München

Heinrich P (2014) Springerprofessional. http://www.springerprofessional.de/fuenf-tipps-fuer-erfolgreiche-csr-kommunikation/4965610.html. Zugegriffen: 12. Apr. 2015

Kirig A, Wenzel E (2013) Bewusst grün – alles über die neuen Lebenswelten Lohas. Redline, München

Kleinhückelkotten S (2005) Suffizienz und Lebensstile. Ansätze für eine milieuorientierte Nachhaltigkeitskommunikation. Berliner Wissenschaftsverlag, München

Krug W, Tully C (2011) Handreichung Bildungsinstitutionen und nachhaltiger Konsum: Jugend und Konsum. Stand der Jugendforschung und Forschungsergebnisse aus dem Projekt Bink. VAS, Hamburg

Kupp M (2008) Öko-Labeling. In: Baumast A, Pape J (Hrsg) Betriebswirtschaftliches Umweltmanagement. Nachhaltiges Wirtschaften in Unternehmen. Ulmer, Stuttgart

Langsdorf S, Hirschnitz-Garbers M (2014) Umweltbundesamt. http://www.umweltbundesamt.de/ publikationen/die-zukunft-im-blick. Zugegriffen: 22. Feb. 2015

Leire C, Thidell A (2005) Product-related environmental information to guide consumer purchases – A review an analysis of research on perceptions, understanding and use among Nordic consumers. J Clean Prod 13(10):1061–1070

Meffert H, Bruhn M (2012) Dienstleistungsmarketing: Grundlagen – Konzepte – Methoden Bd. 7. Gabler, Wiesbaden

Rückert-John D, Bormann P, John D (2013) Umweltbundesamt. http://www.umweltbundesamt.de/ sites/default/files/medien/publikation/long/4396.pdf. Zugegriffen: 28. Feb. 2015

Schaltegger S, Burrit R, Petersen H (2003) An introduction to corporate environmental management. Striving for sustainability. Sheffield

Schlichting I (2004) Riskantes Spiel mit der Moral? Die Glaubwürdigkeit unternehmerischer Sozialkampagnen aus Rezipientensicht. Eine qualitative Erkundungsstudie. Münster

Schoenheit I (2009) Nachhaltiger Konsum. Polit Zeitgesch 32(33):40

Schoenheit I (2012) Nachhaltig-Einkaufen. http://www.nachhaltig-einkaufen.de/media/file/60. Schoenheit_CSR-Kommunktion-Glaubw-Test_28_06_12.pdf. Zugegriffen: 12. Apr. 2015

Schrader U, Hansen U (2001) Nachhaltiger Konsum: Forschung und Praxis im Dialog. Campus, Frankfurt am Main

SustainAbility (2010) http://www.sustainability.com/projects/signed-sealed-delivered. Zugegriffen: 21. Jan. 2015

Thogersen J (2000) Psychological determinants of paying attention to eco-labels in purchase decisions: model development and multinationals validation. J Consumer Policy 23:285–313

Thogersen J, Olesen A, Haugaard P (2012) Consumer responses to ecolabels. Eur J Mark 44:1787–1810

Umweltbundesamt (Hrsg) (o.J.) Umweltbundesamt. http://www.umweltbundesamt.de/publikationen/umweltbewusstsein-in-deutschland-2010. Zugegriffen: 28. Feb. 2015

Umweltbundesamt (2014) http://www.umweltbundesamt.de/presse/presseinformationen/umweltbewusstsein-2014-immer-mehr-menschen-sehen. Zugegriffen: 2. Apr. 2015

United Nations (2009a) United Nations. http://www.un.org/apps/news/infocus/sgspeeches/search_full.asp?statID=500. Zugegriffen: 27. Apr. 2015

United Nations (2009b) United Nations environment programme. http://www.unep.org/Documents.Multilingual/Default.asp?DocumentID=588&ArticleID=6188&l=en. Zugegriffen: 22. Feb. 2015

Weber T (2014) Nachhaltigkeitsberichterstattung als Bestandteil marketingbasierter CSR-Kommunikation. In: Fifka M (Hrsg) CSR und Reporting – Nachhaltigkeits und CSR Berichterstattung verstehen und erfolgreich umsetzen. Springer Gabler, Heidelberg, S 95–106

Druck:
Customized Business Services GmbH
im Auftrag der
KNV Zeitfracht GmbH
Ein Unternehmen der Zeitfracht - Gruppe
Ferdinand-Jühlke-Str. 7
99095 Erfurt